大学物理实验

金　立　吴小平　主　编

程　琳　王顺利　副主编

李超荣　主　审

电子工业出版社
Publishing House of Electronics Industry
北京·BEIJING

内 容 简 介

本书依据《理工科类大学物理实验课程教学基本要求》编写，注重对学生基本能力的训练和创新思维、创新方法、创新能力的培养，内容涵盖测量误差与数据处理的基本知识、基础性实验、综合性及应用性实验、演示实验、大型仪器实验和计算机仿真实验等六部分。

本书可作为高等学校工科各专业和理科非物理专业大学物理实验课程的教材，也可供相关人员参考。

图书在版编目（CIP）数据

大学物理实验/金立，吴小平主编. —北京：电子工业出版社，2023.8
ISBN 978-7-121-46089-0

Ⅰ.①大…　Ⅱ.①金…　②吴…　Ⅲ.①物理学—实验—高等学校—教材
Ⅳ.①O4-33

中国国家版本馆 CIP 数据核字（2023）第 146949 号

责任编辑：康　静
印　　刷：大厂回族自治县聚鑫印刷有限责任公司
装　　订：大厂回族自治县聚鑫印刷有限责任公司
出版发行：电子工业出版社
　　　　　北京市海淀区万寿路 173 信箱　邮编：100036
开　　本：787×1092　1/16　印张：21.25　字数：540.8 千字
版　　次：2023 年 8 月第 1 版
印　　次：2025 年 2 月第 4 次印刷
定　　价：59.00 元

凡所购买电子工业出版社图书有缺损问题，请向购买书店调换。若书店售缺，请与本社发行部联系，联系及邮购电话：（010）88254888，88258888。

质量投诉请发邮件至 zlts@phei.com.cn，盗版侵权举报请发邮件至 dbqq@phei.com.cn。

本书咨询联系方式：（010）88254178 或 liujie@phei.com.cn。

《大学物理实验》编写委员会

| 前　言 |

物理学是一门实验科学，物理学的实验方法和测试手段广泛应用于科学技术的各个领域。大学物理实验是高等学校理工科学生必修的一门基础实验课程，是培养学生的创新能力和实践能力、提高科学素养的极其重要的教学环节。大学物理实验课程不仅向学生传授知识和技能，更重要的是培养学生独立从事科学技术工作的能力、理论联系实际的综合分析能力以及科学思维与表达能力等综合素质。

以物理学基础为内容的普通物理实验课程是高等学校理工科各专业学生重要的学科基础课，注重传授专业知识，培养学生的专业技能，实验课程中涉及的教学重点蕴含基本科学知识和育人元素。

本课程改进了教学方式，引入微课、慕课、虚拟仿真实验、智能移动终端 App 等进行混合式教学，以学生为主体，充分调动学生的积极性、主观能动性和自主创造性，将线上教学资源与现代信息技术相结合，以达到最佳的学习效果。大学物理实验课程同时在浙江省高等学校在线开放课程共享平台和爱课程（中国大学 MOOC）平台开设。

浙江理工大学物理实验中心近年来积极改革大学物理实验课程的教学内容和体系，根据新技术和新研究成果积极设计和引进新实验。为了保证教学质量，本书编写委员会依据教育部颁发的《理工科类大学物理实验课程教学基本要求》，按照浙江省"省级基础实验教学示范中心"的建设目标，在不断探索高等教育改革和不断总结教学经验的基础上，吸收其他院校的宝贵经验，并结合原有教材编写了本书。本书既能反映浙江理工大学近年来在大学物理实验课程改革中取得的成果，又能满足大学物理实验课程的教学要求。

本书共分为 6 章。第 1 章讲述了测量误差、不确定度和数据处理的基本知识。第 2 章为基础性实验，共选编了力学、热学、电磁学和光学的 21 个实验。第 3 章为综合性及应用性实验，包括 PASCO 动力学实验等 14 个综合实验。第 4 章是演示实验，包括傅科摆等 64 个实验。第 5 章是大型仪器实验，是为培养学生自主进行科学实验的能力而设置的，包括原子力显微镜等 9 个实验。第 6 章是计算机仿真实验，目的是加强开放性学习，将计算机、互联网等现代化教学手段引入大学物理实验课程，进一步丰富实验方法和实验手段。

本书由金立、吴小平担任主编，程琳、王顺利担任副主编，李超荣教授主审。编写分工如下，绪论和第 1 章由金立负责编写，第 2 章由王顺

视频-物理实验
说课视频

PPT-物理实验
说课视频

利、程琳、吴艳、金立、吴小平、赵廷玉负责编写，第 3 章由赵廷玉、潘佳奇、李玉花、金立、程琳、胡海争负责编写，第 4 章由吴小平负责编写，第 5 章由程琳、吴小平负责编写，第 6 章由金立负责编写。

本书在编写过程中得到了浙江理工大学领导的鼓励和大力支持。同时，编者参考了相关教材，在此一并对相关人员表示衷心的感谢。

由于编者的水平有限，加之编写时间仓促，书中难免有不足和错误之处，恳请读者批评指正。

《大学物理实验》编写委员会

2023 年 2 月

| 目　录 |

绪　　论

视频-物理实验绪论

PPT-物理实验绪论

物理学是一门基础科学，它的发展已经改变了并正在继续改变着整个世界的面貌。物理学又是一门实验科学，它的发展和创新与物理实验有着密切联系，物理学中的任何创新成果都源于实验，而且都必须经过实验检验。物理实验也是学生进入大学后的第一门科学实验课程，是进入科学实验殿堂的向导，在培养学生运用实验手段分析、观察、发现、研究、解决问题的能力，以及培养学生的创新能力和创新精神方面起着重要的作用。

物理实验的重点不仅在于实验的内容，更重要的是实验的过程。在这个过程中，学生不仅掌握了知识，还了解到知识创造的过程，从而学会学习，为终身教育打下坚实的基础。要学好物理实验课程，学生需要掌握以下四点。

1. 明确物理实验课程的教学目的

（1）通过对实验现象的观察、分析和对物理量的测量，学习物理实验知识，加深对物理学原理的理解，提高对科学实验重要性的认识。

（2）培养良好的实验习惯，爱护公共财物，遵守安全卫生制度，树立良好的学风。

（3）掌握测量误差的基本知识，具有正确处理实验数据的初步能力。

（4）能够自行完成预习、进行实验和撰写实验报告等主要实验程序；能够调整常用实验装置，基本掌握常用的操作方法；了解物理实验中常用的实验方法和测量方法并能够进行常用物理量的一般测量；了解常用仪器的性能并学会使用方法。

（5）初步了解物理实验的技术应用，提高进行综合实验的能力。

2. 掌握物理实验的基本环节

实验课程与理论课程不同，它的特点是学生在教师的指导下自己动手，独立地完成实验任务。要上好一次物理实验课，需要做好以下三个环节的工作。

（1）做好预习

实验课前要把讲义上的实验内容仔细阅读一遍，弄明白本次实验的目的、要求、原理、仪器、操作步骤以及应该注意的问题等，写好预习报告。有些实验需要学生课前自拟实验方案或设计电路图、光路图、数据表格等。因此，课前预习是实验中能否取得主动的关键。

（2）做好实验

学生到实验室后要遵守有关规章制度，爱护仪器设备，注意安全。动手之前要先了解仪器的性能、规格、使用方法和操作规则，不要盲目动用仪器。调整仪器装置时要仔细认真、一丝不苟，还要注意满足测量公式所要求的实验条件。在整个实验过程中，要手脑并用，注意培养和锻炼自己的动手能力。实验操作要做到准确、熟练、快速，在实验中记录好原始数据（测量时直接从仪器上读出来的数据），要一边测量，一边及时记录。做完实验要将实验数据交给教师检查，得到签字认可后，再将仪器收拾好，方可离开实验室。

（3）写好实验报告

实验报告是对实验的全面总结，其内容一般包括实验目的、实验仪器、实验原理、数据处理、结果分析与讨论等。学生要用指定的实验报告纸按规定的格式书写实验报告，字迹要清楚，文理要通顺，图表要正确。准确、完整而简明地表述实验报告中的各部分内容，是实验课训练的重要目的之一。

3. 明确实验报告的内容

（1）预习报告

预习报告要在正式做实验之前写好，主要包括以下内容。

① 实验目的。简要说明本实验的目的。

② 实验原理摘要。在理解的基础上，用简短的文字和公式阐述实验原理，切忌整篇照抄，力求做到图文并茂（图是指原理图、电路图、光路图等）。要写出实验所用的主要公式，说明式中各物理量的意义和单位以及公式的适用条件（或实验的必要条件）。

③ 简要的实验步骤。

（2）实验记录

先将实验的原始数据记录在专用的"原始数据记录纸"上，实验完毕后再进行整理。实验记录包括以下内容。

① 实验仪器。记录实验所用主要仪器的编号和规格。

② 实验内容和现象的观测记录。

③ 数据。数据记录应做到整洁、清晰而有条理（不可用铅笔），尽量采用列表法。在根据数据特点设计表格时，力求简单明了、分类清楚而有条理，便于计算与复核。要求在标题栏内注明单位，不得任意涂改数据。

（3）数据处理与计算

此部分在实验后进行，包括作图、计算结果与误差估算。

① 作图。按图解法要求绘制曲线。

② 计算结果与误差估算。计算时，要先写出公式，再代入数值进行运算。误差估算要预先写出误差公式，并有详细的计算过程。

（4）结果分析与讨论

实验后可供分析与讨论的问题很多，例如实验中遇到的困难、实验设计的特点、实验的普遍意义、对实验设计改进的设想和问题、对实验中出现的异常现象的分析与判断等。

学生实验一般是按照指定的方法使用指定的仪器进行的。实验方法与仪器是经仔细设计和反复实验检验过的，一般均可获得较好的结果。对于学生实验，虽然希望实验有好的结果，但从根本上讲，重要的不是结果，而是对实验设计的认识，是实验过程对学生的锻炼。

实验报告的格式见浙江理工大学《物理实验报告册》。

4. 遵守实验规则

（1）按时到课，请病假和事假要提交请假条。

（2）不在实验室内喧哗、乱扔杂物，保持室内安静、清洁。

（3）注意操作安全，防止触电，发生突发事件时要及时向教师报告。

（4）遵守实验室的规章制度和仪器操作规程，服从教师指导。

（5）爱护仪器设备，小心操作。

［附文］

实验报告范例

实验报告不是写给指导教师的，而是学习过程的记录。同时，实验报告是写给同行看的，所以必须反映自己的收获和结果，同时反映自己的能力和水平。实验报告要有自己的特色，有条理性，并注意运用科学术语，一定要有实验的结论和对实验结果的讨论、分析或评估。这里给出范例，仅供初学者参考。

视频-物理实验报告

长度测量实验报告

一、实验目的

（1）掌握游标卡尺、螺旋测微计的原理和使用方法。

（2）了解读数显微镜测量长度的原理，并学会使用方法。

（3）巩固误差、不确定度和有效数字的知识，学习数据记录、处理及测量结果的表示等。

PPT-物理实验报告

二、实验仪器

游标卡尺、螺旋测微计、读数显微镜、被测物体等。

视频-物理实验课程
网站及辅助资源

三、预习报告

预习报告包括实验原理、实验内容及主要步骤等。

1. 实验原理

（1）游标卡尺

游标卡尺由米尺（主尺）和附加在米尺上的一段能滑动的副尺构成。它可将米尺估计的那位数较准确地读出来，其特点是游标上 n 个分格的长度与主尺上（$n-1$）个分格的长度相等，利用主尺的最小分度值 a 与游标的最小分度值 b 之差来提高测量精度，即

$$nb=(n-1)a \tag{0-1}$$

所以

$$a-b=\frac{1}{n}a \tag{0-2}$$

a 往往为 1mm，n 越大，则精度越高。$\frac{a}{n}$ 称为游标的最小读数或精度，例如 50 分度（$n=50$）的游标卡尺，其精度为 1/50mm=0.02mm，这也是游标卡尺的示值误差。

读数时，根据游标零刻度线所对主尺的位置，可在主尺上读出毫米位的准确数，毫米以

下的尾数由游标读出。

（2）螺旋测微计

螺旋测微计（又名千分尺）主要由一根精密的测微螺杆、螺母套管和微分筒构成，是利用螺旋推进原理设计的。螺母套管的螺距一般为 0.5mm（即主尺的分度值），当微分筒（副尺）相对于螺母套管转一周时，测微螺杆就前进或后退 0.5mm。如果在微分筒的圆周上均分 50 格，则微分筒（副尺）每转动一格，测微螺杆就前进或后退 0.5/50mm＝0.01mm，即主尺读数变化 0.01mm，可见千分尺的最小分度值为 0.01mm。下一位还可以再做估计，因而能读到千分之一位，示值误差为 0.004mm。

读数时，先在螺母套管的标尺上读出 0.5mm 以上的读数，再由微分筒圆周上与螺母套管横线对齐的位置读出不足 0.5mm 的整数值和毫米千分位的估计数字，三者之和即为被测物体的长度。

（3）读数显微镜

读数显微镜是将显微镜和螺旋测微计组合起来测量长度的精密仪器，由目镜和物镜组成，目镜筒中装有十字叉丝，用来对准被测物体。把显微镜装置与测微螺杆上的螺母套管相连，旋转测微鼓轮（相当于千分尺的微分筒）就可以带动显微镜左右移动。常用的读数显微镜的测微螺杆螺距为 1mm，测微鼓轮圆周上刻有 100 个分格，最小分度值是 0.01mm。读数显微镜的读数方法与螺旋测微计相同，示值误差为 0.015mm。

2. 实验内容及主要步骤

（1）用游标卡尺测量圆环的体积

① 校准游标卡尺的零点，记下零读数。

② 用外量爪测量外径 D_1 和高 H，用内量爪测量内径 D_2，重复测量 5 次。

③ 求体积和不确定度。

（2）用螺旋测微计测量小球的体积

① 校准零点，记下零读数。

② 重复测量直径（5 次），测量时注意保护测砧与测杆。

③ 求体积和不确定度。

（3）用读数显微镜测量毛细管的直径

① 调整显微镜，对准被测物体，消除视差。

② 测量时，在测微鼓轮始终向同一方向旋转时进行读数，避免回程差，重复测量 5 次。

四、数据处理与结果分析

1. 用游标卡尺测量圆环的体积

游标卡尺的测量数据如表 0-1 所示。

表 0-1　游标卡尺的测量数据

示值误差 $\Delta_{仪}$＝0.02mm；零点误差 D_0＝0.00mm

次数	项目		
	外径 D_1（mm）	内径 D_2（mm）	高 H（mm）
1	48.04	34.96	21.88

（续表）

次数	项目		
	外径 D_1（mm）	内径 D_2（mm）	高 H（mm）
2	48.06	35.02	21.90
3	47.98	34.98	21.96
4	47.96	34.94	21.94
5	48.00	35.04	21.86

由以上数据不难得到

$$\overline{D}_1=48.008\text{mm}\approx48.01\text{mm}$$

$$S_{D_1}=\sqrt{\frac{\sum(D_{1i}-\overline{D}_1)^2}{5-1}}=0.041\text{mm}$$

$$\Delta_{D_1}=\sqrt{S_{D_1}^2+\Delta_{仪}^2}=0.046\text{mm}\approx0.05\text{mm}$$

故

$$D_1=(48.01\pm0.05)\text{mm}$$

同理可得

$$D_2=(34.99\pm0.05)\text{mm}$$
$$H=(21.91\pm0.05)\text{mm}$$

$$\overline{V}=\frac{\pi}{4}(\overline{D}_1^2-\overline{D}_2^2)\overline{H}=18586.650\text{mm}^3$$

$$u_V=\sqrt{\left(\frac{\pi}{2}\overline{H}\overline{D}_1\Delta_{D_1}\right)^2+\left(\frac{\pi}{2}\overline{H}\overline{D}_2\Delta_{D_2}\right)^2+\left[\frac{\pi}{4}(\overline{D}_1^2-\overline{D}_2^2)\Delta_H\right]^2}$$

$$=88.494\text{mm}^3\approx0.009\times10^4\text{mm}^3$$
$$V=(1.858\pm0.009)\times10^4\text{mm}^3$$

2. 用螺旋测微计测量小球的体积（略）。

3. 用读数显微镜测量毛细管的直径

读数显微镜的测量数据如表 0-2 所示。

表 0-2　读数显微镜的测量数据

示值误差 $\Delta_{仪}=0.015\text{mm}$

项目	次数				
	1	2	3	4	5
D_2（mm）	27.373	27.73	27.389	27.280	27.388
D_1（mm）	27.270	27.377	27.284	27.388	27.284
$D=\|D_2-D_1\|$（mm）	0.103	0.104	0.105	0.108	0.104

由以上数据不难得到

$$\bar{D}=0.1048\text{mm}$$

$$S_D=0.0017\text{mm}$$

$$u_D=\sqrt{S_D^2+\Delta_{仪}^2}\approx 0.015\text{mm}$$

$$D=(0.105\pm 0.015)\text{mm}$$

4. 分析与讨论

（1）测定圆环体积时，分别测了外径 D_1、内径 D_2 和高 H，利用公式

$$V=\frac{1}{4}\pi H\left(D_1^2-D_2^2\right) \tag{0-3}$$

求得体积。这一公式虽然简单，但求不确定度时却较烦琐。如果进行如下变换

$$V=\frac{1}{4}\pi H\left(D_1+D_2\right)\left(D_1-D_2\right)=\pi H\frac{D_1+D_2}{2}\cdot\frac{D_1-D_2}{2}=\pi HQP \tag{0-4}$$

式中 P、Q 如图 0-1 所示。

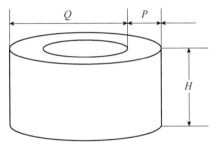

图 0-1　圆环体积的测量

这时有

$$\frac{u_V}{V}=\sqrt{\left(\frac{u_H}{H}\right)^2+\left(\frac{u_Q}{Q}\right)^2+\left(\frac{u_P}{P}\right)^2} \tag{0-5}$$

这样，求 u_V 就简单多了。

本方法的缺点是游标卡尺不易测准 Q 值，可以采用多次测量来减小测量的随机误差分量。

（2）圆环和小球直径的多次测量结果表明偶然误差比较大，这可能是被测物体形状不理想所致，例如小球的形状不是理想的球形等。在这种情况下，只有从不同方位多次测量后取平均值才能得到接近真值的测量值。

（3）用统计方法求出的偶然误差分量 S_D 与仪器的误差 $\Delta_{仪}$ 是相互独立的，在求总不确定度时，如果其中一个远比另一个小（例如 $S_D<\frac{1}{3}\Delta_{仪}$），根据微小误差原理，小误差的影响可以忽略不计，在求总不确定度时可以简化计算。

（4）用读数显微镜测量毛细管的直径 D 时，测量结果的相对不确定度 $E_D=\frac{u_D}{D}\times 100\%=14\%$。如果测量过程无误，说明精度为 0.01mm、示值误差为 0.015mm 的读数显微镜测量如此微小的长度显然不太合适，建议用更加精密的仪器或其他方法来测量。

| 第 1 章 |

测量误差与数据处理的基本知识

本章介绍测量误差估计、实验数据处理和实验结果的表示等内容。这些知识不仅在每一个物理实验中都要用到，而且是今后从事科学实验必须了解和掌握的。本章内容牵涉面较广，只进行综合介绍，需要学生结合具体的实验，通过运用加以掌握。应该说明的是，对这些内容的深入讨论是普通计量学和数理统计学的任务，本章只是引用了他们的某些结论和部分相关的计算公式。

1.1 测量与有效数字

视频-测量与
有效数字

PPT-测量与
有效数字

一、测量

物理实验是以测量为基础的。研究物理现象、了解物质特征、验证物理原理等都要进行测量。

1. 测量的分类

测量包含五个要素，即观测者、测量对象、测量仪器、测量方法以及测量条件。根据获得测量结果的方法不同，测量可以分为直接测量和间接测量。

由仪器或量具直接对测量对象进行比较读数的方法称为直接测量，例如用米尺测量物体的长度等，得到的物理量称为直接测量值。

在大多数情况下，需要借助一些函数关系由直接测量值计算出所要求的物理量，这样的测量方法称为间接测量，相应的物理量称为间接测量值。例如，小球的体积 V 可由直接测得的直径 D 用公式 $V = \frac{1}{6}\pi D^3$ 计算得到，D 为直接测量值，V 为间接测量值。在误差分析和估算中，要注意直接测量值与间接测量值的区别。

2. 等精度测量和不等精度测量

重复的多次测量可分为等精度测量和不等精度测量。对某一被测物体进行多次重复测量，而且每次测量的条件都相同（同一测量者、同一套仪器、同一种实验方法、同一实验环境等），这样的重复测量称为等精度测量。

在每次测量的条件中，只要有一个条件发生了变化，所进行的重复测量就是不等精度测量。一般在进行重复测量时，要尽量保持为等精度测量。

二、有效数字及其运算规则

1. 有效数字的记录

测量数值中的可靠数字与估读的一位可疑数字统称为有效数字，即有效数字=可靠数字+可疑数字。例如，用米尺测量一个物体的长度，如图 1.1-1 所示，其长度 L=15.0mm，最后一位"0"是估读出来的可疑数字。在数学上，15=15.0，

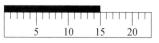

图 1.1-1 测量与有效数字

但对测量值来说，$15 \neq 15.0$，15.0mm 比 15mm 的测量准确度高一个数量级。

有效数字位数的多少直接反映了实验测量的准确度，有效数字位数越多，测量准确度越高。因此，实验结果的有效位数既不能多写一位，也不能少写一位。

2. 有效数字的运算

在进行数据运算时，首先应保证测量的准确度。运算时应使结果具有足够的有效数字，少算会带来附加误差，降低结果精度；多算没有必要，即使算的位数很多，也不可能减少误差。

有效数字运算的取舍原则是：运算结果保留一位（最多两位）可疑数字。

（1）加、减运算

$$\begin{array}{r} 20.1 \\ + \ 4.178 \\ \hline 24.278 \quad \rightarrow \quad 24.3 \end{array}$$

结论：多个量相加（相减）时，其和（差）值在小数点后应保留的位数与诸数中小数点后位数最少的一个相同。

（2）乘、除运算

$$\begin{array}{r} 4.178 \\ \times \ 10.1 \\ \hline 42.1978 \quad \rightarrow \quad 42.2 \end{array}$$

结论：多个量相乘（除）时，其积（商）所保留的有效数字位数与诸因子中有效数字最少的一个相同。

（3）乘方和开方的有效数字位数与其底的有效数字位数相同。

（4）对数函数、指数函数和三角函数运算结果的有效数字位数要按照不确定度传递公式来决定（详见 1.3 节）。

3. 有效数字位数修约规则

当有效数字位数确定时，应将多余的数字舍去，舍去规则如下。

（1）拟舍弃数字的最左一位数字小于 5，则舍去，即保留的末位数字不变。

（2）拟舍弃数字的最左一位数字大于 5 或者是 5 而其后跟有非 0 的数字时，进 1，即保留的末位数字加 1。

（3）拟舍弃数字的最左一位数字是 5 且其后无数字或皆为零时，如果所保留的末位数字为奇数则进 1，为偶数或零则舍去，即"单进双不进"。

上述规则也称为数字修约的偶数规则，即"四舍六入逢五配双"规则，例如

$$4.32749 \rightarrow 4.327 \qquad 4.32750 \rightarrow 4.328$$
$$4.32651 \rightarrow 4.327 \qquad 4.32850 \rightarrow 4.328$$

这样处理可使"舍"和"入"的机会均等，避免在处理较多数据时因入多舍少而带来系统误差。

4. 数值的科学表示法

由于单位选取不同，测量值的数值有时会出现很大或很小但有效数字位数不多的情况，这时数值大小与有效位数就可能发生矛盾。例如 135cm=1.35m 是正确的，如果写成 135cm=1350mm 则是错误的，即十进制数单位换算只涉及小数点位置的改变，不允许改变有效位数。为了解决这一矛盾，通常采用科学表示法，即用有效数字乘以十的幂指数形式来表示，例如 135cm=1.35×10^3mm。

1.2　误差分类与处理

视频-误差分类与处理

PPT-误差分类与处理

物理量在客观上存在的确定数值称为真值。然而，实际测量时由于实验条件、实验方法、仪器精度、实验人员操作水平等的限制，测量值与真值之间通常有一定的差异。为描述这种客观存在的差异性，物理实验中引进了测量误差的概念。

误差就是测量值与客观真值之差，即误差=测量值−真值。真值是一个理想概念，一般来说是不知道的。为了对测量结果的误差进行估算，用约定真值代替真值来估算误差。所谓约定真值就是被认为是非常接近真值的值，它们之间的差别可以忽略不计。一般情况下，把多次测量结果的算术平均值、标称值、校准值、理论值、公认值、相对真值等作为约定真值来使用。假设测量值的真值为 x_0，则测量值 x 的绝对误差为

$$\delta = x - x_0 \tag{1.2-1}$$

绝对误差可以表示某一测量结果的优劣，但在比较不同测量结果时不适用，需要用相对误差表示。相对误差是绝对误差与真值之比，真值不能确定时，可用约定真值来代替。在近似情况下，相对误差也往往表示为绝对误差与测量值之比。相对误差常用百分数表示，即

$$E = \frac{|\delta|}{x_0} \times 100\% \approx \frac{|\delta|}{x} \times 100\% \tag{1.2-2}$$

因此，在测量过程中，我们要建立起"误差永远伴随测量过程始终"的实验思想。

按产生的原因和性质，误差可分为系统误差、随机误差和粗大误差。

一、系统误差

在一定条件下，对同一物理量进行多次重复测量时，误差的大小和符号均保持不变；而当条件改变时，误差按某一确定的规律变化（递增、递减、周期性变化等），这类误差称为系统误差。

1. 系统误差的来源

系统误差有多种来源，从物理实验教学的角度出发，主要有以下四种。

（1）仪器误差。由于仪器的结构和标准不完善或使用不当引起的误差。天平不等臂、分光计读数装置的偏心差、电表的示值与实际值不符等属于仪器缺陷，在使用时可采用适当的测量方法加以消除。仪器设备不满足规定的使用状态（不水平、不垂直、偏心、零点不准等）属于使用不当引起的系统误差，应尽量避免。

（2）理论或方法误差。由于实验理论和实验方法不完善而产生的误差，例如在空气中称量质量而没有考虑空气浮力的影响、测量长度时没有考虑热胀冷缩的影响、用伏安法测未知电阻时没有考虑电表内阻的影响等。

（3）环境误差。由于外部环境（温度、湿度、光照等）与仪器要求的环境条件不一致而引起的误差。

（4）实验人员的生理或心理特点所造成的误差。例如停表计时按表总是超前或滞后、对仪表读数时总是习惯偏向一方斜视等。

2. 系统误差的分类

（1）按对其掌握的程度划分

① 已定系统误差。在一定条件下，采用一定方法对误差取值的变化规律及大小和符号都能确切掌握的系统误差。一经发现，在测量结果中要加以修正，例如游标卡尺和千分尺的零点读数等。

② 未定系统误差。不能确切掌握误差取值的变化规律及大小和符号，而仅知最大误差范围（极限误差）的系统误差，例如仪器的基本允差（通常称为仪器误差）。

（2）按表现规律划分

① 定值系统误差。在测量过程中大小和符号恒定不变的误差，例如天平砝码不准引起的测量误差等。

② 变值系统误差。在测量过程中呈现规律性变化的误差。这种变化有可能随时间改变，也可能随位置改变，例如分光计的偏心差就是随位置改变的周期性系统误差。

3. 系统误差的处理

从上述介绍可知，我们不能通过在相同条件下多次重复测量来发现系统误差的存在，也不能消除它的影响。原则上，系统误差均应予以修正，但系统误差的发现和估计是一个实验技能问题，常取决于实验者的经验和判断能力。在基础物理实验教学中，处理系统误差的通常做法有以下几种。

（1）对实验依据的原理、方法、测量步骤和所用仪器等可能引起误差的因素进行分析，查出系统误差源。

（2）通过改进实验方法、实验装置、校准仪器等方法对系统误差加以补偿、抵消。

（3）在数据处理中对测量结果进行理论修正，消除或尽可能减小系统误差对实验结果的影响。

综上所述，已定的系统误差必须修正，未定的系统误差应设法减少其影响并估算出误差范围。

在本课程中，我们把处理系统误差的思想和方法结合到具体实验中进行讨论。例如，在长度测量实验中对零值误差进行修正；在光的等厚干涉实验中，用逐差法消除中心难以确定和附加光程差引起的系统误差等。希望同学们重视对系统误差的学习，并在实践中不断总结提高。

二、随机误差（偶然误差）

在测量过程中，即使消除了系统误差，在相同条件下多次测量同一物理量也不会得到相同的结果，其测量值会分散在一定的范围内，所得误差时正时负，绝对值时大时小，既不能预测也无法控制，呈现出无规则的起伏，这类误差称为随机误差（偶然误差）。

随机误差是由实验中各种因素的微小变动引起的，例如实验环境或操作条件的微小波动、测量对象的自身涨落、测量仪器指示数值的变动性、观测者本人在判断和估计读数上的变动性等，这些因素的共同影响使测量值发生有涨落的变化，这个变化量就是各次测量的随机误差。就某一测量值来说，随机误差是没有规律的，其大小和方向都是不可预知的。但对某一测量值进行足够多次的测量，就会发现随机误差的分布服从一定的统计规律。

1. 随机误差的分布规律——正态分布

随机误差的分布有多种，不同的分布有不同形式的分布函数，但无论哪种分布形式，一般都有两个重要参数，即平均值和标准偏差。最常用的一种统计分布是正态分布。

实验证明，大多数误差服从正态分布规律。正态分布函数首先由德国数学家和理论物理学家高斯于 1795 年导出，因而又称为高斯误差分布函数，这一分布规律在数理统计中已有充分的研究，读者可参阅相关书籍。下面简要给出正态分布的特点及特性参量。

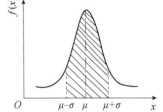

图 1.2-1　标准化的正态分布曲线

标准化的正态分布曲线如图 1.2-1 所示，图中横坐标 x 表示某一物理量的测量值，纵坐标表示测量值的概率密度 $f(x)$（也就是误差分布函数），它们之间的关系为

$$f(x) = \frac{1}{\sqrt{2\pi}\sigma} e^{-(x-\mu)^2/2\sigma^2} \tag{1.2-3}$$

式中，$\mu = \lim\limits_{n \to \infty} \dfrac{\sum\limits_{i=1}^{n} x_i}{n}$ 是总体平均值，即曲线峰值对应的横坐标值，横坐标上任一点 x_i 到 μ 的

距离 $(x_i - \mu)$ 即为测量值 x_i 的随机误差；$\sigma = \lim\limits_{n \to \infty} \sqrt{\dfrac{\sum (x_i - \mu)^2}{n}}$ 称为正态分布的总体标准偏

差，是表征测量分散性的一个重要参数（而不是测量列中任何一个具体测量值的随机误差）。这条曲线为概率密度分布曲线，表示随机误差在一定范围内的概率，曲线与 x 轴间的面积为 1（归一化）。图中阴影部分的面积就是随机误差在 $\pm\sigma$ 范围内的概率，即测量值落在 $(\mu - \sigma, \mu + \sigma)$ 区间内的概率 $p = \int_{\mu-\sigma}^{\mu+\sigma} f(x)\mathrm{d}x = 68.3\%$；如果将区间扩大到 2 倍，则测量值落在 $(\mu - 2\sigma, \mu + 2\sigma)$ 区间的概率为 95.4%；测量值落在 $(\mu - 3\sigma, \mu + 3\sigma)$ 区间内的概率为 99.7%。

服从正态分布的随机误差有如下特点。

（1）单峰性。测量值与真值相差越小，出现的概率越大；与真值相差越大，出现的概率越小。

（2）对称性。绝对值相等、符号相反的正、负误差出现的概率相等。

（3）有界性。绝对值很大的误差出现的概率趋近于零。

（4）抵偿性。随机误差的算术平均值随测量次数的增加而减小。

总体标准偏差 σ 的值决定了正态分布曲线的形状。σ 越小，曲线越尖锐，小随机误差出现的概率越大，测量的精确度也就越高，一个测量列的数据分布越集中。

2. 测量列的标准差 S_x 和算术平均值的标准差 $S_{\bar{x}}$

实验中的测量次数是有限的，大学物理实验中通常取 $5 \leqslant n \leqslant 10$。在测量条件相同的情况下，如果进行 n 次独立测量，测得的 n 个测量值分别为

$$x_1, x_2, x_3, \cdots, x_n$$

则这一组测量数据称为一个测量列。这一测量列的标准偏差可由贝塞尔公式计算得出，即

$$S_x = \sqrt{\frac{\sum (x_i - \bar{x})^2}{n-1}} \tag{1.2-4}$$

其物理意义是从有限次测量中计算出总体标准偏差 σ 的最佳估计值，称为实验标准差，它表征 n 次有限测量结果的分散程度，相应的置信概率接近 68.3%。

在相同条件下，对同一测量值进行多组重复测量，每一组测量列都有一个算术平均值。由于随机误差的存在，每个测量列的算术平均值也不相同，它们围绕着测量值的真值（设系统误差分量为零）有一个分布规律。同一个测量值的各个测量列的算术平均值的分布情况可以用算术平均值的标准差 $S_{\bar{x}}$ 来描述，以表征各个测量列算术平均值的分散程度，并作为算术平均值不可靠性的评定标准，即

$$S_{\bar{x}} = \frac{S_x}{\sqrt{n}} = \sqrt{\frac{\sum (x_i - \bar{x})^2}{n(n-1)}} \tag{1.2-5}$$

由于算术平均值已经对一个测量列的随机误差有一定的抵消，因而这些平均值更接近真值，它们的随机误差分布离散程度小得多，平均值的标准差比一个测量列的标准偏差要小得多。因此，用多次测量的算术平均值表示测量结果可以减小随机误差的影响，但多次重复测量不能消除或减小测量中的系统误差。

三、粗大误差

明显超出规定条件下预期值的误差称为粗大误差。例如读错数、记错数，或者环境条件突然变化而引起测量值的错误等。在实验数据处理过程中，应按一定的规则来剔除粗大误差。

1.3 测量不确定度的估算

误差是一个理想的概念，它本身是不确定的。由于真值一般不可能准确地知道，因而测

量误差也无法确定。因此，只能根据测量数据和测量条件进行推算（包括统计推算和其他推算）求得误差的估计值。显然，由于误差是未知的，因此不应再将任何一个确定值称作误差。误差的估计值或数值指标应采用另一个专门名称——不确定度。

视频-测量不确定度的估算

国际计量局等七个国际组织于 1993 年制定了具有国际指导性的《测量不确定度表示指南 ISO 1993（E）》（以下简称《指南》）。引入不确定度可以对测量结果的准确程度进行科学、合理的评价。不确定度越小，表示测量结果与真值越靠近，测量结果越可靠；反之，不确定度越大，测量结果与真值的差别越大，它的可靠性就越差，使用价值就越低。

PPT-测量不确定度的估算

一、不确定度的概念

不确定度是指由于测量误差的存在而不能肯定被测量值的程度，或者说是表征测量结果分散性的一个参数，它是真值位于某个量值范围的一个客观评定。由此可见，不确定度与误差有区别，误差是一个理想的概念，一般不能精确知道；但不确定度反映的是由于误差存在而使真值存在一个分布的范围（即随机误差分量和未定系统误差分量的联合分布范围），这个范围可由误差理论求得。

不确定度一般包含多个分量，按其数值的评定方法可分为两类。

（1）A 类不确定度。在同一条件下多次重复测量时，用统计方法评定的不确定度分量用 u_A 表示。估算随机误差的标准差 S_x 就属于 A 类分量。

（2）B 类不确定度。用其他非统计方法估出的不确定度分量用 u_B 表示，它们只能基于经验或其他信息做出评定。

总不确定度（简称不确定度）的两类分量 u_A 和 u_B 是两个相互独立且不相关的随机变量，其取值具有随机性和相互抵偿性。总不确定度并非简单地由 A 类分量和 B 类分量线性合成或简单相加，而是由"方和根"法合成，即

$$u = \sqrt{u_\mathrm{B}^2 + u_\mathrm{A}^2} \tag{1.3-1}$$

二、直接测量结果与不确定度的计算

1. 测量值的最佳值——算术平均值

对某一物理量在测量条件相同的情况下，进行 n 次无明显系统误差的独立测量，得到一个测量列

$$x_1, x_2, x_3, \cdots, x_n$$

设这一物理量的真值为 x_0，则各次测量的绝对误差 $\delta x_i = x_i - x_0$（$i = 1, 2, \cdots, n$），n 次测量的算术平均值 $\bar{x}$ 为

$$\bar{x} = \frac{1}{n}\sum_{i=1}^{n} x_i = \frac{1}{n}\sum_{i=1}^{n}(x_0 + \delta x_i) = x_0 + \frac{1}{n}\sum_{i=1}^{n}\delta x_i \tag{1.3-2}$$

根据随机误差的抵偿性，当测量次数 $n \to \infty$ 时，有

$$\lim_{n \to \infty}\frac{1}{n}\sum_{i=1}^{n}\delta x_i = 1 \tag{1.3-3}$$

此时，$\bar{x} = x_0$。

如果为有限次数测量，则有 $\dfrac{1}{n}\sum\limits_{i=1}^{n}\delta_x = 0$，但根据随机误差的抵偿性，其值应该很小，近似看作零，因此有 $\bar{x} \approx x_0$。由此可见，在不考虑系统误差的条件下，无限多次重复测量的算术平均值等于真值。对于有限次数的测量，算术平均值是多次测量的最佳值，测量次数越多，近似误差就越小。因此，可以用算术平均值来近似代替真值作为测量结果。

2. 直接测量结果不确定度的估算

不确定度的评估方法是一个比较复杂的问题，其表示形式和合成方法有多种类型。在基础物理实验的教学中，我们采用简化的、具有一定近似性的估算方法。

（1）A 类分量 u_A 的计算

误差理论指出，对于不同的测量次数 n 及置信概率 p，在计算总不确定度的 A 类分量 u_A 时要将标准差乘以一个因子 t_p，即

$$u_A = t_p S_{\bar{x}} = \frac{t_p}{\sqrt{n}} S_x \qquad (1.3\text{-}4)$$

式中，t_p 是与测量次数 n 和置信概率 p 有关的量。$t_p / \sqrt{n}$ 可以从专门的数据表中查到，当 $p = 0.95$ 时，部分数据如表 1.3-1 所示。

表 1.3-1　$p=0.95$ 时，$t_p / \sqrt{n}$ 的部分数据

n	2	3	4	5	6	7	8	9	10	15	20	∞
$t_p / \sqrt{n}$	8.98	2.48	1.59	1.24	1.05	0.93	0.84	0.77	0.72	0.55	0.47	$1.96/\sqrt{n}$

物理实验的测量次数一般取 6 次，则式（1.3-4）变为

$$u_A \approx S_x \qquad (1.3\text{-}5)$$

在实际计算时，把 n 个测量值 $x_1, x_2, x_3, \cdots, x_n$ 输入计算器，按一下计算器上的"S"键或"σ_{n-1}"键可以得到 S_x。

（2）B 类不确定度 u_B 的估算

B 类不确定度的估算是测量不确定度估算中的难点，它与系统误差相对应。在 B 类不确定度的估算中要不重复、不遗漏地分析 B 类不确定度的来源，这有赖于实验者的学识和经验以及分析判断能力。

仪器生产厂家给出的仪器误差 Δ_I 是不确定度的一个基本来源。作为基础物理实验教学，本书只要求掌握由仪器误差引起的 B 类不确定度的估算方法。在大多数情况下，把 Δ_I 直接当作不确定度的 B 类分量 u_B，即 $u_B \approx \Delta_I$。物理实验教学中的仪器误差 Δ_I 一般取仪表、器具的示值误差或基本误差，可参照国家标准规定的计量仪表、器具的准确度等级或允许误差范围得出，或者由厂家的产品说明书给出。

为了初学者学习，我们仅从以下三方面来考虑仪器误差 Δ_I。

① 仪器说明书上给出的仪器误差值，如游标卡尺、螺旋测微计的示值误差等。

② 仪器（电表）的仪器误差 Δ_I 由精度等级和量程决定，即

$$\Delta_I = \frac{a}{100} \times 量程 \tag{1.3-6}$$

式中，a 为国家标准规定的准确度等级。

③ 在一定测量范围内，取仪器最小分度值或最小分度值的一半。

如果能得到以上三个值，一般取其中的最大值。因此，一般在物理实验中，总不确定度 u_A 用下式计算

$$u = \sqrt{S_x^2 + \Delta_I^2} \tag{1.3-7}$$

3. 单次测量结果的不确定度

在实际测量中，有时不能或不需要重复多次测量，只需要进行单次测量。在单次测量的情况下，往往 Δ_I 要比 u_A 大得多。按照微小误差原则，只要 $u_A < \frac{1}{3} u_B$（或 $S_x < \frac{1}{3}\Delta_I$），在计算 u 时就可以忽略 u_A 对总不确定度的影响。所以，对于单次测量，u 可简单地用仪器误差 Δ_I 来表示，即 $u = \Delta_I$。

4. 直接测量结果的表示

由于测量过程中不可避免地会出现误差，测量结果总是存在一定的不确定度，因此一个测量结果应表示为

$$x = \bar{x} \pm u \tag{1.3-8}$$

式中，$\bar{x}$ 是测量值的算术平均值，u 是总不确定度，表明真值位于 $(\bar{x} - u, \bar{x} + u)$ 区间内的概率可达 95% 以上，或者说平均值与真值之差在 $-u$ 和 u 之间的概率可达 95% 以上。

测量结果还可以用相对不确定度表示，即

$$E_x = \frac{u}{\bar{x}} \times 100\% \tag{1.3-9}$$

5. 不确定度与有效数字的关系

不确定度本身只是一个估算值，因此在一般情况下，表示最后结果的不确定度只取一位有效数字，最多不超过两位。在本课程中，总不确定度一般取一位有效数字，相对不确定度一般取两位有效数字。

前面已讨论过，有效数字的末位是估读数字，存在不确定性。如果规定不确定度的有效数字只取一位，则任何测量结果数值的最后一位应与不确定度所在的那一位对齐。

三、间接测量结果的不确定度估算

1. 间接测量值不确定度传递公式

间接测量值是通过一定函数式由直接测量值计算得到的。显然，把各直接测量结果的最佳值代入函数式就可得到间接测量结果的最佳值。这样一来，直接测量结果的不确定度就必然影响到间接测量结果，这种影响的大小也可以由相应的函数式计算出来，这就是不确定度的传递。

首先讨论间接测量值的函数式为单元函数（即由一个直接测量值计算得到间接测量值）的情况，即

$$N = F(x)$$

式中，N 是间接测量值，x 为直接测量值。如果 $x = \overline{x} \pm u_x$，即 x 的不确定度为 u_x，它必然影响间接测量结果，使 N 也有相应的不确定度 u_N。

由于不确定度是微小量（相对于测量值），因此间接测量值不确定度传递的计算公式可以借用数学中的微分公式。根据微分公式

$$dN = \frac{dF(x)}{dx}dx \tag{1.3-10}$$

可得到间接测量值 N 的不确定度 u_N 为

$$u_N = \frac{dF(x)}{dx}u_x \tag{1.3-11}$$

式中，$\dfrac{dF(x)}{dx}$ 是传递系数，反映了 u_x 对 u_N 的影响程度。

但是，大多数间接测量值所用的函数式是多元函数，即由多个直接测量值计算得到一个间接测量结果，所以更一般的情况是

$$N = F(x, y, z, \cdots)$$

式中，$x, y, z, \cdots$ 是相互独立的直接测量值，仿照多元函数求全微分的方法考虑 x 的不确定度 u_x 对 u_N 的影响，有

$$(u_N)_x = \frac{\partial F(x, y, z, \cdots)}{\partial x}u_x = \frac{\partial F}{\partial x}u_x \tag{1.3-12}$$

同理可得

$$(u_N)_y = \frac{\partial F(x, y, z, \cdots)}{\partial y}u_y = \frac{\partial F}{\partial y}u_y \tag{1.3-13}$$

$$\cdots$$

在合成时要考虑到不确定度的统计性质，不能像求全微分那样简单地进行相加，所以由"方和根"法合成。间接测量值不确定度传递公式为

$$u_N = \sqrt{\left(\frac{\partial F}{\partial x}\right)^2 u_x^2 + \left(\frac{\partial F}{\partial y}\right)^2 u_y^2 + \cdots} \tag{1.3-14}$$

如果函数式是积商形式的函数，在计算合成不确定度时，往往先对两边取自然对数，然后再合成相对不确定度传递公式，即

$$E = \frac{u_N}{\overline{N}} = \sqrt{\left(\frac{\partial \ln F}{\partial x}\right)^2 \cdot (u_x)^2 + \left(\frac{\partial \ln F}{\partial y}\right)^2 \cdot (u_y)^2 + \left(\frac{\partial \ln F}{\partial z}\right)^2 \cdot (u_z)^2 + \cdots} \tag{1.3-15}$$

再求不确定度，即

$$u_N = E\overline{N} \tag{1.3-16}$$

2. 间接测量结果的表示

$$N = \overline{N} \pm u_N \tag{1.3-17}$$

$$E_r = \frac{u_N}{\overline{N}} \times 100\% \tag{1.3-18}$$

式中，$\overline{N} = f(\overline{x}, \overline{y}, \cdots)$。

请同学们课后自己推导常用函数的不确定度传递公式。

1.4　实验数据的处理方法

视频-实验数据
处理的方法

PPT-实验数据
处理的方法

怎样通过实验中测出的一系列相互对应的数据得到最可靠的实验结果或物理规律？这主要靠正确的数据处理方法。物理实验中常用的数据处理方法有列表法、作图法、逐差法、最小二乘法线性拟合等。

一、列表法

在记录和处理数据时，要将数据列成表格。列表的基本要求有以下几点。

（1）各栏目均应标注名称和单位。

（2）列入表中的主要是原始数据，计算过程中的一些中间结果和最后结果也可列入表中，但应写出计算公式。从表格中要尽量使人看到数据处理的方法和思路，而不能把表格变成简单的数据堆积。

（3）栏目的顺序应充分注意数据的联系和计算程序，力求条理清晰、简洁明了。

（4）要有必要的附加说明，例如测量仪器的规格、测量条件、表格名称等。

在基础实验中，一般都列出记录和处理数据的表格供同学们参考。

二、作图法

实验的目的常常是研究两个物理量之间的数量关系，这种关系有时用公式表示，有时用作图法表示。用图线表示实验结果可以形象、直观、简便地表达物理量间的变化关系，其作用有以下几点。

（1）研究物理量之间的变化规律，找出对应的函数关系或经验公式。

（2）求出实验的某些结果，例如根据直线方程 $y=mx+b$ 由曲线斜率求出 m 值、从曲线截距求出 b 值等。

（3）用内插法可从曲线上读取没有进行测量的某些量值。

（4）用外推法可从曲线延伸部分估读出原测量数据范围以外的量值。

（5）发现实验中的粗大误差，同时对数据点起到平均的作用，从而减少随机误差。

（6）通过一定的变换，把某些复杂的函数关系用直线图表示出来。

要特别注意的是，实验作图不是示意图，而是用图来表达实验中得到的物理量间的关系，同时还要反映出测量的准确程度，必须按一定规则作图。

1. 作图规则

（1）选用合适的坐标纸

根据作图参量的性质，选用毫米直角坐标纸、双对数坐标纸、单对数坐标纸或其他坐标纸等。坐标纸的大小应根据测得数据的大小、有效数字的多少及结果的需要来确定。

（2）坐标轴的比例与标度

① 一般以横轴代表自变量，纵轴代表因变量。在轴的末端标上代表正方向的箭头，在轴的末端近旁标明所代表的物理量及其单位。

② 适当选取横轴和纵轴的比例以及坐标起点，使曲线大体上充满整个图纸。横轴和纵

轴的标度可以不同，通常用1、2、5间隔。

③ 坐标读数的有效数字位数不能少于实验数据的有效数字位数。如果数据特别大或特别小，可用乘积因子表示。

（3）曲线的标点与连线

① 数据点应该用大小适当的明显标志表示，例如"×""⊙""△"等，同一张图上的几条曲线应采用不同的标志。不可以用"·"标志，因为连线时会把点盖住，导致不能清楚地看出点与线的偏离情况。

② 连线要光滑且不一定要通过所有数据点。每个数据点的误差情况不一定相同，因此不应强求曲线通过每一个数据点而连成折线（仪表的校正曲线除外）。应该按照数据点的总趋势连成光滑的曲线或直线，使图线两侧的实验点与图线的距离最为接近且分布大体均匀。

（4）写明图线特征和名称

利用图上空白位置注明实验条件和从图线上得出的某些参数，例如截距、斜率、极大值、极小值、拐点和渐近线等。有时需要通过计算求出一些特征量，图上还要标出被选计算点的坐标及计算结果，最后写上图的名称。

2. 图解法求拟合直线的斜率和截距

假设拟合直线为

$$y = mx + b \tag{1.4-1}$$

求斜率的公式为

$$m = \frac{y_2 - y_1}{x_2 - x_1} \tag{1.4-2}$$

可在所作直线上选取两点 (x_1, y_1) 和 (x_2, y_2) 代入式（1.4-2）求得斜率。这两点一般不取原来测量的数据点，并且要尽可能相距得远些，并在图上标出它们的坐标。为了便于计算，x_1、x_2 可选取整数，斜率的有效数字要按有效数字运算规则计算。

如果横坐标的起点为零，则直线的截距可直接从图中读出，也可通过计算得出，即

$$b = \frac{x_2 y_1 - x_1 y_2}{x_2 - x_1} \tag{1.4-3}$$

3. 校正图线

校正图线除连线方法与上述作图要求不同外，其余均相同。校正图线的相邻数据点间用直线连接，将所有数据点连接成不光滑的折线。两个校正点之间的变化关系是未知的，因而用线性插入法予以近似。例如，在"电表改装及校准"实验中，用准确度等级高一级的电表校准改装的电表所绘制的校准图要附在被校正的仪表上作为示值的修正。

由于图纸的不均匀性、连线的近似性、线的粗细等因素，不可避免地会带入误差，所以从图上计算测量结果的不确定度没有多大意义。一般在正确分度的情况下，只用有效数字表示计算结果。

例1：用惠斯通电桥测定铜丝在不同温度下的电阻值，数据如表1.4-1所示，试求铜丝电阻与温度的关系。

表 1.4-1   铜丝在不同温度下的电阻值

温度 t（℃）	24.0	26.5	31.1	35.0	40.3	45.0	49.7	54.9
电阻 R（Ω）	2.897	2.919	2.969	3.003	3.059	3.107	3.155	3.207

解：以温度 t 为横坐标、电阻 R 为纵坐标作图。横坐标选取 2mm 代表 1.0℃，纵坐标选取 2mm 代表 0.010Ω，绘制铜丝电阻与温度的关系曲线，如图 1.4-1 所示。由图中数据点的分布可知，铜丝电阻与温度为线性关系，满足线性方程，即

$$R = \alpha + \beta t$$

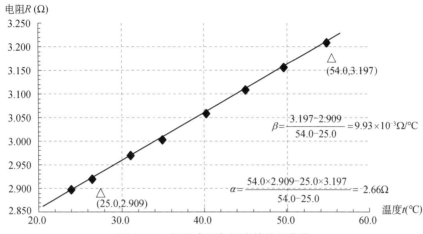

图 1.4-1　铜丝电阻与温度的关系曲线

在图线上取两点，计算截距和斜率得

$$\beta = \frac{3.197 - 2.909}{54.0 - 25.0} = 9.93 \times 10^{-3} \Omega / {}^{\circ}C$$

$$\alpha = \frac{54.0 \times 2.909 - 25.0 \times 3.197}{54.0 - 25.0} = 2.66\Omega$$

所以，铜丝电阻与温度的关系为

$$R = 2.66 + 9.93 \times 10^{-3} t \quad (\Omega)$$

如果两个物理量成正比，在实验中常作多次测量并用图解法求比例系数，这样可使结果比单次测量准确得多。

三、逐差法

当两个被测物理量之间存在多项函数关系且自变量等间距变化时，常用逐差法处理测量数据。

逐差法是指把实验得到的偶数组数据分成前后两组，将对应项分别相减。这样做可以充分利用数据，具有对实验数据取平均和减少随机误差的效果。另外，还可以对实验数据进行逐次相减，这样可验证被测物理量之间的函数关系，及时发现数据差错和数据规律。

四、最小二乘法线性拟合

作图法虽然是一个很便利的方法，但它不是建立在严格统计理论基础上的数据处理方法。在作图纸上人工拟合直线（或曲线）时有一定的主观随意性，往往会引入附加误差，尤其在根据图线确定常数时，这种误差有时很明显。为了克服这一缺点，在数据统计中研究了直线拟合问题（也称为一元线性回归问题），常用的是一种以最小二乘法为基础的实验数据处理方法。

最小二乘法的原理是：找到一条最佳的拟合直线，这条拟合直线上各相应点的值与测量值之差的平方和在所有拟合直线中是最小的。

假设在某一实验中，可控物理量取 $x_1, x_2, x_3, \cdots, x_n$ 时对应物理量依次为 $y_1, y_2, y_3, \cdots, y_n$。我们讨论最简单的情况，即每个测量值都是等精度的，而且假定测量值 x_i 的误差很小，主要误差都出现在 y_i 的测量上。显然，如果从 (x_i, y_i) 中任取两个数据点，就可以得到一条直线，只不过这条直线的误差有可能很大。直线拟合的任务就是用数学分析的方法从这些观测量中求出一个误差最小的最佳经验公式，即

$$y = b + mx \qquad (1.4\text{-}4)$$

按这一经验公式绘制的图线虽然不一定通过每个数据点，但会以最接近这些实验点的方式平滑地穿过它们。

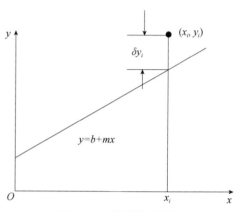

对应于每一个 x_i 值，观测值 y_i 和最佳经验式的 y 值之间存在偏差 δy_i，如图 1.4-2 所示，我们称之为观测值的偏差，即

$$\delta y_i = y_i - y = y_i - (b + mx_i) \quad (i = 1, 2, 3, \cdots, n)$$
$$(1.4\text{-}5)$$

根据最小二乘法原理，当 y_i 偏差的平方和最小时，由极值原理可求出常数 b 和 m，由此可得到最佳拟合直线。

图 1.4-2　观测值的偏差

设 s 表示 δy_i 的平方和，它应满足

$$s = \sum (\delta y_i)^2 = \sum \{y_i - (b + mx_i)\}^2 \qquad (1.4\text{-}6)$$

式中，x_i 和 y_i 是测量值，均是已知量，而 b 和 m 是待求的。因此，s 实际上是 b 和 m 的函数。令 s 对 b 和 m 的偏导数为零，即可解出满足上式的 b 和 m 值（要验证这一点，还要证明二阶导数大于零，这里略），即

$$\frac{\partial s}{\partial b} = -2 \sum (y_i - b - mx_i) = 0$$

$$\frac{\partial s}{\partial m} = -2 \sum (y_i - b - mx_i)x_i = 0$$

解得

$$b = \frac{\sum x_i y_i \sum x_i - \sum y_i \sum x_i^2}{\left(\sum x_i\right)^2 - n \sum x_i^2} \qquad (1.4\text{-}7)$$

$$m = \frac{\sum x_i \sum y_i - n \sum x_i y_i}{\left(\sum x_i\right)^2 - n \sum x_i^2} \qquad (1.4\text{-}8)$$

将 b 和 m 的值代入直线方程，即可得到最佳经验公式（1.4-4）。

用最小二乘法求得的常数 b 和 m 是"最佳"的，但并不是没有误差，它们的误差估计比较复杂，本书不进行讲解。一般来说，如果一列测量值的 δy_i 较大，那么由这列数据求得的 b 和 m 的误差也较大，经验公式的可靠程度就低；如果一列测量值的 δy_i 较小，那么由这列数据求得的 b 和 m 的误差也较小，经验公式可靠程度就高。

　　用回归法处理数据最困难的问题在于函数形式的选取。函数形式的选取主要靠理论分析，在理论还不清楚的场合，只能靠实验数据的变化趋势来推测。这样，对于同一组实验数据，不同的实验人员可能选取不同的函数形式，从而得出不同的结果。为判断所得结果是否合理，在待定常数确定后，还需要计算相关系数 r。对于一元线性回归，r 的定义为

$$r = \frac{\sum \delta x_i \delta y_i}{\sqrt{\sum (\delta x_i)^2} \cdot \sqrt{\sum (\delta y_i)^2}} \tag{1.4-9}$$

式中，$\delta x_i = x_i - \overline{x}$　　$\delta y_i = y_i - \overline{y}$。

　　可以证明，r 值总是在 0 和 1 之间。如果 r 值接近于 1，说明实验数据点密集地分布在所求得的直线附近，用线性函数进行回归是合适的，如图 1.4-3 所示。相反，如果 r 值接近于 0，说明实验数据对求得的直线很分散，如图 1.4-4 所示，即线性回归不妥，必须用其他函数重新试探。

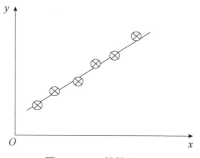

图 1.4-3　r 值接近于 1

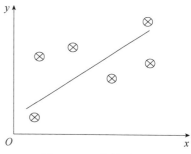

图 1.4-4　r 值接近于 0

习题-测量与有效数字

习题-误差分类与处理

习题-测量不确定度的估算

习题-实验数据处理的方法

| 第 2 章 |

基础性实验

视频-预备知识

2.0 预 备 知 识

PPT-预备知识

2.0.1 力学预备知识

一、长度测量

常用的长度测量仪器有米尺、游标卡尺、螺旋测微计和读数显微镜等，表征仪器规格的主要指标是量程和分度值。分度值越小，仪器的精度越高。

1. 游标卡尺

米尺的分度值为1mm，常常不能满足生产和科学实验的需要。提高其精度的办法之一是在米尺（称为主尺）上再加一把可以沿尺身移动的副尺（称为游标），构成游标卡尺。

（1）游标原理

设主尺的最小刻度值（长度）为 a，游标的最小刻度值（长度）为 b，游标的分度为 n，游标的精度为 i，则游标总长有两种取法。

① 游标总长为 $a(n-1)$，则有 $nb=a(n-1)$，即

$$b = \frac{n-1}{n}a \tag{2.0-1}$$

$$i = a - b = \frac{a}{n} \tag{2.0-2}$$

② 游标总长为 $a(2n-1)$，则有 $nb=a(2n-1)$，即

$$b = \frac{2n-1}{n}a \tag{2.0-3}$$

$$i = 2a - b = 2a - \frac{2n-1}{n}a = \frac{a}{n} \tag{2.0-4}$$

可见，精度 i 只与游标的分度 n 和主尺的最小刻度值 a 有关，与游标的总长无关。在 a 一定的情况下，游标的分度 n 越大，游标卡尺的精度越高。

（2）读数方法

① 先读出游标零刻度线前主尺毫米以上的整数部分读数 l_0。

② 再读出毫米以下的小数部分 l_1。如果游标的第 k 条刻度线与主尺上某条刻度线对齐，

则有

$$l_1 = k \cdot \frac{a}{n} = k \cdot i \tag{2.0-5}$$

③ 上述两部分相加即为测量的长度 L，即

$$L = l_0 + l_1 = l_0 + k \cdot i \tag{2.0-6}$$

图 2.0-1 是一个 50 分度的游标，主尺的最小刻度值 a=1mm。读数时，先读出主尺上游标零刻度线之前毫米以上的整数部分为 10，再找到游标的第 13 条刻度线与主尺的刻度线对得最齐，因而有

$$l_1 = k \cdot \frac{a}{n} = 13 \times \frac{1}{50} = 0.26(\text{mm})$$

$$L = l_0 + l_1 = 10.00 + 0.26 = 10.26(\text{mm})$$

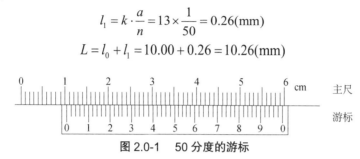

图 2.0-1　50 分度的游标

（3）示值误差

游标卡尺的示值误差是指读数指示值与实际值（真值）之差，属于仪器误差中的未定系统误差。分度值为 0.02mm、量程为 300mm 的游标卡尺的示值误差为 0.02mm。新型游标卡尺利用液晶数字显示屏，能直接给出测量结果，误差产生在数字的末位上。

（4）注意事项

① 用游标卡尺测量之前，应先把量爪合拢，检查游标卡尺和主尺的零刻度线是否重合。如果不重合，应记下零点读数，以便修正。

② 游标卡尺是最常用的精密量具，使用时应注意维护。推游标前要把固定螺钉松开，推动时不要用力过大。测量时应轻轻把物体夹住，用完应立即放回盒内。

2. 螺旋测微计

螺旋测微计又称为千分尺，是一种比游标卡尺更精密的长度测量仪器。螺旋测微计可用来测量精密零件尺寸、金属丝的直径和薄片的厚度，也可以固定在望远镜、显微镜、干涉仪等仪器上，用来测量微小长度。

螺旋测微计主要由一根精密的测微螺杆和与之配套的螺母套管组成，测微螺杆的后端带有一个有分度的微分筒，常用的分度是 50 分度、25 分度和 100 分度。

（1）螺旋测微原理

螺旋测微主要是根据螺旋推进原理设计的。当微分筒相对于螺母套管转动时，测微螺杆将沿轴线方向前进或后退一个螺距，这能使沿轴线方向的微小长度精确地表示出来，实现了机械放大，从而提高了测量精度。如果微分筒圆周的分度为 n，螺距为 a，则每转过一格，测微螺杆移动的距离为 a/n。常用的螺旋测微计的螺距 a=0.5mm，微分筒圆周上刻着的分度 n=50，每转过一格，测微螺杆移动的距离是 0.5/50=0.01mm。

（2）测量和读数方法

① 首先后退螺杆，把被测物体放在测砧和螺杆的测量面之间。轻轻转动测力装置，使两个测量面刚好与被测物体贴合。当达到一定压力时，可听到"轧、轧"声，这表示测力装

置的棘轮已打滑。此时扭紧锁紧装置，即可读数。

② 读数准线如图 2.0-2(a)所示，先从固定标尺上读出整数（上下错开，每格为 0.5mm），0.5mm 以下的读数在微分筒上读出。例如，图 2.0-2(a)的读数为 5+0.5+0.150=5.650mm，图 2.0-2(b)的读数为 5+0.150=5.150mm。

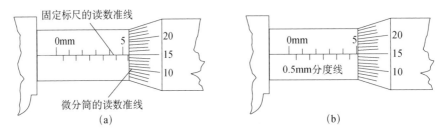

图 2.0-2　螺旋测微计的读数方法

（3）示值误差

各类测微计的示值误差随测量范围的不同而不同，25mm 小量程测微计的示值误差为 0.004mm。

（4）注意事项

① 测量前，对螺旋测微计的零点加以调整（或记录零点数值，以便对数据进行零点修正）。不同牌号螺旋测微计的调零方法不同，可参见说明书。

② 测量完毕后，应使测砧与螺杆间留出间隙，以免因热膨胀而损坏螺纹。

3. 读数显微镜

（1）用途和构造

读数显微镜是将显微镜和螺旋测微计组合起来测量长度的精密仪器，包括目镜、目镜套筒、长焦距显微镜等，如图 2.0-3 所示。显微镜系统与套在测微螺杆上的螺母套管相固定，旋转测微鼓轮（即转动测微螺杆）就可带动显微镜左右移动。有的显微镜附有测微目镜，它由两个镜头组成的目镜加上螺旋测微计构成，如图 2.0-4 所示。

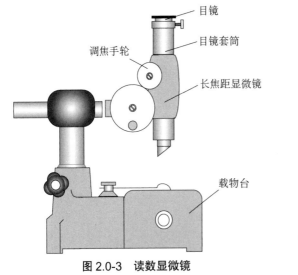

图 2.0-3　读数显微镜

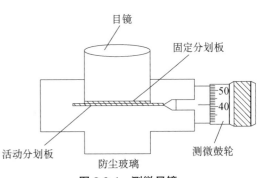

图 2.0-4　测微目镜

（2）读数方法

根据螺旋测微原理，转动测微鼓轮，固定在测微螺杆套管上的显微镜将沿标尺移动，移动距离可由毫米标尺和测微鼓轮读出。常用的读数显微镜的测微螺杆螺距为 1mm，测微鼓轮圆周上刻有 100 个分格，分度值为 0.01mm，读数方法与螺旋测微计相同。如图 2.0-5 所示，标尺读数为 29.00mm，测微鼓轮读数为 0.728mm，则测量读数应为 29.728mm。

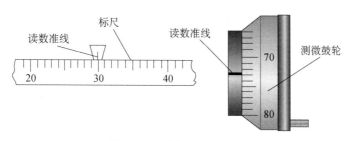

图 2.0-5　读数显微镜读数

测微目镜的主尺是刻在固定分划板上的，如图 2.0-6 所示，刻度线间距为 1mm，量程为 8mm。活动分划板上刻有十字叉丝和双线读数标记，它随着测微鼓轮的转动而左右移动。鼓轮上有 100 个分格，每转动一圈，十字叉丝沿主尺移动 1mm（一格）。毫米整数可从主尺上读出，毫米以下的小数可从测微鼓轮上读出。

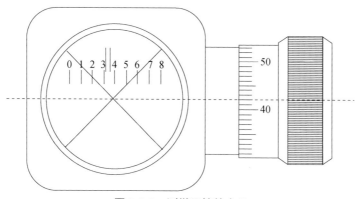

图 2.0-6　测微目镜的主尺

（3）使用步骤

① 调节反光镜的角度，使反射光将被测物体照亮，显微镜有明亮的视场。

② 调节目镜，改变目镜与十字叉丝之间的距离，直到能清楚地看到十字叉丝，并使十字叉丝中的横丝平行于读数标尺。

③ 调节物镜，先从外部观察，降低物镜，使待测物体置于物镜中心，并尽量靠近它。然后从目镜中观察，缓慢提升物镜（整个镜筒），直到被测物体清晰地成像在十字叉丝平面上。

④ 消除视差，当眼睛作上下或左右少许移动时，十字叉丝和被测物体不应有相对移动，否则应反复调节目镜及物镜。

⑤ 测量读数，记录数据。

（4）示值误差

显微镜与测微螺杆之间的联动导致示值存在着装置上的公差，精度低于螺旋测微计。

二、质量测量

质量是力学中的三个基本物理量之一，国际单位制中量度质量的单位是千克（kg）。1kg 等于国际千克原器的质量，千克原器是用 90%铂和 10%铱的合金按特殊的几何式样（正圆柱体）制造的，保存在法国巴黎的国际计量局总部。

天平是测量物体质量的仪器，是一种等臂杠杆，按其称量的准确程度分等级，准确度低的是物理天平，准确度高的是分析天平。不同准确程度的天平配置不同等级的砝码，各种等级的天平和砝码的允许误差都有规定。

除等级之外，天平的规格还有最大称量及感量（或灵敏度）。最大称量是天平允许称量的最大质量，感量就是天平的摆针从平衡位置偏转一个最小分格时天平两秤盘上的质量差。一般来说，感量的大小与天平砝码（游码）读数的最小分度值相适应。灵敏度是感量的倒数，即天平平衡时在一个盘中加单位质量后摆针偏转的格数。

天平的正确使用步骤可以归纳为四点：调水平、调零点（注意游码一定要放在零刻度线位置）、左称物、常止动（加减物体或砝码、移动游码时要关闭天平，只在判断天平是否平衡时才能启动天平）。

三、时间测量

我们可用任何自身重复的现象来测量时间间隔。几个世纪以来，人们一直用地球自转（一天的时间）作时间标准，规定 1 个平均太阳日的 1/86400 为 1s。之后，石英晶体钟充当了次级时间标准，这种钟一年中的计时误差为 0.02s。后来人们发展了利用周期性的原子振动作为时间标准的技术（原子钟）。1967 年，国际计量大会采用铯钟作为时间标准，规定铯的特定跃迁的 9192631770 个周期的持续时间为 1s。

实验室里常用的计时装置有两种，一种以机械振子为基础，另一种以石英振子为基础。前者是机械秒表，最小分度值为 0.2s 甚至 0.1s，需要手动操作，会引入误差。后者是数字毫秒计，其显示的数字末位为 10^{-3}ms，可电动操作。此外，以 0.01s 为最小分度值的电子秒表也是常用的计时装置。

2.0.2　电磁学预备知识

电磁测量是现代生产和科学研究中应用很广的一种实验方法和实用技术。除了测量电磁量，还可以通过换能器把非电量变为电量来进行测量。在物理实验课程中进行电磁学实验的目的是学习电磁学中的典型测量方法（例如伏安法、电桥法、电位计法、冲击法等），进行实验方法和实验技能的训练，培养看图、正确连接线路、判断实验故障的能力，同时通过实际观测深入认识和掌握电磁学理论的基本规律。

电磁学实验离不开电源和各种电磁仪表，为此，必须事先了解常用仪器的性能，掌握仪器布置和线路连接的要领。下面对一些常用的仪器及接线要领进行简单介绍。

一、电源

实验中经常要使用电源，电源可以分为交流电源和直流电源两类。

1. 交流电源

实验室常用的交流电源为单相 220V 交流电源。如果需要不同电压的交流电，可以经过变压器或调压器得到。使用 220V 交流电源时，应该注意人身和仪器的安全。对于人体来说，小于 36V 的交流电才是安全的。

2. 直流电源

人们常用的直流电源有干电池、蓄电池和晶体管直流稳压电源等。在功率小、稳定性要求不高的情况下，可以使用干电池，使用后其输出电压会不断下降（内阻不断增加）。

蓄电池的种类有好几种，例如铅蓄电池、锂电池等。不同的蓄电池放电时其内部的化学反应是不同的，所以不同蓄电池的电源电动势是不一样的，但都在几伏的范围内。与干电池不同的是，蓄电池的电放完后，可以对它进行充电，恢复输出电压，原因是蓄电池内部的化学反应是可逆的，而干电池的反应是不可逆的。

晶体管直流稳压电源的型号很多，但工作原理是相同的，都是通过电子技术将交流电进行整流滤波，最后输出直流电。人们也设计了一些有特殊功能的直流稳压电源，例如有些电源可以设置最大输出电流，以保护用电设备；有些电源可以保证输出的电流是一个固定值（恒流源），以达到稳定电流的目的；有些电源的输出电阻可以进行自动调节，以满足使用者的特殊要求。

晶体管直流稳压电源的输出通过三个接线柱实现（正极、负极、地线）。正极一般是红色的，而负极和地线是黑色的。有些型号的稳压电源可能有一个以上的输出端，而且它们之间是独立的，可以分别调节。要注意的是，在使用晶体管直流稳压电源时要注意地线是否接地，以免由于漏电而对使用者造成伤害。

二、滑线变阻器

滑线变阻器是电学实验经常用到的仪器，如图 2.0-7 所示。人们把电阻丝（例如镍铬丝）绕在瓷筒上，然后将电阻丝两端和接线柱 A、B 相连，因此 A、B 之间的电阻就是总电阻。瓷筒上方的滑动接头 C 可在粗铜棒上移动，它的下端在移动时始终和瓷筒上的电阻丝接触。铜棒的一端（或两端）装有接线柱 D、E，它们与 C 的电势相同，可以代替接头 C 以便于连线。改变滑动接头 C 的位置，就可以改变 A、C 之间和 B、C 之间的电阻。

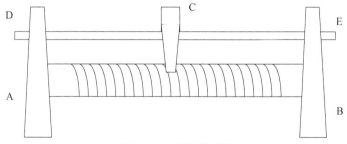

图 2.0-7　滑线变阻器

1. 变流接法（限流器）

如图 2.0-8 所示，A 和 C 连接在电路中，B 端悬空。滑动 C 就改变了整个回路的电阻值，从而能控制回路电流的大小，这种接法叫作变流接法。当 C 滑到 B 端时，变阻器的电阻丝全部接入电路，此时电阻最大。当 C 滑到 A 端时，电阻丝在电路之外，对电路的电阻值不产生影响，此时电路的电阻值最小。为了安全起见，接通电源前一定要将 C 滑到 B 端。

2. 分压接法（分压器）

如图 2.0-9 所示，变阻器的两个固定端 A、B 分别与电源的两极相连，滑动端 C 和固定端 B 连接到用电部分。接通电源后，A、B 两端的电压就是电源的电动势，B、C 两端的输出电压可以随着 C 的滑动在 0 到电源电动势之间变化。为了安全起见，在接通电源前，应将 C 滑至 B 端，使 B、C 两端的输出电压为 0。接通电源后再根据需要滑动 C，得到合适的电压值。

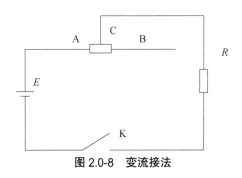

图 2.0-8　变流接法

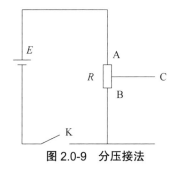

图 2.0-9　分压接法

三、旋转式电阻箱

电阻箱是由若干个准确的固定电阻元件按照一定的组合方式接在特殊的变换开关装置上形成的。利用电阻箱可以在电路中准确地调节电阻值，准确度高的电阻箱还可以作为任意电阻的标准量具。面板上有 6 个旋钮和 4 个接线柱，每个旋钮的边缘都标有 0、1、2、3、4、5、6、7、8、9。靠近旋钮边缘的面板上刻有×0.1、×1、×10、×100、×1000 和×10000 的字样，称为倍率。当某个旋钮上的数字对准倍率处的箭头时，倍率乘以旋钮上的数字就是所对应的电阻值。将 6 个旋钮所对应的电阻值加起来，就得到了整个电阻箱对应的电阻值。

电阻箱按其误差的大小分为若干个精度等级，一般分为 0.02、0.05、0.1、0.2 等级，表示电阻值相对误差的百分比。例如有一个精度等级为 0.1 的电阻箱，如果它的读数为 756.8Ω，则其标称误差为 756.8×0.1%≈0.8Ω。不同级别的电阻箱规定的接触电阻标准不同，例如 0.1 级电阻箱规定每个旋钮的接触电阻不得大于 0.002Ω。在电阻值大的时候，接触电阻影响很小，但是当电阻值比较小的时候，它的影响就必须加以考虑。

标称误差和接触误差之和就是电阻箱的误差，可以用相对误差表示，即

$$\frac{\Delta R}{R} = 0.1\% + 0.002\frac{m}{R} \tag{2.0-7}$$

式中，m 表示使用的旋钮个数。

四、电磁仪表

电磁仪表的种类很多，物理实验中常用的绝大多数电表都是磁电系仪表，其读数通过指针的偏转来显示。这种仪表只适用于直流电路，具有灵敏度高、刻度均匀、便于读数等优点。

1. 电流计（表头）

电流计是利用通电线圈在永久磁铁的磁场中受到电磁力矩作用而发生偏转的原理制成的。在磁场、线圈面积、匝数以及结构参数一定时，线圈的偏转角度与电流大小成正比。人们用指针偏转来表示线圈的偏转角度，将电流大小和指针的偏转角度建立了对应关系。所以，我们可以通过指针的偏转角度来读出电流的大小。

电流计（表头）可以用于检验电路中有无电流通过，也能直接测量几十微安到几十毫安范围的电流。

2. 电流表（安培表）

在电流计的线圈上并联一个阻值很小的分流电阻 R_S，电流计就被改造成了一个电流表，如图 2.0-10 所示。分流电阻的作用是使电路中的电流大部分通过它流过去，只有少量电流通过表头的线圈，这样就扩大了电流表的量程。并联的分流电阻不同，可以测量的最大电流也不同（也就是量程不同）。使用电流表时，要把它串联在待测电路中，并按其正负极接入，使电流从电表的正极流入，从负极流出。

3. 电压表（伏特表）

如果在电流计的线圈上串联一个大电阻 R_P，则改造成一个电压表，如图 2.0-11 所示。附加的大电阻起到限制电流的作用，使绝大部分电压都作用在附加电阻上，表头两端的电压比较小。在表头上串联不同的附加电阻，可以得到不同量程的电压表。使用电压表时，要把它并联在待测电压的两端，并将电压表的正极接在电势高的一端，负极接在电势低的一端。

图2.0-10　电流表　　　　　　　　　　　　　　　图2.0-11　电压表

4. 检流计（灵敏电流计）

在很多场合中并不需要很精确地知道电流的具体大小，只需要定性地判断有没有电流，而且电流方向往往也是未知的。为了定性地判断有没有电流，要求电表对电流十分敏感；又因为不知道电流的方向，所以不能简单地规定电表的正负极，对两个方向的电流都要考虑到。

基于以上要求，人们设计了检流计，它对电流十分敏感，很小的电流就会使检流计的指针发生偏转。为了保证两个方向的电流都会使指针有充分的指示范围，检流计的指针在没有电流通过时停在指示盘的中间位置。检流计对电流很敏感，电流稍大就会使检流计过载而烧毁，因此在使用时要防止意外的大电流介入。

5. 万用表

万用表又称为万用电表，是一种能测量交直流电压、电流和电阻等电学量的多量程仪表。它使用方便，测量范围较大，但准确度较低。除了用来测量一些电学量，万用表更多用于检查电路故障和分析故障的性质，是实验室、电工和无线电爱好者的必备仪器。

万用表有指针式和数字式两类，指针式又分为磁电式、真空管式和晶体管式三种。任何型号的万用表都由表头、转换开关和测量电路三部分组成，表头经转换开关与不同的测量电路组合成为不同量程或不同测量项目的电表。

（1）直流电流和电压挡

根据欧姆定律，将表头测量的量程扩大，利用转换开关选择所需量程。

（2）交流电流和电压挡

用整流电路将正弦交流电变成直流电，使电表的标尺按正弦交流电流或电压的有效值刻度，故非正弦波不能用它直接读数。

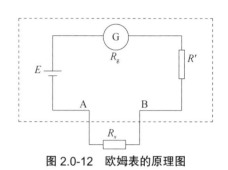

图 2.0-12　欧姆表的原理图

（3）电阻挡

电阻挡即多量程欧姆表，依据全电路欧姆定律将表头的电流标尺换成电阻标尺，选取合适的中值电阻组成不同测量范围的电阻挡。欧姆表的原理图如图 2.0-12 所示，图中虚线框内的部分为欧姆表。A、B 两端为表笔插孔，待测电阻 R_x 接在 A 和 B 上。回路电流 I_x 为

$$I_x = \frac{E}{R_g + R' + R_x} \tag{2.0-8}$$

可见，E、R'、R_g 一定时，I_x 仅由 R_x 决定，表头所示的 I_x 与 R_x 一一对应，故可在表盘上直接刻度 R_x 的值。

由式（2.0-8）可知，$R_x=0$ 时，回路电流最大，适当取 R' 的值，可使此最大电流等于表头的满偏电流 I_g，即

$$I_g = \frac{E}{R_g + R'} \tag{2.0-9}$$

式中，$R_g + R'$ 为欧姆表内阻。当 $R_x = R_g + R'$（即欧姆表外阻等于内阻）时，有

$$I_x = \frac{E}{2(R_g + R')} = \frac{I_g}{2} \tag{2.0-10}$$

如果表头指针指在欧姆表刻度的中央，此刻度值称为中值电阻，显然

$$R_中 = R_g + R' \tag{2.0-11}$$

而 I_g 和 I_x 可写成如下形式

$$I_g = \frac{E}{R_中} \tag{2.0-12}$$

$$I_x = \frac{E}{R_中 + R_x} \tag{2.0-13}$$

当 $R_x \ll R_中$ 时，指针偏转接近满度，且随 R_x 的变化不明显，因而测量误差很大。R_x 不太小时，I_x 随 R_x 的增大而减小；当 $R_x \gg R_中$ 时，$I_x \approx 0$，测量误差也很大。所以用欧姆表测电阻时总是尽量利用中央附近的刻度，通常把中值电阻作为量程的标志。

6. 接入误差

电表总有一定的内阻，接入电路后会使电路的电压和电流分布发生变化，由此而产生的系统误差称为接入误差。

（1）电流表

对同一个多量程电流表而言，量程越小，内阻越大。如果电流表的内阻为 R_A，以电表接入点为考察点，电路的电阻为 R，电路的实际电流为 I'，接入电表后读出的值为 I（显然 $I<I'$），则接入误差为

$$\delta I = \left| I - I' \right| = \frac{R_A}{R + R_A} I' \approx \frac{R_A}{R} I' \tag{2.0-14}$$

$$\frac{\delta I}{I'} = \frac{R_A}{R + R_A} \approx \frac{R_A}{R} \tag{2.0-15}$$

此误差只有当电流表的内阻 R_A 比所测回路的电阻 R 小很多时才可忽略。

（2）电压表

对于多量程电压表而言，量程越小，其内阻越大。电压表的内阻一般以欧姆每伏（Ω/V）表示。任何被测电路都可简化为图 2.0-13 的形式，设电源内阻为零，用电压表测得 R_2 上的电压为

$$U = \frac{R_2 // R_V}{\left(R_1 + R_2 \right) // R_V} E \tag{2.0-16}$$

式中，R_2 与 R_V 的并联值为

$$R_2 // R_V = R_2 \cdot \frac{R_V}{R_2 + R_V} \tag{2.0-17}$$

实际的电压 U' 为

$$U' = \frac{R_2}{R_1 + R_2} E \tag{2.0-18}$$

显然 $U<U'$，接入误差为

$$\delta U = \left| U - U' \right| = \frac{R_1 // R_2}{R_V} U \tag{2.0-19}$$

$$\frac{\delta U}{U'} = \frac{1}{1 + R_V / (R_1 // R_2)} \tag{2.0-20}$$

式中，$R_1//R_2$ 是 R_1 与 R_2 的并联值。

显然，只有当 $R_V>>R_1//R_2$ 时，接入误差才可忽略。在测量中，既要考虑电表的读数基本误差，也要考虑接入误差，测量值的误差由两者共同决定。

7. 电表精度等级和误差估算

任何仪器都会有自己的精度，电表精度共分为 7 级：0.1、0.2、0.5、1.0、1.5、2.5、5.0。电表精度等级等于在规定的工作条件下使用该表测量时的最大绝对误差除以所用量程再乘以 100 得到的值，即

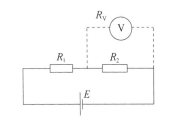

图 2.0-13　被测电路的简化形式

$$精度等级 = \frac{最大绝对误差}{量程} \times 100 \tag{2.0-21}$$

可见，某量程的绝对误差是一个定值，与电表的指示值无关。在同一个电表的不同量程内，绝对误差也不同。在同一量程内，相对误差随读数减小而增大。因此在使用电表时，应适当选择量程，尽量让电表工作在三分之二量程附近。

五、电学实验仪器的操作步骤

1. 准备

实验时，先把本组实验仪器的规格搞清楚，然后根据电路图的要求摆好元器件的位置（基本按电路图排列次序，但也要考虑到读数和操作的方便性）。

2. 连线

要在理解电路的基础上连线，还应注意利用不同颜色的导线表现电路的电位高低，也便于检查。需要特别指出的是，在连线过程中，要在所有开关打开的情况下接入电源。

3. 检查

接好线路后，先复查电路连接是否正确，例如开关是否全部打开、电表和电源的正负极是否连接正确、量程是否合适、电阻箱数值是否正确、变阻器的接线位置是否正确等，确认一切都正确无误且经指导教师同意后，方可接通电源。

4. 通电

在通电合闸时，要事先想好通电瞬间各仪表的正常反应是怎样的（例如电表指针是指零不动还是偏转到某一位置）。合闸时要密切注意仪表的反应是否正常，并随时准备断开电闸，即采用跃接法接通电源，防止因电路接错造成仪器损坏。如果需要改接电路或更换元器件，应将电路中各个仪器的有关旋钮拨到安全位置，然后断开开关，再改接电路，经教师重新检查后才可接通电源。

5. 安全

不管电路中有无高压，要养成避免用手或身体直接接触电路中裸露导体的习惯。

6. 归整

实验完毕后应将电路中的仪器旋钮拨到安全位置，打开开关，经教师检查实验数据后再拆线，拆线时应先切断电源。将所有实验仪器放回原处后再离开实验室。

2.0.3　光学预备知识

光学仪器的核心部件是它的光学元件，例如透镜、棱镜、反射镜、分划板等，物理实验对它们的光学性能（表面光洁度、平行度、透过率等）有一定的要求。

1. 常用的光学仪器

（1）望远镜

实验室中最简单的望远镜由两个透镜组成，即物镜和目镜。两个透镜安装在一根管子中，并在透镜之间装有十字叉丝，物镜将物体成像在十字叉丝平面上，再通过目镜来观察该成像。

实验前要正确调节望远镜，使目镜聚焦在十字叉丝上。当十字叉丝严格地获焦时，如果成像与十字叉丝重叠，成像也就聚焦了，这一步骤可以通过调节十字叉丝到物镜之间的距离来完成，直到能清晰地看到成像。某些望远镜上有一个调焦螺钉来完成上述调节，有些望远镜则是将物镜固定在一个可以伸缩的管子中来调节。

如上所述，目镜的调节过程是随不同观察者而异的，而十字叉丝到物镜之间的合适距离是与观察者无关的。

（2）显微镜

显微镜的光路图如图 2.0-14 所示，它由物镜和目镜构成。物镜形成物体的倒立、放大的实像，物镜所成的像通过目镜得到一个正立、放大的虚像。

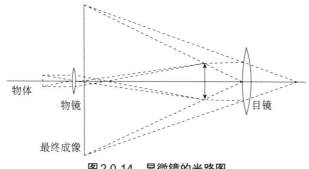

图 2.0-14　显微镜的光路图

显微镜的放大倍数是物镜的横向放大倍数和目镜的角放大倍数（又称放大率）的乘积。

2. 常用的光源

（1）白炽灯

白炽灯是将灯丝通电加热到白炽状态，利用热辐射发出可见光的电光源。它的光谱能量分布曲线与钨丝的温度有关。自 1879 年美国发明家托马斯·阿尔瓦·爱迪生制成碳化纤维（即碳丝）白炽灯以来，人们对灯丝材料、灯丝结构、填充气体不断改进，白炽灯的发光效率也相应提高。不同用途和要求的白炽灯，其结构和部件不尽相同。白炽灯的光效虽低，但光色和集光性能很好，是产量最大、应用最广泛的光源。

（2）汞灯

汞灯是一种利用汞放电时产生的汞蒸气获得可见光的光源，发光物体是汞蒸气，稳定后发出绿白色光。汞灯可分为低压汞灯、高压汞灯和超高压汞灯三种。低压汞灯点燃时的汞蒸气压小于一个大气压，此时汞原子主要辐射波长为 253.7nm 的紫外线。汞灯主要光谱线的波长、最小偏向角和折射率如表 2.0-1 所示。

表 2.0-1　汞灯主要光谱线的波长、最小偏向角和折射率

谱线颜色	波长 λ（nm）	最小偏向角 δ	折射率 n
红	667.82	50°52′	1.6665
黄	587.56	53°32′	1.6729
绿	501.57	54°47′	1.6847
蓝绿	492.19	55°01′	1.6869
蓝	471.31	55°29′	1.6913
紫	447.15	57°06′	1.7062

使用汞灯时，必须在电路中串联一个符合灯管参数要求的镇流器。一般实验室所用的低压汞灯电源都是厂家按规定要求制作好的，将灯管安装在灯座上，灯源的电源直接接市电，

打开灯源开关即可。

（3）钠光灯

钠光灯也是一种气体放电光源，它的光线在可见光范围内有两条强谱线（589.0nm 和 589.6nm），这两种单色黄光的波长比较接近，一般不易区分。实验中取其平均值（589.3nm）作为钠光灯的波长值。

（4）He-Ne 激光器

He-Ne 激光器是一种方向性很强（发射角很小）、单色性好、空间相干性高的光源，波长为 632.8nm。He-Ne 激光器是最常用的连续工作气体激光器，按结构形式的不同可分为内腔式、半内腔式和外腔式激光器。

实验室所用的激光电源有两种，一种电源是与激光管分离的，用高压线将两者连接后方可使用，但应注意不可接错正、负极，此种电源的工作电流已在内部调好，只需打开电源开关便可使用；另一种电源与激光管在同一个暗盒中，外部只有电源开关与电流表及电流调节旋钮，使用时打开电源开关，调节电流使激光输出稳定而工作电流尽可能小。

激光管两端加有高压（约 1200～8000V），操作时应严防触及，以免造成电击事故。另外，在使用过程中切勿迎着激光束直接观察激光，否则未充分扩束的激光可能会造成人眼视网膜的永久损伤。

3. 光学仪器的使用和保护

（1）常见的损坏情况

① 破损：由于使用者粗心大意，使光学仪器受到强烈的撞击或挤压，造成缺损或破裂。

② 磨损：玻璃表面上附有灰尘等污物时，由于处理方法不正确使玻璃的光学仪器表面留下刻痕。磨损会使仪器成像变模糊，严重时甚至不能成像。

③ 污损：手指上的油垢、汗渍或不洁液体造成沉淀，在光学仪器表面留下斑渍。

④ 发霉：由于光学仪器所处的环境温度较高，湿度较大，使微生物生长。

⑤ 腐蚀：光学仪器表面遇到酸、碱等化学物品而被腐蚀。

（2）使用和维护光学仪器的注意事项

① 在了解仪器的使用方法和操作要求后才能使用仪器。

② 仪器应轻拿、轻放，勿受震动。

③ 不准用手触摸仪器的光学表面。如果必须用手拿某些光学元件（例如透镜、棱镜等）时，只能接触非光学表面。

④ 光学仪器表面如果有轻微的污痕或指印，可用特制的镜头纸轻轻拂去，不能用力擦拭，更不准用手、手帕、衣服或其他纸片擦拭。如果表面有较严重的污痕、指印等，应由实验室管理人员用乙醚、丙酮或酒精清洗（不宜清洗镀膜面）。

⑤ 光学仪器表面如有灰尘，可用实验室专用的干燥脱脂软毛笔轻轻掸去，或用橡皮球将灰尘吹去，切不可用其他物品擦拭。

⑥ 除实验规定外，不允许任何溶液接触光学表面。

⑦ 仪器使用完毕后，应将其放回箱内或加罩，防止被污染。仪器箱内应放置干燥剂，防止仪器受潮或玻璃表面发霉。

⑧ 光学仪器装配很精密，拆卸后很难复原，因此严禁私自拆卸仪器。

4. 光学实验中的视差及消除

视差是指当两个物体静止不动时，改变观察者的位置，一个物体相对另一个物体有明显的移动。在光学实验中，视差指的是当观察者从一侧移到另一侧时，成像相对于十字叉丝有明显移动，成像和十字叉丝不在同一平面上。视差是用来对正在调焦的仪器进行检验的一种方法，当成像与十字叉丝在同一平面上时就没有视差，从而得到良好的聚焦效果。

用视差来检验聚焦时，简单地将眼睛从一侧移到另一侧，同时注视着成像和十字叉丝，如果它们之间无相对移动，则它们在同一平面上完成聚焦；如果有相对移动，可调节仪器直到视差消除。

2.1　拉伸法测定金属材料的杨氏模量

视频-拉伸法测金属材料的
杨氏模量—实验原理

视频-拉伸法测金属材料的
杨氏模量—实验测量

视频-拉伸法测金属材料的
杨氏模量—实验数据处理

PPT-拉伸法测金属材料的
杨氏模量—实验原理

PPT-拉伸法测金属材料的
杨氏模量—实验测量

PPT-拉伸法测金属材料的
杨氏模量—实验数据处理

物体在外力作用下都会或多或少地发生形变。当形变不超过某一限度时，撤走外力后形变随之消失，这种形变称为弹性形变。发生弹性形变时，物体内部会产生内应力，弹性模量是反映材料形变与内应力关系的物理量。

［实验目的］

1. 掌握光杠杆测量微小长度变化的原理和方法。
2. 学习拉伸法测定金属材料的杨氏模量的原理和方法。
3. 学习用逐差法处理数据的方法。

［实验仪器］

杨氏模量测定仪、光杠杆系统、游标卡尺、螺旋测微计、卷尺、待测金属丝等。

[实验原理]

本实验采用拉伸法测定金属材料的杨氏模量，测量原理如图 2.1-1 所示。

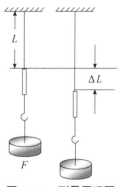

图 2.1-1　测量原理图

1. 杨氏模量的定义

设粗细均匀的金属丝长度为 L，截面积为 S，将其上端固定，下端悬挂砝码。如果在外力 F 的作用下金属丝拉长了 ΔL，则金属丝单位面积上的作用力（即 F/S）称作胁强；比值 $\Delta L/L$ 是金属丝的相对伸长量，称为胁变。根据胡克定律，金属丝在弹性限度内的胁强与胁变成正比，即

$$\frac{F}{S} = Y\frac{\Delta L}{L} \tag{2.1-1}$$

或

$$Y = \frac{F/S}{\Delta L/L} \tag{2.1-2}$$

比例系数 Y 就是金属丝的杨氏弹性模量，简称为杨氏模量，它表征了材料本身的性质，反映了材料的形变量和内应力之间的关系。Y 越大的材料，发生一定的相对形变量所需要的单位截面积上的作用力也越大。

由式（2.1-1）可知，实验测定 Y 的核心问题是如何测准 ΔL，因为 ΔL 是一个微小的长度变化量，约为 10^{-1}mm 数量级。显然，用普通的方法很难测准 ΔL，在此我们用光杠杆放大法来精确测量 ΔL。

2. 光杠杆的原理

光杠杆装置包括两部分，一部分是光杠杆镜架，由平面镜、主杠杆尖脚和刀口组成，镜面倾角及主杠杆尖脚到刀口的距离可调，其结构如图 2.1-2 所示；另一部分是镜尺装置，由一个与被测长度变化方向平行的标尺和尺旁的测量望远镜组成。

测量微小长度变化量的原理如图 2.1-3 所示，假定平面镜的法线和望远镜的光轴在同一条直线上，且望远镜光轴和刻度尺垂直。刻度尺上 A 点的刻度 x_0 经平面镜反射后，可在望远镜中的十字叉丝处读出。如果主杠杆尖脚随金属丝的拉伸而产生的位移为 ΔL，平面镜绕刀口转过 α 角度时，平面镜的法线也随之转过相同的角度，反射线则转过 2α 角度。此时，在望远镜中的十字叉丝处可读出刻度尺上 B 点的刻度值 x_1。ΔL 很小，且 $\Delta L \ll b$（b 为主杠杆尖脚到刀口或平面镜的距离），α 也很小，所以

$$\frac{\Delta L}{b} = \tan\alpha \approx \alpha \tag{2.1-3}$$

又因为 $\Delta x = x_1 - x_0 \ll D$，故有

$$\frac{\Delta x}{D} = \tan 2\alpha \approx 2\alpha \tag{2.1-4}$$

由式（2.1-3）和式（2.1-4）可得

$$\Delta L = \frac{b}{2D}\Delta x \tag{2.1-5}$$

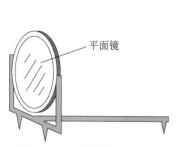

图 2.1-2　光杠杆镜架的结构

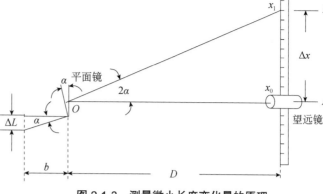

图 2.1-3　测量微小长度变化量的原理

　　可见，利用光杠杆装置测量微小长度变化量的实质是将微小长度变化量 ΔL 经光杠杆装置转变为微小角度变化量 α，再经望远镜转变为刻度尺上的读数变化量 Δx，通过测量 Δx 计算微小长度变化量 ΔL。这样不但可以提高测量的准确度，而且可以实现非接触测量。$2D/b$ 称为光杠杆的放大倍数，增大 D 或减小 b 光杠杆的放大倍数增大；但预置过大的 D 或过小的 b 会使系统的抗干扰性能变差。实际测量时一般选取 D 为 1.5～2.0m，b 为 6.5～9.0cm，这样光杠杆的放大倍数可达 30～60 倍。

　　将式（2.1-5）代入式（2.1-2），并考虑到 $S = \pi d^2 / 4$，则

$$Y = \frac{8FLD}{\pi d^2 b \Delta x} = \frac{8mgLD}{\pi d^2 b \Delta x} \tag{2.1-6}$$

式中，d 为金属丝的直径。

［实验内容］

1. 调节杨氏模量测量仪

　　（1）调节杨氏模量测量仪底部的调节螺钉，使底部水准仪的气泡位于中央，这样光杠杆所处的平台就处于水平状态，金属丝亦在铅垂方向自由伸缩。

　　（2）将刀口放在平台的凹槽内，并使主杠杆尖脚处在平台中心的圆柱形夹具上，这样尖脚可随金属丝的拉伸和收缩而上下自由升降，平面镜亦可随之转动。将望远镜置于光杠杆前 1.5～2.0m 处，松开旁边的固定螺钉，将其调到与平面镜同一高度，并对准镜面。

　　（3）左右移动望远镜，并适当转动平面镜，直至能通过望远镜镜筒外侧上端的准心目测到平面镜中的刻度尺像。

　　（4）调节目镜和物镜的调焦旋钮，直至从望远镜中能清晰地看到直尺的刻线和十字叉丝，并仔细调节物镜和目镜以消除十字叉丝与直尺刻线间的视差。

2. 测量望远镜中的读数与金属丝荷重的关系

杨氏模量测量仪调节好后，可进行数据测量。

　　（1）在托盘上加一块砝码（每块 1kg），在望远镜的十字叉丝处读出读数 x_1，并记入表 2.1-1 所示的钢丝伸缩量记录表中。

（2）每次添加一块砝码，依次在金属丝的荷重为 2kg、3kg、4kg、5kg、6kg、7kg、8kg 时在望远镜中读出读数 x_2、x_3、x_4、x_5、x_6、x_7、x_8，记入表 2.1-1 的"增重"一栏中。

（3）再添加一块砝码，使金属丝的荷重为 9kg。等望远镜中的读数稳定后，移出一块砝码，读出望远镜中的读数 x_8'，记入表 2.1-1 的"减重"一栏中。

（4）每次减少一块砝码，依次在金属丝的荷重为 7kg、6kg、5kg、4kg、3kg、2kg、1kg 时在望远镜中读出读数 x_7'、x_6'、x_5'、x_4'、x_3'、x_2'、x_1'，记入表 2.1-1 的"减重"一栏中。

（5）测量金属丝的直径 d。在金属丝上、下两夹钳之间均匀选取 6 个测量点，用千分尺测出金属丝的直径，记入表 2.1-2 所示的金属丝直径记录表中。

（6）用卷尺测量金属丝长度 L 和光杠杆平面镜到刻度尺之间的距离 D。

（7）取下光杠杆，将刀口及主杠杆尖脚印在纸上，用游标卡尺测量主杠杆尖脚至刀口的间距 b。

[数据处理]

1. 增减砝码时的钢丝伸缩量记录表如表 2.1-1 所示。

表 2.1-1　钢丝伸缩量记录表

拉伸力（N）	标尺读数（cm）			$\Delta x = \dfrac{x_m - x_n}{m - n}$（cm）	$\delta(\Delta x)$（cm）
	增重	减重	$\bar{x} = \dfrac{x_i + x_i'}{2}$		
0	x_1	x_1'	$\bar{x}_1$	$\dfrac{\bar{x}_5 - \bar{x}_1}{4}$	
9.8	x_2	x_2'	$\bar{x}_2$	$\dfrac{\bar{x}_6 - \bar{x}_2}{4}$	
19.6	x_3	x_3'	$\bar{x}_3$	$\dfrac{\bar{x}_7 - \bar{x}_3}{4}$	
29.4	x_4	x_4'	$\bar{x}_4$	$\dfrac{\bar{x}_8 - \bar{x}_4}{4}$	
39.2	x_5	x_5'	$\bar{x}_5$	$\overline{\Delta x}$	
49.0	x_6	x_6'	$\bar{x}_6$		
58.8	x_7	x_7'	$\bar{x}_7$		
68.6	x_8	x_8'	$\bar{x}_8$		

其中，$\delta(\Delta x) = \Delta x - \overline{\Delta x}$，$u_{(\Delta x)A} = \dfrac{t_p}{\sqrt{n}} S_{\Delta x}$，$\Delta_{(\Delta x)仪} = 0.05\text{cm}$，$u_{\Delta x} = \sqrt{\Delta_{(\Delta x)仪}^2 + u_{(\Delta x)A}^2}$，

$\Delta x = \overline{\Delta x} \pm u_{\Delta x}$。

2. 金属丝直径记录表如表 2.1-2 所示。

表 2.1-2　金属丝直径记录表

螺旋测微计的零点读数_____mm；示值误差_____mm

测量次数	1	2	3	4	5	6	平均值
直径 d（mm）							

其中，不确定度 $u_d = \sqrt{\Delta_{仪}^2 + S_d^2}$，$d = \bar{d} \pm u_d$。

3. 金属丝长度 L 和刻度尺到平面镜的距离 D 的测量。

$L=$ _____mm，$D=$ _____mm。

由于 L 和 D 的测量是单次测量，其不确定度用仪器误差表示，本实验中 $u_L = 0.5\text{mm}$，$u_D = 0.5\text{mm}$。

结果表示为：$L = \bar{L} \pm u_L$，$D = \bar{D} \pm u_D$。

4. 主杠杆尖脚至刀口的间距 b 的测量。

游标卡尺的示值误差_____mm，$b=$ _____mm。

结果表示为：$b = \bar{b} \pm u_b$。

5. 实验结果的计算。通过式（2.1-6）计算杨氏模量，每 1kg 砝码的质量误差为 0.01kg，长度单位为 m。

相对误差为

$$E = \frac{u_Y}{\bar{Y}} = \sqrt{\left(\frac{u_F}{F}\right)^2 + \left(\frac{u_L}{L}\right)^2 + \left(\frac{u_D}{D}\right)^2 + \left(\frac{2u_d}{d}\right)^2 + \left(\frac{u_b}{b}\right)^2 + \left(\frac{u_{\Delta x}}{\Delta x}\right)^2} \qquad (2.1\text{-}7)$$

不确定度为

$$u_Y = E \cdot \bar{Y} \qquad (2.1\text{-}8)$$

最后将结果记为

$$Y = \bar{Y} \pm u_Y \qquad (2.1\text{-}9)$$

［思考题］

习题-拉伸法测量金属材料的杨氏模量

1. 实验中哪个量的测量误差对结果影响最大？如何改进？

2. 用逐差法处理数据有何优点？怎样根据实验数据判断金属丝是否超过弹性限度？

3. 怎样提高光杠杆灵敏度？为了减小 Δx 的测量误差，可以从哪些方面考虑？

4. 材料相同但粗细、长度不同的金属丝，在相同的加载条件下，它们的伸长量是否一样？杨氏模量是否相同？

2.2　气垫导轨实验

气垫导轨是力学实验中最重要的仪器之一，它能将摩擦力对测量的影响减至最小。从气泵向气垫导轨输入的压缩空气经导轨表面的小孔喷出，使滑块浮起来。因此，滑块沿导轨滑动的摩擦力可以忽略不计。

利用滑块在气垫上的运动，可以测定速度、加速度等，验证牛顿第二定律、动量守恒定律等，研究弹簧振子的简谐运动。

[实验目的]

1. 掌握气垫导轨的水平调整方法和数字计时器的使用方法。
2. 利用气垫导轨测定滑块运动的速度和加速度。
3. 验证牛顿第二定律。

[实验仪器]

气垫导轨、滑块、砝码、MUJ-IIB 型电脑通用计数器、微型气泵。

[实验原理]

1. 速度的测定

物体作一维运动时，平均速度表示为

$$\bar{v} = \frac{\Delta x}{\Delta t} \tag{2.2-1}$$

如果时间 Δt 或位移 Δx 取极限，就得到物体在某一位置或某一时刻的瞬时速度为

$$v = \lim_{\Delta t \to 0} \frac{\Delta x}{\Delta t} \tag{2.2-2}$$

在实际测量时，可以取很小的 Δx，用平均速度代替瞬时速度。

实验时，在滑块上装一个 U 形的挡光片，如图 2.2-1 所示。当滑块经过光电门时，挡光片第一次挡光（AA′ 或 CC′），开始计时。紧接着挡光片第二次挡光（BB′ 或 DD′），计时立即停止，显示两次挡光所间隔的时间 Δt。Δx 约为 1cm，相应的 Δt 也较小，故可将 Δx 与 Δt 的比值看作是滑块经过光电门所在点（以指针为准）的瞬时速度。

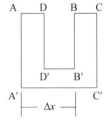

图 2.2-1 挡光片

2. 加速度的测定

当滑块作匀加速直线运动时，其加速度 a 为

$$a = \frac{v_2^2 - v_1^2}{2(x_2 - x_1)} \tag{2.2-3}$$

只要测出滑块通过第一个光电门的初速度 v_1 和通过第二个光电门的末速度 v_2，并由附着在气垫导轨上的米尺读出 x_1 和 x_2，根据式（2.2-3）就可算出滑块的加速度 a。

3. 验证牛顿第二定律

牛顿第二定律是动力学的基本定律，其内容是物体受外力作用时所获得的加速度的大小与合外力的大小成正比，与物体的质量成反比。

如果忽略滑块与气垫导轨之间的摩擦力和细线的质量，可列出滑块系统的一组动力学方程，即

$$\begin{cases} m_2 g - T = m_2 a \\ T = m_1 a \end{cases} \tag{2.2-4}$$

其中，m_1 为滑块质量，m_2 为砝码盘和砝码的总质量，T 为细线张力，如图 2.2-2 所示。解得系统的合外力为

$$F = m_2 g = (m_1 + m_2)a \tag{2.2-5}$$

令

$$M = m_1 + m_2$$

则

$$F = Ma \tag{2.2-6}$$

由式（2.2-6）可以看出，M 固定不变时，F 越大，加速度 a 也越大，且 F/a 为一常量；在恒力（F 保持不变）作用下，M 越大的物体，对应的加速度越小。由此可以验证牛顿第二定律，即物体所获得的加速度与物体的质量成反比，其中加速度 a 由式（2.2-6）求得。

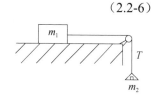

图 2.2-2　验证牛顿第二定律

[实验内容]

1. 气垫导轨的水平调节

气垫导轨的水平调节是进行气垫导轨实验必须掌握的一项基本技能。水平调节的方法有静态和动态两种，实验时应先静态调平，再动态调平。

（1）静态调平

接通气源，用手测试导轨，如果感到导轨两侧气孔明显有气流喷出，说明通气状态良好，把装有挡光片的滑块轻置于导轨上，观察滑块"自由"运动的情况。如果导轨不水平，滑块将向较低的一侧滑动。调节导轨一端的单脚螺钉，使滑块在导轨上保持不动或稍微左右摆动而无定向移动，则可认为导轨已调平。

（2）动态调平

调节两光电门的间距，使之约为 50cm（以指针为准）。打开数字计数器的电源开关，确认导轨通气状态良好后，放上滑块，使之在轨道上来回滑行。设滑块经过两光电门的时间分别为 Δt_1 和 Δt_2，考虑空气阻力的影响，如果滑块经过第一个光电门的时间 Δt_1 总是略小于经过第二个光电门的时间 Δt_2（两者相差 2% 以内），就可以认为导轨已经调平；否则要根据实际情况调节导轨下面的单脚螺钉，反复观察，直到左右来回运动对应的时间差大致相同。

2. 测定速度和加速度

（1）使滑块在导轨上运动，将计数器功能设定为"计时"。显示屏上依次显示滑块经过光电门的时间，并读出 x_1 和 x_2，测定滑块的速度。

（2）按动计数器的"功能"键，将功能设定为"加速度"。

（3）利用图 2.2-2 所示的装置，在滑块的挂钩上系一细线，绕过导轨端部的滑轮，在线的另一端系上砝码盘（砝码盘和单个砝码的质量均为 $m=5\text{g}$）。

（4）将滑块移至远离滑轮的一端，稍静置后自由释放，使滑块在合外力 F 的作用下从静止开始作初速度为零的匀加速直线运动。计数器的显示屏上依次显示滑块经过光电门的时间间隔 Δt_1 和 Δt_2，分别计算滑块经过两光电门的速度 v_1 和 v_2 及加速度 a。

3. 验证牛顿第二定律

利用图 2.2-2 所示的装置，在滑块上加 5 个砝码，用上述方法测定滑块运动的加速度（注意：先将计数器功能设定为"加速度"，再将 5 个砝码分 5 次从滑块上移至砝码盘中）。

保持滑块所受外力不变，使砝码盘中的砝码质量不变，测定滑块运动的加速度。将 5 个砝码逐一加在滑块上，验证物体所获得的加速度是否与物体的质量成反比。

［数据处理］

1. 数据记录和计算（滑块质量一定）

填写表 2.2-1 所示的数据表。

表 2.2-1　数据表（滑块质量一定）

砝码质量	Δt_1（ms）	v_1（cm/s）	Δt_2（ms）	v_2（cm/s）	a（cm/s²）	$a_{理}$（cm/s²）	E	$\overline{E}$
m_0								
m_0+m								
m_0+2m								
m_0+3m								
m_0+4m								

两光电门间的距离 $x_2-x_1=$_____cm；两挡光片对应边的距离 $\Delta x=$_____cm。

滑块质量 $m_1=$_____g；砝码盘质量 $m_0=$_____g；砝码质量 $m=$_____g；系统总质量 $M_系=m_1+m_0+4m=$_____g。

（1）根据式（2.2-3）求出 a，根据式（2.2-5）求出 $a_{理}$，从而得出

$$E=\frac{|a_{理}-a|}{a_{理}}\times100\%$$

（2）以 F 为横坐标，以 a 为纵坐标，在方格纸上绘制 a—F 曲线，求出其相对误差为

$$E=\frac{|1/M_系-k|}{1/M_系}\times100\%$$

2. 数据记录和计算（滑块所受外力一定）

填写表 2.2-2 所示的数据表。

表 2.2-2　数据表（滑块所受外力一定）

砝码质量	Δt_1（ms）	v_1（cm/s）	Δt_2（ms）	v_2（cm/s）	a（cm/s²）	$a_{理}$（cm/s²）	E	$\overline{E}$
m_0								
m_0+m								
m_0+2m								
m_0+3m								
m_0+4m								

（1）根据式（2.2-3）求出 a，根据式（2.2-5）求出 $a_{理}$，从而得出 E。

（2）以 $1/M_{系}$ 为横坐标，以 a 为纵坐标，在方格纸上绘制曲线，求出其平均斜率 k' 和 F，得出相对误差 $E = \dfrac{\left| F - k' \right|}{F} \times 100\%$。

［思考题］

1. 如何判断气垫导轨是否水平？依据是什么？
2. 滑块的初速度是否会影响加速度的测定？
3. 在验证牛顿第二定律时，如何保持系统质量不变而使系统所受的外力等间距变化？

［附录］

A. 气垫导轨

气垫导轨是一种力学实验仪器，利用从导轨表面小孔喷出的压缩空气使安放在导轨上的滑块与导轨之间形成很薄的空气层（这就是所谓的"气垫"），使滑块从导轨上浮起，从而避免了滑块与导轨之间的接触摩擦，仅有微小的空气层黏滞阻力和周围空气的阻力。这样，滑块的运动可近似看成是"无摩擦"运动。

1. 气垫导轨的结构

气垫导轨主要有导轨、滑块和光电门等，如图 2.2-3 所示。

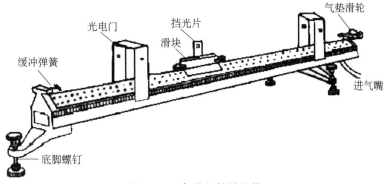

图 2.2-3　气垫导轨的结构

（1）导轨

导轨由长 1.5m 的一根非常平直的直角三角形铝合金管制成，两侧轨面上均匀分布着两排很小的气孔。导轨的一端封闭，另一端装有进气嘴。压缩空气经软管从进气嘴进入导轨后，从小孔喷出从而托起滑块，滑块被托起的高度一般为 0.01～0.1mm。为了避免碰伤，导轨两端及滑块上都装了缓冲弹簧。导轨的一端还装有气垫滑轮，它不转动，只是一个钻有小孔的空心圆柱（或弯管），当压缩空气从小孔喷出时，可以使绕过它的轻薄尼龙悬浮起来，因此可当成没有转动也没有摩擦的"滑轮"。整个导轨装在横梁上，横梁下面有三个底脚螺钉，既作为支撑点，也用以调整导轨的水平状态，还可在螺钉下加垫块使导轨成为斜面。

（2）滑块

滑块由角铝做成，是导轨上的运动物体，其两侧内表面与导轨表面精密吻合。滑块两端装有缓冲弹簧或尼龙搭扣，上面安装着矩形（或窄条形）挡光片。

（3）光电门

导轨上有两个光电门，光电门上装有光源（聚光小灯泡或红外发光管）和光敏管。当滑块上的挡光片经过光电门时，光敏管受到的光照发生变化，引起光敏两极间的电压发生变化，使电脉冲信号触发计时系统开始或停止计时。光电可根据实验需要安置在导轨的适当位置，并由定位窗口读出它的位置。

2. 注意事项

（1）本实验对导轨表面的平直度、光洁度要求很高。为了确保仪器精度，不允许其他东西碰、划伤导轨表面，因此要防止碰倒光电门或损坏轨面。未通气时，不允许将滑块在导轨上来回滑动。实验结束后应将滑块从导轨上取下。

（2）滑块的内表面经过仔细加工并与轨面紧密配合，两者是配套使用的，绝对不可以将滑块与别的组调换。实验中必须轻拿轻放，严防碰伤变形。

（3）导轨表面和滑块内表面必须保持清洁，如有污物，可用纱布蘸取少许酒精擦净。如果轨面上的小气孔堵塞，可用直径小于 0.6mm 的细钢丝疏通。

（4）实验结束后，用盖布将导轨盖好。

B. MUJ-IIB 型电脑通用计数器

1. 结构

MUJ-IIB 型电脑通用计数器的前面板和后面板如图 2.2-4 所示，功能选择复位键用于输入指令，数值转换键用于设定所需数值，数值提取键用于提取记忆存储的实验数据，P_1、P_2 光电门插口用于采集数据信号，LED 显示屏用于显示各种测量结果。

2. 使用和操作方法

根据实验需要选择光电门数量，将光电门线插入 P_1、P_2 插口，按下电源开关，按功能选择复位键选择所需的功能。当光电门没挡光时，按照面板的排列顺序，每按键一次，依次转换一种功能，发光管显示对应的功能位置。当光电门挡光后，按下功能选择复位键，复位清零（例如重复测量），LED 显示屏上显示 "0"。

开机时，自动设定挡光片宽度为 1.0cm。如果需要重新选择挡光片宽度，操作方法是：用手指按住数值转换键不放，LED 显示屏上将依次显示 1.0、3.0、5.0、…，当显示到要设定的宽度时，松开手指，设定完毕。

滑块在导轨上运动时，如果连续经过几个光电门，显示屏上会依次连续显示所测时间或速度。滑块停止运动后，显示屏上重复显示各数据。如果需要提取某数据，用手指按住数据提取键，待显示出数据后，松开手指即可记录。

计时功能：测量 P_1 插口或 P_2 插口两次挡光的时间间隔及滑块通过两个光电门的速度。

加速度功能：测量滑块通过每个光电门的速度及通过相邻光电门的加速度 a。

碰撞功能：进行等质量或不等质量的碰撞。

周期功能：测量简谐运动 1～100 周期的时间。

计数功能：测量挡光次数。

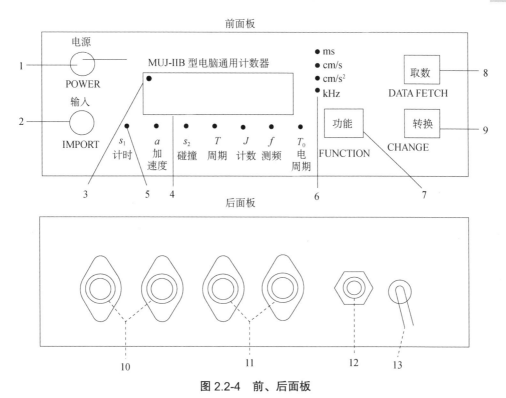

图 2.2-4　前、后面板

1—电源开关；2—测频输入口；3—溢出指示；4—LED 显示屏；5—功能转换指示灯；6—测量单位指示灯；
7—功能选择复位键；8—数值提取键；9—数值转换键；10—P_1 光电门插口；11—P_2 光电门插口；
12—电源保险；13—电源线

测频功能：测量正弦波、方波、三角波、调幅波等的频率。

2.3　扭摆法测定物体的转动惯量

视频-扭摆法测物体的　　　PPT-扭摆法测物体的　　　视频-扭摆法测物体的　　　PPT-扭摆法测物体的
转动惯量—实验原理　　　转动惯量—实验原理　　　转动惯量—实验测量　　　转动惯量—实验测量

　　转动惯量是刚体转动时惯性大小的量度，是表征刚体特性的一个物理量。刚体的转动惯量除了与质量有关，还与转轴的位置和质量分布（形状、大小和密度等）有关。如果刚体形状简单且质量分布均匀，可以直接计算出它绕特定转轴的转动惯量。对于形状复杂、质量分布不均匀的刚体（例如机械部件、电动机转子和枪炮弹丸等），转动惯量的计算过程极为复杂，通常采用实验方法测定。

　　转动惯量的测定实验一般使刚体以一定形式运动，通过表征这种运动特征的物理量与转动惯量的关系进行转换测量。本实验使物体作扭转摆动，由摆动周期及其他参数计算出物体的转动惯量。

［实验目的］

1. 用扭摆测定弹簧的扭转常数和几种不同形状的物体的转动惯量，并与理论值比较。
2. 验证转动惯量平行轴定理。

［实验仪器］

扭摆、转动惯量测试仪、被测物体（金属圆筒、塑料圆柱体、细金属杆等）。

［实验原理］

扭摆的构造如图 2.3-1 所示，垂直轴上装有一根薄片状的螺旋弹簧，用以产生恢复力矩，轴的上方可以装上多种被测物体。垂直轴与支座间装有轴承，用以降低摩擦力矩。

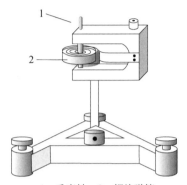

1—垂直轴；2—螺旋弹簧

图 2.3-1 扭摆的构造

物体在水平面内转过角度 θ 后，在弹簧的恢复力矩作用下，物体绕垂直轴作往返扭转摆动。根据胡克定律，弹簧受扭转而产生的恢复力矩 M 与转过的角度 θ 成正比，即

$$M = -K\theta \tag{2.3-1}$$

式中，K 为弹簧的扭转常数。转动定律表示为

$$M = J\beta \tag{2.3-2}$$

式中，J 为物体绕转轴的转动惯量，β 为角加速度。由式（2.3-2）得

$$\beta = \frac{M}{J}$$

令 $\omega^2 = \dfrac{K}{J}$，忽略轴承的摩擦阻力矩，由式（2.3-1）和式（2.3-2）得

$$\beta = \frac{\mathrm{d}^2\theta}{\mathrm{d}t^2} = -\frac{K}{J}\theta = -\omega^2\theta$$

即

$$\frac{\mathrm{d}^2\theta}{\mathrm{d}t^2} + \omega^2\theta = 0 \tag{2.3-3}$$

式（2.3-3）表明，扭转摆动是简谐运动，此方程的解为

$$\theta = A\cos(\omega t + \varphi) \tag{2.3-4}$$

式中，A 为简谐运动的角振幅，φ 为初相位，ω 为角频率。简谐运动的周期为

$$T = \frac{2\pi}{\omega} = 2\pi\sqrt{\frac{J}{K}} \tag{2.3-5}$$

由式（2.3-5）可知，如果测得物体的摆动周期，在 J 和 K 任何一个量已知的情况下，可计算出另一个量。

本实验采用一个几何形状规则的物体，在测得它的质量和几何尺寸的情况下，根据理论公式计算出它的转动惯量，再由式（2.3-5）算出仪器弹簧的 K 值。如果要测定其他形状物体的转动惯量，只要将被测物体安装在仪器顶部的夹具上，测定其摆动周期，由式（2.3-5）即可算出该物体绕转动轴的转动惯量。

理论分析证明，如果质量为 m 的物体绕质心轴的转动惯量为 J_0，当转轴平行移动距离 x 时，此物体对新转轴的转动惯量为 J_0+mx^2，这个结论称为转动惯量平行轴定理。

[实验内容]

1. 熟悉扭摆的构造、使用方法以及转动惯量测试仪的使用方法

调节扭摆基座的底脚螺钉，使水平仪的气泡位于中心。装上金属载物盘并调整光电探头的位置，使载物盘上的挡光杆处于缺口中央且能遮住发射和接收红外线的小孔。

为了降低摆动角度变化带来的系统误差，在测定物体的摆动周期时，摆动角度应为 $40°\sim90°$，且每次的角度要基本相同。在称量细金属杆的质量时，必须将支架取下，否则会带来较大误差。

2. 测定弹簧的扭转常数

用电子秤称出塑料圆柱体的质量 m_1，用游标卡尺测量其直径 D_1，利用公式

$$J_{柱} = \frac{1}{8} m_1 D_1^2 \tag{2.3-6}$$

计算它的转动惯量。

在转轴上装上转动惯量为 $J_{盘}$ 的金属载物圆盘，测量 10 个摆动周期所需的时间 $10T_0$。再在载物圆盘上放置塑料圆柱体，则该系统的总转动惯量为 $J_{柱}+J_{盘}$，测量 10 个摆动周期所需的时间 $10T_1$。因为

$$T_0 = 2\pi\sqrt{\frac{J_{盘}}{K}}, \qquad T_1 = 2\pi\sqrt{\frac{J_{柱}+J_{盘}}{K}}$$

所以

$$\frac{T_0}{T_1} = \frac{\sqrt{J_{盘}}}{\sqrt{J_{柱}+J_{盘}}}$$

$$J_{盘} = \frac{T_0^2}{T_1^2 - T_0^2} J_{柱}$$

可得出

$$K = 4\pi^2 \frac{J_{柱}}{T_1^2 - T_0^2} \tag{2.3-7}$$

3. 测量金属圆筒和细金属杆的转动惯量

（1）用电子秤称出金属圆筒和细金属杆的质量，用游标卡尺测量它们的几何量，计算出它们的转动惯量理论值，即

$$J_{筒} = \frac{1}{8} m_2 (D_1^2 + D_2^2), \quad J_{杆} = \frac{1}{12} m_3 L^2$$

（2）测出金属圆筒和载物圆盘共同的摆动周期 T_2，计算金属圆筒和载物圆盘共同的转动惯量 $J'_{筒+盘}$，即

$$J'_{\text{筒+盘}} = K \frac{T_2^2}{4\pi^2}$$

（3）计算金属圆筒的转动惯量实验值，即

$$J'_{\text{筒}} = J'_{\text{筒+盘}} - J'_{\text{盘}}$$

（4）测出细金属杆的摆动周期 T_3，计算细金属杆和金属杆夹具共同的转动惯量 $J'_{\text{杆+夹}}$，即

$$J'_{\text{杆+夹}} = K \frac{T_3^2}{4\pi^2}$$

（5）计算细金属杆的转动惯量实验值，即

$$J'_{\text{杆}} = J'_{\text{杆+夹}} - J'_{\text{夹}}$$

4. 验证转动惯量平行轴定理

将滑块对称地放在细杆两边的凹槽内，此时滑块质心与轴的距离分别为 5.00cm、10.00cm、15.00cm、20.00cm、25.00 cm，分别测定它们的摆动周期，验证转动惯量平行轴定理。

［数据处理］

1. 测定弹簧的扭转常数

填写表 2.3-1 所示的数据记录表。

表 2.3-1　测定弹簧的扭转常数数据记录表

物理量	次数			
	1	2	3	平均值
塑料圆柱体的质量(kg)				
塑料圆柱体的直径(m)				
载物盘 T_0(s)				
塑料圆柱体 T_1(s)				
塑料圆柱体的转动惯量理论值 $J_{\text{柱}}$(kg·m²)				
K(N·m)				

2. 测量金属圆筒和细金属杆的转动惯量

填写表 2.3-2 所示的数据记录表，计算载物盘的转动惯量实验值 $J'_{\text{盘}}$。已知金属杆夹具的转动惯量实验值 $J'_{\text{夹}} = 0.232 \times 10^{-4} (\text{kg·m}^2)$。

表 2.3-2　测量金属圆筒和细金属杆的转动惯量数据记录表

物体名称	质量(kg)	几何尺寸(m)		周期(s)		转动惯量理论值 (kg·m²)	转动惯量实验值 (kg·m²)	百分误差
金属圆筒		D_1						
		$\bar{D}_2$		T_2				
		D_1						
		$\bar{D}_2$		$\bar{T}_2$				

（续表）

物体名称	质量(kg)	几何尺寸(m)		周期(s)		转动惯量理论值 (kg·m²)	转动惯量实验值 (kg·m²)	百分 误差
细金属杆		L		T_3				
		$\bar{L}$		$\bar{T}_3$				

3. 验证转动惯量平行轴定理（选作内容，自拟表格）

[思考题]

习题-扭摆法测量
物体的转动惯量

1. 在实验中，为什么在测量细金属杆的质量时必须将安装夹具取下？为什么它们的转动惯量在计算中又未加以考虑？

2. 计时仪器的误差为 0.01s，实验中为什么要测量 10 个摆动周期所需的时间？

3. 如何用本装置测定任意形状物体绕特定轴的转动惯量？

[附录] 转动惯量测试仪的构造及使用方法

1. 转动惯量测试仪的构造

转动惯量测试仪由主机和光电传感器两部分组成。主机采用新型的单片机作为控制系统，用于测量物体转动和摆动的周期以及旋转体的转速，能自动记录、存储多组实验数据并精确地计算多组实验数据的平均值。光电传感器主要由红外发射管和红外接收管组成，将光信号转换为脉冲信号。

人眼无法直接观察仪器是否正常工作，可用遮光物体往返于光束通路，从而达到测定预定周期数的目的。为防止过强光线对光探头产生影响，光电探头不能安放在强光下，实验时应用窗帘遮光。

2. 转动惯量测试仪的使用方法

（1）调节光电传感器在固定支架上的高度，使被测物体上的挡光杆能自由地往返通过光电门，再将光电传感器的信号传输线插入主机输入端（位于测试仪背面）。

（2）开启主机电源，指示灯亮，参量指示为"P₁"插口，数据显示为"_____"。

（3）默认的扭摆周期数为 10，如需更改，可重新设定。更改后的周期数不具有记忆功能，一旦切断电源或按下"复位"键，便恢复默认周期数。

（4）按下"执行"键，数据显示为"000.0"，表示仪器已经在等待测量状态。当物体上的挡光杆第一次通过光电门时，显示累计时间，同时仪器自行计算周期并存储，以供查询和求平均值。至此，第一次测量完毕。

（5）按下"执行"键，"P₁"变为"P₂"，数据显示为"000.0"，仪器处在第二次待测状态，本机设定重复测量次数最多为 5 次。通过"查询"键可查询各次测量的周期以及它们的平均值。

2.4 三线摆法测定物体的转动惯量

测定转动惯量的方法有多种，三线摆法是具有较好物理思想的实验方法，具有设备简单、直观、测试方便等优点。

[实验目的]

1. 学会用三线摆测定物体的转动惯量。
2. 学会用累积放大法测定周期运动的周期。
3. 验证转动惯量的平行轴定理。

[实验仪器]

三线摆、米尺、游标卡尺、物理天平、FB210 型光电计时仪。

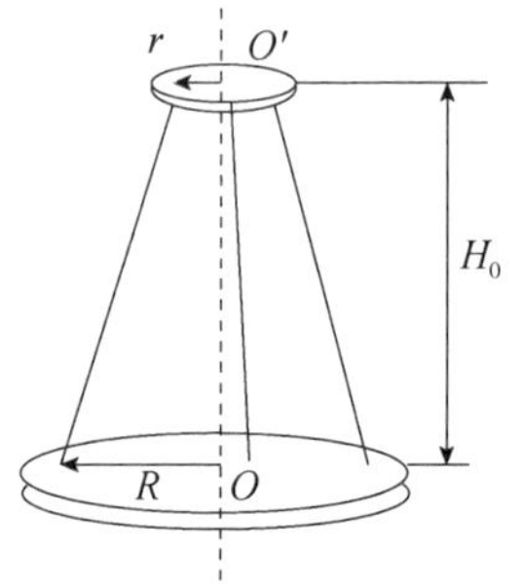

图 2.4-1　三线摆实验装置

[实验原理]

三线摆实验装置如图 2.4-1 所示。上、下圆盘均水平悬挂在横梁上，三条对称分布的等长悬线将两圆盘相连。上圆盘固定，下圆盘可绕中心轴 OO' 作扭摆运动。当下盘转动角度很小且略去空气阻力时，扭摆的运动可近似看作简谐运动。

根据能量守恒定律和刚体转动定律可以导出物体绕中心轴 OO' 的转动惯量（推导过程见本实验附录），即

$$J_0 = \frac{m_0 g R r}{4\pi^2 H_0} T_0^2 \tag{2.4-1}$$

式中，m_0 为下圆盘的质量，r、R 分别为上、下悬点离各自圆盘中心的距离，H_0 为平衡时上、下圆盘间的垂直距离，T_0 为下盘作简谐运动的周期，g 为重力加速度。

将质量为 m 的被测物体放在下圆盘上，并使被测物体的转轴与 OO' 轴重合，测出运动周期 T_1 和上、下圆盘间的垂直距离 H，求出被测物体和下圆盘对中心轴 OO' 的总转动惯量为

$$J_1 = \frac{(m_0 + m) g R r}{4\pi^2 H} T_1^2 \tag{2.4-2}$$

如果不计重量变化引起的悬线伸长量，则 $H \approx H_0$，被测物体绕中心轴 OO' 的转动惯量为

$$J = J_1 - J_0 = \frac{gRr}{4\pi^2 H}[(m+m_0)T_1^2 - m_0 T_0^2] \tag{2.4-3}$$

用三线摆法还可以验证平行轴定理。如果质量为 m 的物体绕通过其质心的轴的转动惯量为 J_C，当转轴平行移动距离 x 时，此物体对新轴 OO' 的转动惯量为 $J_{OO'} = J_C + mx^2$，如图 2.4-2 所示。这一结论称为转动惯量的平行轴定理。

实验时将质量为 m'，形状和质量分布完全相同的两个圆柱体对称地放在下圆盘上（下圆盘上有对称的两排小孔）。按同样的方法，测出两个圆柱体和下圆盘绕中心轴 OO' 的运动

周期 T_x，可求出每个圆柱体对中心转轴 OO' 的转动惯量为

$$J_x = \left[\frac{(m_0 + 2m')gRr}{4\pi^2 H} T_x^2 - I_0 \right] \qquad (2.4\text{-}4)$$

如果测出圆柱体中心与下圆盘中心之间的距离 x 以及圆柱体的半径 R_x，则由平行轴定理可求得

$$J'_x = m'x^2 + \frac{1}{2}m'R_x^2 \qquad (2.4\text{-}5)$$

比较 J_x 与 J'_x 的大小，即可验证平行轴定理。

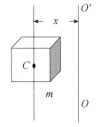

图 2.4-2　平行轴定理

[实验内容]

1. 测定圆环绕中心轴的转动惯量

（1）调节底座上的三个螺钉，直至底板上水准仪的气泡位于正中间。

（2）调节圆盘上的三个旋钮（调整悬线的长度），改变三条悬线的长度，直至底板上水准仪的气泡位于正中间。

（3）测量空盘绕中心轴 OO' 转动的运动周期 T_0。轻轻转动上盘，带动下盘转动，这样可以避免三线摆在作扭摆运动时发生晃动（注意扭摆的转角控制在 5°以内）。周期的测量常用积累放大法，即用计时工具测量多个周期的积累时间，然后求出其运动周期（想一想为什么不直接测量一个周期）。如果采用自动的光电计时装置，光电门应置于平衡位置，即应在下盘通过平衡位置时作为计时的起止时刻，使下盘上的挡光杆处于光电探头的中央且能遮住发射和接收红外线的小孔，然后开始测量。如果使用秒表手动计时，也应以通过平衡位置时作为计时的起止时刻（想一想这是为什么）并默读 5、4、3、2、1、0，当数到"0"时按下秒表，这样既有计时的准备过程，又不会少数一个周期。

（4）测出待测圆环与下盘共同摆动的周期。将待测圆环置于下盘上，使两者中心重合，按同样的方法测出它们一起运动的周期 T_1。

2. 用三线摆验证平行轴定理

将两个圆柱体对称放置在下盘上，测出其与下盘共同摆动的周期 T_x 和两圆柱体的间距 $2x$，改变圆柱体放置的位置，重复测量 5 次。

3. 其他物理量的测量

（1）用米尺测出上、下圆盘三悬点之间的距离 a 和 b，算出悬点到中心的距离 r 和 R。

（2）用米尺测出两圆盘之间的垂直距离 H_0，用游标卡尺测出待测圆环的内、外直径 $2R_1$、$2R_2$ 和圆柱体的底面直径 $2R_x$。

（3）记录各物体的质量。

[数据处理]

1. 圆环转动惯量的计算

填写表 2.4-1 和表 2.4-2 所示的数据记录表。

表 2.4-1　累积法测定周期数据记录表

		下盘		下盘加圆环
摆动 20 次所需时间 (s)	1		1	
	2		2	
	3		3	
	4		4	
	5		5	
	平均		平均	
周期(s)		$T_0=$		$T_1=$

表 2.4-2　有关长度多次测量数据记录表

次数	项目				
	上盘悬点间距 a(cm)	下盘悬点间距 b(cm)	待测圆环		圆柱体直径 $2R_x$(cm)
			内直径 $2R_1$(cm)	外直径 $2R_2$(cm)	
1					
2					
3					
4					
5					
平均					

由测定的数据计算以下物理量：

$r = \dfrac{\sqrt{3}}{3}\bar{a} =$ _____ cm；$R = \dfrac{\sqrt{3}}{3}\bar{b} =$ _____ cm；下盘质量 $m_0 =$ _____ g；

待测圆环质量 $m =$ _____ g；圆柱体质量 $m' =$ _____ g；$H_0 =$ _____ cm。

根据以上数据，求出待测圆环的转动惯量，将其与理论计算值比较，求出相对误差，并进行讨论（已知理想圆环绕中心轴的转动惯量计算公式为 $J_{理论} = \dfrac{m}{2}(R_1^2 + R_2^2)$）。

2. 验证平行轴定理

填写表 2.4-3 所示的数据记录表。

表 2.4-3　验证平行轴定理数据记录表

次数	项目				
	间距 $2x$ (m)	周期 T_x(s)	实验值(kg·m²) $J_x = \left[\dfrac{(m_0+2m')gRr}{4\pi^2 H}T_x^2 - I_0\right]$	理论值(kg·m²) $J'_x = m'x^2 + \dfrac{1}{2}m'R_x^2$	相对误差
1					
2					
3					
4					
5					

分析实验误差，给出结论。

[思考题]

1. 用三线摆测定转动惯量时，为什么必须保持下盘水平？

2. 在测量过程中，如果下盘出现晃动，对周期的测量有影响吗？如果有影响，应如何避免？

3. 放上被测物体后，其运动周期是否一定比空盘的运动周期大？为什么？

4. 测量圆环的转动惯量时，如果圆环的转轴与下盘转轴不重合，对实验结果有何影响？

5. 如何利用三线摆测定任意形状的物体绕某轴的转动惯量？

6. 三线摆在摆动中受空气阻尼的作用，振幅越来越小，它的周期是否会变化？对测量结果影响大吗？为什么？

[附录] 转动惯量的推导

当下盘扭转的角度 θ 很小时，其扭摆运动是简谐运动，运动方程为

$$\theta = \theta_0 \sin \frac{2\pi}{T_0} t \tag{2.4-6}$$

当离开平衡位置最远时，其重心升高 h，根据机械能守恒定律有

$$\frac{1}{2} J \omega_0^2 = mgh \tag{2.4-7}$$

即

$$J = \frac{2mgh}{\omega_0^2} \tag{2.4-8}$$

而

$$\omega = \frac{\mathrm{d}\theta}{\mathrm{d}t} = \frac{2\pi\theta_0}{T} \cos \frac{2\pi}{T} t \tag{2.4-9}$$

$$\omega_0 = \frac{2\pi\theta_0}{T_0} \tag{2.4-10}$$

将式（2.4-10）代入式（2.4-8）中得

$$J = \frac{mghT^2}{2\pi^2\theta_0^2} \tag{2.4-11}$$

由图 2.4-3 所示的三线摆的几何关系可得

$$(H-h)^2 + R^2 - 2Rr\cos\theta_0 = l^2 = H^2 + (R-r)^2$$

简化得

$$Hh - \frac{h^2}{2} = Rr(1-\cos\theta_0)$$

略去 $\dfrac{h^2}{2}$，取 $1-\cos\theta_0 \approx \theta_0^2/2$，则有

$$h = \frac{Rr\theta_0^2}{2H} \tag{2.4-12}$$

将式（2.4-12）代入式（2.4-11）得

$$J = \frac{mgRr}{4\pi^2 H} T^2 \tag{2.4-13}$$

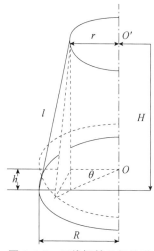

图 2.4-3　三线摆的几何关系

2.5 气体比热容比的测定

比热容在研究物质结构、确定相变、鉴定物质纯度等方面起着重要的作用，本实验将介绍一种较新颖的测定气体比热容比的方法。

［实验目的］

测定空气分子的定压比热容与定容比热容之比。

［实验仪器］

气泵、玻璃瓶、数字计时仪、电子天平、螺旋测微计。

［实验原理］

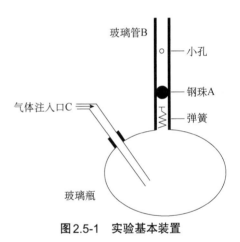

图2.5-1 实验基本装置

气体的定压比热容 C_p 与定容比热容 C_V 之比（$\gamma = C_p/C_V$）在热力学过程（特别是绝热过程）中是一个很重要的参数，测定的方法有很多种。本实验通过测定物体在特定容器中的振动周期来计算 γ。实验基本装置如图 2.5-1 所示，钢珠 A 的直径比玻璃管 B 的内径仅小 0.01～0.02mm，它能在玻璃管中上下移动。瓶壁上有一个气体注入口 C 并插入一根细管，可以将气体注入玻璃瓶中。

钢珠 A 的质量为 m，半径为 r（直径为 d），当瓶子内压力 $p = p_L + \dfrac{mg}{\pi r^2}$（$p_L$ 为大气压）时，钢珠 A 处于平衡状态。为了补偿空气阻尼引起的钢珠 A 振幅的衰减，通过气体注入口 C 注入小气压的气流。玻璃管 B 的中央有一个小孔，当钢珠 A 处于小孔下方半个振动周期时，注入的气体使容器的内压力增大，钢珠 A 向上移动；当钢珠 A 处于小孔上方半个振动周期时，容器内的气体通过小孔流出，使钢珠 A 下沉。重复上述过程，只要适当控制注入气体的流量，钢珠 A 就能在玻璃管 B 的小孔上下作简谐振动，振动周期可利用光电计时装置测得。

如果钢珠 A 偏离平衡位置一个较小距离 x，则容器内的压力变化为 $\mathrm{d}p$，钢珠 A 的运动方程为

$$m\frac{\mathrm{d}^2 x}{\mathrm{d}t^2} = \pi r^2 \mathrm{d}p \tag{2.5-1}$$

钢珠 A 的振动过程相当快，可以看作绝热过程，绝热方程为

$$pV^\gamma = 常数 \tag{2.5-2}$$

将式（2.5-2）求导，得

$$dp = -\frac{p\gamma dV}{V}$$

$$dV = \pi r^2 x \tag{2.5-3}$$

将式（2.5-3）代入式（2.5-1），得

$$\frac{d^2 x}{dt^2} + \frac{\pi^2 r^4 p\gamma}{mV} x = 0 \tag{2.5-4}$$

式（2.5-4）即为简谐振动方程，它的解为

$$\omega = \sqrt{\frac{\pi^2 r^4 p\gamma}{mV}} = \frac{2\pi}{T}$$

$$\gamma = \frac{4mV}{T^2 pr^4} = \frac{64mV}{T^2 pd^4} \tag{2.5-5}$$

式（2.5-5）中各量均可方便测得，因而可算出 γ 值。

由分子运动论可知，γ 与气体分子的自由度有关，单原子气体（例如 Ar、He 等）只有 3 个平动自由度，双原子气体（例如 N_2、H_2、O_2 等）除了 3 个平动自由度还有 2 个转动自由度，多原子气体（例如 CO_2、CH_4 等）具有 3 个转动自由度。比热容比 γ 与自由度 i 的关系为 $\gamma = \dfrac{i+2}{i}$，理论上可得出上述 3 类气体的 γ 分别为 1.67、1.40 和 1.33，且与温度无关。

［实验内容］

1. 接通电源，调节橡皮塞上的针型调节阀和气泵上的气量调节旋钮，使钢珠在玻璃管中以小孔为中心上下振动。气流过大或过小会使钢珠不以小孔为中心上下振动，调节时需要用手挡住玻璃管上方，以免气流过大将钢珠冲出管外造成钢珠或玻璃瓶损坏。

2. 打开周期计时装置，次数选择 50 次，按下复位按钮后即可自动记录。外界光线过强时，要适当挡光。

3. 用螺旋测微计和电子天平分别测出钢珠的直径 d 和质量 m，其中直径要重复测量 5 次。

4. 由气压表读出大气压力，并将单位换算为 N/m^2（760mmHg=$1.013 \times 10^5 N/m^2$）。

［注意事项］

实验装置主要由玻璃制成，且对玻璃管的要求特别高，钢珠的直径仅比玻璃管内径小 $0.01 \sim 0.02mm$，因此钢珠表面不允许擦伤。平时钢珠停留在玻璃管的下方（用弹簧托住），如果要将其取出，只需在它振动时用手指将玻璃管上的小孔堵住，稍稍加大气流量，钢珠便会上浮到玻璃管上方开口处；或将此管由瓶上取下，将钢珠倒出来。

［数据处理］

1. 记录数据，将数据填入表 2.5-1 中。

表 2.5-1　数据记录表

序号	1	2	3	4	5	平均值
m（g）						
d（mm）						
T（50 次）（s）						

2. 根据记录的数据求出 $d \pm u_d$ 和 $T \pm u_T$，根据式（2.5-5）求出 γ（本实验仪器的体积约为 2640cm³）。

3. 在忽略容器体积 V、大气压 p 的测量误差的情况下估算空气的比热容比及其不确定度，与理论值进行比较并求相对误差（空气可视为双原子气体），即

$$E_{\gamma} = \frac{u_{\gamma}}{\gamma} = \frac{\Delta m}{m} + 4\frac{\Delta d}{d} + 2\frac{\Delta T}{T}$$

$$\gamma = \overline{\gamma} \pm u_{\gamma}$$

习题-气体比热
容比的测定

［思考题］

1. 注入气体的多少对钢珠的运动情况有没有影响？
2. 在实际问题中，物体振动过程并不是理想的绝热过程。实验中测得的值比实际值大还是小？为什么？

2.6　稳恒电流场模拟静电场

在工程技术上，常常需要知道电极系统的电场分布情况，以便研究电子或带电质点在电场中的运动规律。例如，为了研究电子束在示波管中的聚焦和偏转情况，需要知道示波管中电极电场的分布情况。在电子管中研究引入新电极对电子运动的影响，也要知道电场的分布情况。一般来说，可以用解析法和模拟法求出电场的分布情况。

［实验目的］

1. 了解模拟法的适用条件。
2. 对于给定的电极，能用模拟法求出其电场分布情况。

［实验仪器］

GVZ-4 型导电微晶静电场描绘仪、0～12V 可调电源、探针笔。

［实验原理］

在电场的计算或测试过程中往往先研究电位的分布情况，因为电位是标量。可以先测得

等位线，再根据电力线与等位线处处正交的特点画出电力线，这样整个电场的分布情况就可以用几何图形清楚地表示出来。有了电位 U 的分布，由

$$E = -\nabla U \tag{2.6-1}$$

便可求出 E 的大小和方向。

　　实际上，想利用磁电式电压表直接测定静电场的电位是不可能的，因为任何磁电式电表都需要有电流通过才能偏转，而静电场是无电流的。任何磁电式电表的内阻都远小于空气或真空的电阻，如果在静电场中引入电表，势必使电场发生严重畸变；同时，电表或其他探测器置于电场中会引起静电感应，使源电荷的分布情况发生变化。人们在实践中发现，有些测量在实际情况下难以进行时，可以通过一定的方法模拟实际情况进行测量，这种方法称为"模拟法"。

　　模拟法要求两个类比的物理现象遵从的物理规律具有相同的数学表达式。由电磁学理论可知，电解质中的稳恒电流场与介质（或真空）中的静电场之间具有这种相似性。对于导电介质中的稳恒电流场来说，其电荷的分布与时间无关，电荷守恒定律的积分形式（在电源以外区域）为

$$\begin{cases} \oint_L j \cdot \mathrm{d}L = 0 \\ \oiint_s j \cdot \mathrm{d}s = 0 \end{cases} \tag{2.6-2}$$

而对于电介质内的静电场，在无源区域内下列方程成立

$$\begin{cases} \oint_L E \cdot \mathrm{d}L = 0 \\ \oiint_s E \cdot \mathrm{d}s = 0 \end{cases} \tag{2.6-3}$$

　　由此可见，电解质中稳恒电流场的 j 与电介质中静电场的 E 遵从的物理规律具有相同的数学表达式。在相同的边界条件下，二者的解亦具有相同的数学形式，所以这两种场具有相似性，实验时可用稳恒电流场模拟静电场，用稳恒电流场的电位分布模拟静电场的电位分布。实验中，将被模拟的电极系统放在电解液中或导电纸上，加上稳定电压，用检流计或高内阻电压表测出电位相等的各点，描绘出等位面，由若干等位面确定电场的分布情况。

　　通常电场的分布情况是三维问题，但在特殊情况下，适当选择电力线分布的对称面可以使三维问题简化为二维问题。实验中，通过分析电场分布的对称性，合理选择电极系统的剖面模型，将其放在电解液中或导电纸上，用电表测定该平面上的电位分布，据此得到空间电场的分布情况。

1. 同轴圆柱形电缆电场的模拟

　　如图 2.6-1 所示，圆柱形电场的内圆筒半径为 r_1，外圆筒半径 r_2，所带电量的电荷线密度为 $\pm\lambda$。根据高斯定理，圆柱形电场的电位移矢量为

$$D = \frac{\lambda}{2\pi r} \tag{2.6-4}$$

电位为

$$U = \frac{\lambda}{2\pi\varepsilon r} \tag{2.6-5}$$

式中，r 为场中任一点到轴的垂直距离。两极之间的电位差为

$$U_1 - U_2 = \int_{r_1}^{r_2} \frac{\lambda}{2\pi\varepsilon r}\mathrm{d}r = \frac{\lambda}{2\pi\varepsilon}\ln\frac{r_2}{r_1} \tag{2.6-6}$$

设
$$U_2 = 0\text{V}, \quad U_1 = \frac{\lambda}{2\pi\varepsilon}\ln\frac{r_2}{r_1}$$
(2.6-7)

则任一半径 r 处的电位为

$$U = \int_r^{r_2} \frac{\lambda}{2\pi\varepsilon r}\mathrm{d}r = \frac{\lambda}{2\pi\varepsilon}\ln\frac{r_2}{r}$$
(2.6-8)

把式（2.6-7）代入式（2.6-8）中，消去 λ，得

$$U = \frac{U_1}{\ln\dfrac{r_2}{r_1}}\cdot\ln\frac{r_2}{r}$$
(2.6-9)

现在要设计一个稳恒电流场来模拟同轴电缆的圆柱形电场，使它们具有相同的电位分布情况，要求如下。

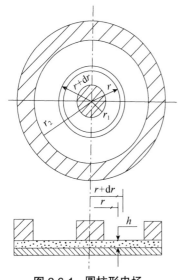

图 2.6-1　圆柱形电场

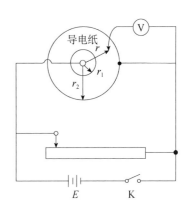

图 2.6-2　电压表法测绘电场的原理图

（1）设计的电极与圆柱形带电导体相似，尺寸与实际场有一定比例，保证边界条件相同。

（2）导电介质用电阻率比电极大得多的材料（本实验用导电纸），且各向同性，类似于电场中的各向同性均匀分布的电介质。

在两个电极间加电压时，中间形成稳恒电流场。设径向电流为 I，则电流密度为 $J = \dfrac{I}{2\pi r}$，这里导电介质（导电纸）的厚度取单位长度。

根据欧姆定律的微分形式 $J = \sigma E$，得出

$$E = \frac{I}{2\pi\sigma r}$$
(2.6-10)

显然，场的形式与静电场相同，都与 r 成反比。因此，两极间的电位差与式（2.6-7）相同，电位分布与式（2.6-9）相同，即

$$U = \frac{U_1}{\ln\dfrac{r_2}{r_1}}\cdot\ln\frac{r_2}{r}$$

所以

$$r = r_2 \left(\frac{r_2}{r_1} \right)^{-\frac{U}{U_1}} \qquad (2.6\text{-}11)$$

在本实验中，r_1=100mm，r_2=65mm，U_1=10V，U_2=0V。

2. 静电测绘方法

在实际测量中，测定电位（标量）比测定场强（矢量）容易实现，所以实验时可以先测等位线，然后根据电力线和等位线的正交关系绘制电力线，把电场形象地反映出来。本实验用电压表法测绘电场，原理图如图 2.6-2 所示。为了测量准确，要求测量电位的仪表中基本无电流流过，因此一般采用高输入阻抗的晶体管（或电子管）电压表。

［实验内容］

1. 画出 3 种带电系统静电场的等位线和电力线

（1）连接电源和电极板箱，连上探针笔（置于探针测量端的红色接线柱上）。先将功能开关设定在校正端，调节电源输出电压为 10V，然后转换开关至测量端。

（2）取一种电极板，验证电极上的电压是否为 0V 和 10V，在电极板上用探针笔找到某一电位（比如 9V）测点，在坐标纸上记下对应的电位点。移动探针笔，在电极板上找出若干个电位相同的点，分别记录 1V、3V、5V、7V、9V 等位线的各点坐标，每条等位线一般取 10 个等电位点。

（3）将电位相等的点连成光滑的曲线，这条曲线就是一条等位线。共描绘 5 条等位线，并标注出各等位线的电压值。

（4）根据电力线与等位线的关系画出相应的电力线分布图，要求至少画出 5 条电力线，且应该是封闭的（从正电势电极端到零电势电极端），然后按照从高电势趋向低电势的规则标注电力线的走向箭头（电力线应该是光滑的）。

（5）重复上述步骤，完成其余两种电极板实验。

2. 描绘同轴带电圆形电极板的等位线和电场分布

（1）取同轴圆形电极板，调节电源输出电压为 10V，测等电位点。

（2）记录 2V、4V、6V、8V 的等位线坐标点，每条等位线一般取 10 个等电位点，分别画出等位线和电力线。

（3）通过式（2.6-11）计算出各等位线的半径，将计算值与圆坐标纸的实测半径相比。

（4）求相对误差。

［数据处理］

求同轴圆形电极板的相对误差，将数据记录在表 2.6-1 所示的数据记录表中。

表 2.6-1　求相对误差的数据记录表

测试点电位 U_r（V）	2	4	6	8
理论计算半径 r_i（mm）				
实测半径 r_m（mm）				
$(r_m - r_i)/r_i$				

[思考题]

1. 用稳恒电流场模拟静电场对实验条件有哪些要求？
2. 通过本实验，你对模拟法有何认识？它的适用条件是什么？
3. 怎样由等位线绘出电力线？电力线的方向如何确定？

[附录] GVZ-4 型导电微晶静电场描绘仪

四种电极板和可调电源面板如图 2.6-3 和图 2.6-4 所示，四种典型静电场的模拟电极形状及相应的电场分布如图 2.6-5 所示。

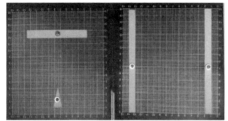 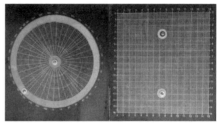

点与线　　　　　　　线与线　　　　　　　　同轴电缆　　　　　点与点

图 2.6-3　四种电极板

图 2.6-4　可调电源面板

表 2.6-2　四种典型静电场的模拟电极形状及相应的电场分布

极型	电极板示意图	等位线、电力线的理论图形
长平行导线 （点与点）		
劈尖型电极 （点与线）		

（续表）

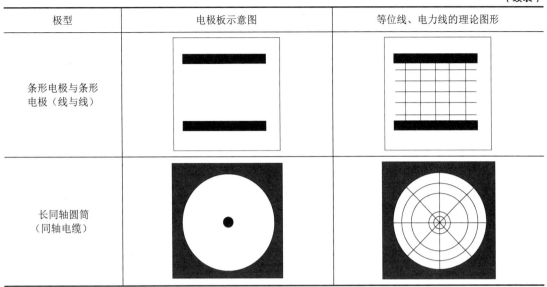

极型	电极板示意图	等位线、电力线的理论图形
条形电极与条形电极（线与线）		
长同轴圆筒（同轴电缆）		

2.7　电表改装及校准

在测量电路中的电流和电压时，常常需要用到各种量程的电流表和电压表，它们都是由表头（通常是一只磁电式微安表）改装后构成的。根据分流或分压原理，将表头并联或串联适当的电阻，就可以改装成所需量程的电流表或电压表。校准电表就是将需要校准的电表示值与准确度更高的电表的相应示值进行比较，从而确定被改电表示值的误差。改装后的电表不仅可以测量大于原量程的直流电流和电压，还可以测量交流电压、电流和电阻，也可用于温度、压力、流量、速度等的测量。

［实验目的］

1. 掌握电表改装的基本原理和方法。
2. 学会用比较法校准电表并绘制校准曲线。

［实验仪器］

表头、电阻箱、滑线变阻器、标准电流表、标准电压表、电源、电键等。

［实验原理］

电表改装是依据表头自身的量程 I_g 和内阻 R_g 应用欧姆定律设计而成的。I_g 可在表头的表盘上获知，而 R_g 需要实测。

1. 测定表头内阻

测量表头内阻 R_g 的方法很多，常用的测量电路如图 2.7-1 所示，R_0 为标准电阻箱。

（1）半值法

① 合上 K_1 和 K_2，调节 R 使被测表头满偏，记下校准电表的示值 I，此时 $I=I_g$，即表头的量程（或称为表头的灵敏度）。

② 合上 K_3，调节 R 和 R_0 使校准电表的示值仍为 I（I_g），并使被测表头的示值为 $\dfrac{I_g}{2}$（满偏的一半），此时 $R_0=R_g$。

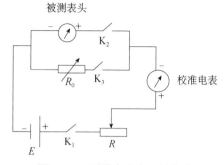

图 2.7-1　测量表头内阻的电路

（2）替代法

① 合上 K_1 和 K_2，调节 R 使被测表头满偏，记下校准电表的示值 I。

② 断开 K_2，合上 K_3，保持 R 不变，调节 R_0 使校准电表的示值仍为 I，此时 $R_0=R_g$。

注意：合上 K_1 和 K_2 前，滑线变阻器 R 的阻值应置于最大，合上 K_3 前 R_0 的阻值也要足够大。

2. 表头改装成电流表

如果需要测量超过表头量程的电流，就必须扩大其量程。由电阻并联规律可知，如果在表头两端并联一个电阻小于表头内阻（R_g）的分流电阻 R_p，则表头不能承受的那部分电流将从 R_p 中通过，如图 2.7-2 所示。表头和电阻 R_p 组成的整体（图 2.7-2 中虚线框内的部分）就是改装后的新电流表，其中 R_p 称为分流电阻。

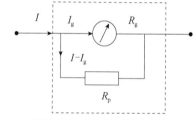

图 2.7-2　表头改装成电流表

假设用量程为 I_g、内阻为 R_g 的表头改装为量程为 I 的电流表。由于流入表头的电流只能为 I_g，所以 $I-I_g$ 的电流必须从分流电阻 R_p 上通过。当表头满偏时，由欧姆定律可知

$$I_g R_g = \left(I - I_g \right) \cdot R_p \tag{2.7-1}$$

则分流电阻应为

$$R_p = \frac{I_g}{I - I_g} \cdot R_g \tag{2.7-2}$$

令 $n=I/I_g$，n 称为量程的扩大倍数，则

$$R_p = \frac{1}{n-1} R_g \tag{2.7-3}$$

当已知表头的固有参数 I_g 和 R_g 后，根据量程的扩大倍数 n 即可算出需要并联的分流电阻 R_p，实现表头的扩程。对于同一表头，并联不同的分流电阻 R_p 可以得到不同量程的电流表。

3. 表头改装成电压表

表头的量程 I_g 很小，内阻 R_g 也相对较小，可以测量的最大电压 $U_g=I_g R_g$ 一般也很小。为了测量较大的电压，可以在表头上串联一个阻值足够大的分压电阻 R_s，使表头不能承受的那

部分电压加到电阻 R_s 上，如图 2.7-3 所示。表头和串联电阻 R_s 组成的整体（图 2.7-3 中虚线框内的部分）就是改装后的电压表，其中串联电阻 R_s 称为分压电阻（或降压电阻）。

设用量程为 I_g、内阻为 R_g 的表头改装成量程为 U 的电压表，当表头满偏时，由欧姆定律可知

$$U = I_g R_g + I_g R_s \qquad (2.7\text{-}4)$$

分压电阻为

$$R_s = \frac{U}{I_g} - R_g \qquad (2.7\text{-}5)$$

如果已知表头的参数 I_g 和 R_g，根据所需要的电压表量程 U 即可确定需要串联的分压电阻 R_s，实现表头的改装。对于同一个表头，串联不同的分压电阻 R_s 可以得到不同量程的电压表。

实际上，表头的外电路总阻值必须接近表头线圈的临界电阻值，指针才能迅速而平稳地到达平衡位置。为此，多量程电表大都把表头接成环形电路，通过环形电路的中间抽头构成电流表的各个量程，在环形电路外依次串入分压电阻，构成多量程电表，如图 2.7-4 所示。

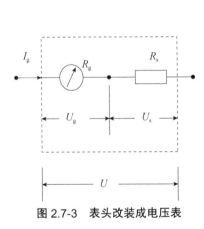

图 2.7-3　表头改装成电压表

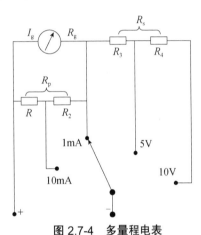

图 2.7-4　多量程电表

4. 电表的校准

改装好的电表必须经过校准才能使用，校准是指使被校电表与标准电表（准确度等级比被校电表至少高一级）同时测量一定的电流（或电压），看其示值与相应的标准值（从标准电表读出）相符的程度。校准的目的是：评定该表在改装后是否仍符合原表头的准确度等级；绘制校准曲线，以便改装后的电表能准确读数。

准确度等级是国家规定的电表质量指标，以数字形式标明在电表的表盘上，共有七个等级，分别为 0.1、0.2、0.5、1.0、1.5、2.5、5.0。

设被校电表的示值为 I_1（或 U_1），标准表的示值为 I_2（或 U_2），当对被校电表刻度上等间隔的 n 个校准点进行校准时，可获得一组相应的数据 I_{1i} 和 I_{2i}（或 U_{1i} 和 U_{2i}）（$i=1, 2, 3, \cdots, n$），每个校准点的校准值 $\delta I_i = I_{2i} - I_{1i}$（或 $\delta U_i = U_{2i} - U_{1i}$）。如果将 n 个 δI_i（或 δU_i）中绝对值最大的一个作为最大绝对误差，则被校电表的标定误差（或称为基本误差）为

$$标定误差 = \frac{最大绝对误差}{量程} \times 100\%$$

根据标定误差的大小可确定被校电表的准确度等级，如果标定误差为 $0.2\% \sim 0.5\%$，则

该表的准确度等级为 0.5。

电表的校准结果除用准确度等级表示外，还常用校准曲线表示，即以被校电表的示值（例如 I_1）为横坐标，以校准值（例如 δI_1）为纵坐标，绘制折线状的校准曲线，供使用时作读数修正。

［实验内容］

1. 测量表头内阻

根据图 2.7-1 连接电路并进行测量，记录 I_g 和 R_g。

2. 电流表的改装和校准

（1）根据实验室给定的表头量程 I_g 和已测的内阻 R_g 以及要改装的电流表量程 I，通过式（2.7-3）计算分流电阻 R_p 的阻值。

（2）从电阻箱上取相应的电阻值 R_p 与表头并联组成电流表，将改装的电流表与标准电流表按照图 2.7-5 连接在电路中。

（3）线路检查无误后，接通电源，调节电路中的电流，使标准电流表的示值为改装电流表的量程，此时改装电流表应满偏。

（4）校准刻度值。保持 R_p 不变，调节滑线变阻器 R，使改装示值表的示值从小到大变化，均匀地取 10 个刻度值，读出与之对应的标准电流表示值，记入表格。然后重复测试一遍，将标准电流表两次读数的平均值记为 I_s。

（5）作校准曲线 I_1—δI_1。以 I_1 为横坐标，以 $\delta I_1 = I_2 - I_1$ 为纵坐标，各点之间以直线连接。

3. 电压表的改装与校准

（1）根据实验室给定的量程 I_g 和已测的内阻 R_g 以及要改装的电压表量程 U，通过式（2.7-5）计算所需串联的分压电阻 R_s 的阻值。

（2）从电阻箱上取相应的电阻值 R_s 与表头串联组成电压表，将改装的电压表与标准电压表按图 2.7-6 接入电路。

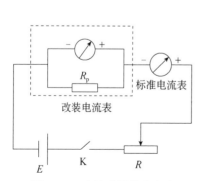

图 2.7-5　电流表的校准电路

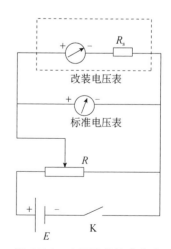

图 2.7-6　电压表的校准电路

（3）校准电压表。与校准电流表的步骤相同，先校准量程，后校准刻度值。校准时，应使电压单调上升和下降各一次，将标准电压表两次读数的平均值作为 U_2，计算各校准点的校准值 $\delta U_1 = U_2 - U_1$。

（4）作校准曲线 U_1——δU_1。

［数据处理］

1. 电流表的改装和校准

（1）测内阻并改装电流表，填写表 2.7-1 所示的数据记录表。

表 2.7-1　电流表内阻数据记录表

准确度等级	内阻 R_g（Ω）	满偏电流 I_g（mA）	扩程后量程（mA）	分流电阻 R_p（Ω）	
				计算值	实验值

（2）校准改装的电流表，填写表 2.7-2 所示的数据记录表。

表 2.7-2　校准改装电流表数据记录表

标准表准确度等级：_____；标准表量程：_____mA；改装表准确度等级：_____；改装表量程：_____mA

改装电流表读数 I_1（mA）	标准电流表读数 I_2（mA）			$\delta I_1 = I_2 - I_1$（mA）
	大→小	小→大	平均	

（3）绘制改装后电表的校准曲线。

2. 电压表的改装和校准

电压表的改装和校准数据记录表参照电流表的改装和校准数据记录表。

［思考题］

1. 将量程为 100μA、内阻为 100 Ω 的表头改装成量程为 1mA 及 10mA 的电流表，改装电路如图 2.7-7 所示，计算分流电阻 R_1 和 R_2。要使表头既可测 1mA 和 10mA 的电流，又可测 5V 和 10V 的电压，应如何设计改装电路？附加的电阻值为多少？

2. 表头内阻能否用万用表、电桥或电位差计测量？为什么？

3. 选取校准表时应主要考虑什么？

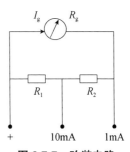

图 2.7-7　改装电路

2.8 直流电桥测电阻

视频-直流电桥测　　　PPT-直流电桥测　　　视频-直流电桥测　　　PPT-直流电桥测
电阻—实验原理　　　电阻—实验原理　　　电阻—实验测量　　　电阻—实验测量

电桥是一种用电位比较法进行测量的仪器，被广泛用来精确测量许多电学量和非电学量，在自动控制测量中也是常用的仪器之一。按照用途来分，电桥可分为平衡电桥和不平衡电桥；按照使用的电源来分，电桥可分为直流电桥和交流电桥。直流电桥用来测量电阻或与电阻有关的物理量，待测电阻为 1Ω～1000kΩ 时，可用单臂电桥（惠斯通电桥）；如果测量 1Ω 以下的低电阻，则必须使用双臂电桥（开尔文电桥）。交流电桥主要用来测量电容、电感等物理量。

〔实验目的〕

1. 掌握用电桥测量电阻的原理和方法。
2. 学会使用单臂及箱式惠斯通电桥测量电阻。

〔实验仪器〕

电阻箱、直流检流计、稳压电源、待测电阻、QJ23 型便携式单臂电桥。

〔实验原理〕

1. 单臂电桥的原理

单臂电桥（惠斯通电桥）是最常用的直流电桥，其电路原理图如图 2.8-1 所示。

R_1、R_2 和 R_s 是已知阻值的标准电阻，它们和待测电阻 R_x 连成一个四边形，每一条边称作电桥的一个臂。对角 A 和 C 之间接电源 E；对角 B 和 D 之间接检流计 G 和开关 K，开关上有像桥一样的 1.5kΩ 的保护电阻。如果调节 R_s 使桥两端的电位相等，检流计中的电流为零，则电桥达到平衡，可得

$$I_1 R_1 = I_2 R_2 \tag{2.8-1}$$

$$I_1 R_s = I_2 R_x \tag{2.8-2}$$

两式相除可得

$$R_x = \frac{R_2}{R_1} R_s \tag{2.8-3}$$

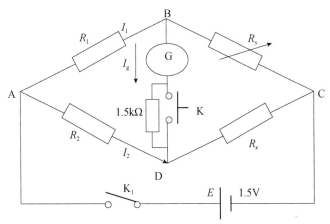

图 2.8-1　单臂电桥电路原理图

只要检流计足够灵敏，式（2.8-3）就能成立，可以通过 R_1、R_2 和 R_s 三个已知的标准电阻求得待测电阻 R_x。这一过程相当于把 R_x 和标准电阻作比较，因而测量的准确度较高。

2. 单臂电桥测电阻的误差

单臂电桥测电阻的误差主要来自以下两方面。

（1）桥臂电阻带来的误差

由于 $R_x = \dfrac{R_2}{R_1} R_s$，可导出 R_x 的相对误差为

$$\frac{\Delta R_x}{R_x} = \sqrt{\left(\frac{\Delta R_1}{R_1}\right)^2 + \left(\frac{\Delta R_2}{R_2}\right)^2 + \left(\frac{\Delta R_s}{R_s}\right)^2} \tag{2.8-4}$$

如果保持 R_1 和 R_2 的比值为 1，把 R_s 与 R_x 两个桥臂的位置交换，再调节 R_s 使电桥平衡，可得

$$R_x = \frac{R_1}{R_2} R_s \tag{2.8-5}$$

交换前后电桥平衡时 R_s 的示值分别记为 R_{s1} 及 R_{s2}，由式（2.8-3）和式（2.8-5）可得

$$\overline{R_x} = \sqrt{R_{s1} \cdot R_{s2}} \tag{2.8-6}$$

由式（2.8-6）可导出 R_x 的相对误差为

$$\frac{\Delta R_x}{R_x} = \frac{1}{2}\sqrt{\left(\frac{\Delta R_{s1}}{R_{s1}}\right)^2 + \left(\frac{\Delta R_{s2}}{R_{s2}}\right)^2} \tag{2.8-7}$$

相对误差只与 R_s 有关，消除了由 R_1、R_2 本身的误差带来的系统误差。

（2）电桥灵敏度带来的误差

电桥是否平衡取决于检流计是否指零，因此判断检流计是否指零所产生的误差决定了电桥的灵敏度。

电桥平衡时，检流计的偏转格数 α 称作电桥灵敏度。

$$S_b = \frac{\alpha}{\Delta R} \tag{2.8-8}$$

S_b 越大，表示电桥越灵敏，判断就越准确。适当提高工作电源电压和选用低电阻的检流计有利于提高电桥的灵敏度。通常假定仪表标尺的 $\dfrac{2}{10}$ 分度为难以分辨的界限，由电桥灵敏

度带来的误差为 $\Delta R_b = 0.2\dfrac{1}{S_b}$。

综上所述，可得出以下结论。

（1）总误差等于检流计灵敏度误差与桥臂电阻误差之和。

（2）测量中将某些条件相互交换使产生的系统误差方向相反，从而抵消测量中的部分系统误差，这种方法称作交换法，是处理系统误差的基本方法之一。

3. 箱式惠斯通电桥测电阻

本实验采用 QJ23 型便携式单臂电桥，它的实际电路图如图 2.8-2 所示，面板结构如图 2.8-3 所示。电桥各部件的作用及特点如下。

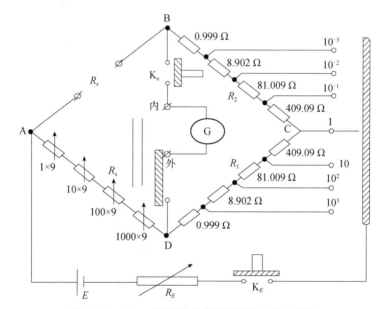

图 2.8-2　QJ23 型便携式单臂电桥的实际电路图

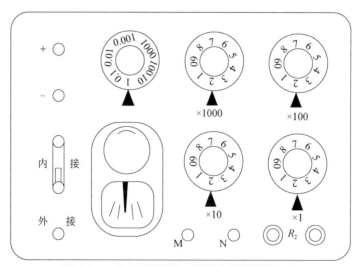

图 2.8-3　QJ23 型便携式单臂电桥的面板结构

（1）比率臂 R_2/R_1 由 8 个精密电阻组成，总阻值为 1kΩ，有 0.001、0.01、0.1、1、10、100、1000 七挡。

（2）测量臂 R_s 由 4 个电阻盘组成，最大阻值为 9999Ω，调节比率臂和 R_s 使电桥平衡时，待测电阻值 R_x=比率臂×测量臂。

（3）面板上的 R_2 端钮接待测电阻，端钮 M 和 N 分别外接电源和检流计。

（4）检流计的内阻近百欧姆，用以指示电桥平衡与否。检流计上有调零旋钮，测量前应预先调好检流计的零位。实验中把引起仪表读数可觉察变化的被测量的最小变化值叫灵敏阈（或叫分辨率），这里取 0.2 分格对应的电流值作为检流计的灵敏阈。

用电桥测电阻前，通常应先知道（或用万用表粗测）待测电阻的估计值，然后预设比率臂和测量臂于相应的估计值，再细调比率臂和测量臂，求出测量值。

[实验内容]

1. 自搭电桥测电阻

按照图 2.8-1 连接电路，在开关 K 上并联一个高值电阻 R，以保护检流计。在测试前要考虑以下问题。

（1）接好线路，拟好实验步骤，经教师检查后方可通电。要特别注意实验中勿超过电阻箱的额定电流。

（2）调节电桥，使它工作在最灵敏状态。使 R_1=1.5kΩ 且 $\dfrac{R_2}{R_1}=1$，测量待测电阻 R_x，并用交换法消除装置不对称引起的系统误差。

2. 箱式惠斯通电桥测电阻

应用 QJ23 型便携式单臂电桥测量待测电阻值。

[数据处理]

1. 自搭电桥测电阻

（1）用交换法测出待测电阻值，填写表 2.8-1 所示的数据记录表。

表 2.8-1　自搭电桥测电阻数据记录表

序号	R_x 标称值（Ω）	R_{s1}（Ω）	R_{s2}（Ω）	$S_b=\dfrac{\alpha}{\Delta R}$	m （电阻箱的转盘数）
1					
2					
3					

（2）实验结果的计算步骤如下。

最佳估计值为

$$\overline{R}_x = \sqrt{R_{s1} \cdot R_{s2}} \qquad (2.8\text{-}9)$$

不确定度为

$$\overline{R}_{s} = \frac{1}{2}\left(R_{s1} + R_{s2}\right) \tag{2.8-10}$$

对于 0.1 级的电阻箱，其仪器误差为

$$\Delta R_{s} = \left(0.1\%\overline{R}_{s} + 0.002m\right) \tag{2.8-11}$$

$$\frac{\Delta R_{x}}{\overline{R}_{x}} = \frac{1}{2}\sqrt{\left(\frac{\Delta R_{s1}}{R_{s1}}\right)^{2} + \left(\frac{\Delta R_{s2}}{R_{s2}}\right)^{2}} \approx \frac{\Delta R_{s}}{\overline{R}_{s}} \tag{2.8-12}$$

$$\Delta R_{x} = \overline{R}_{x}\left(\frac{\Delta R_{s}}{\overline{R}_{s}}\right) \tag{2.8-13}$$

得出

$$u_{R_{x}} = \sqrt{\left(\Delta R_{b}\right)^{2} + \left(\Delta R_{x}\right)^{2}} \tag{2.8-14}$$

结果表示为

$$R_{x} = \overline{R}_{x} \pm u_{R_{x}} \tag{2.8-15}$$

2. 箱式惠斯通电桥测电阻

填写表 2.8-2 所示的数据记录表。

表 2.8-2　箱式惠斯通电桥测电阻数据记录表

序号	R_x 标称值（Ω）	比率臂	实际测量值 R_x（Ω）	仪器级别 A
1				
2				
3				

不确定度为

$$u_{R_{x}} = A \times R_{m} \tag{2.8-16}$$

式中，R_{m} 为该比率臂下电桥的量程，结果表示为

$$R_{x} = \overline{R}_{x} \pm u_{R_{x}} \tag{2.8-17}$$

［思考题］

1. 利用电桥测电阻的原理是什么？电桥平衡的条件是什么？在具体操作中是如何实现的？

2. 箱式惠斯通电桥中比率臂倍率值的选取原则是什么？如果没有选择好，对结果有何影响？

3. 为什么电桥上的按钮开关要用跃接法？操作按钮 M 和 N 的连接顺序是什么？

4. 在通电前，保护电阻 R 和与其并联的开关 K 应如何处置？在实验中为提高电桥灵敏度，应如何操作？

习题-直流电桥测电阻

2.9　双臂电桥测低值电阻

按阻值的大小来分，电阻大致可分为阻值在 1Ω 以下的低值电阻、1Ω 到 $1M\Omega$ 之间的中值电阻、$1M\Omega$ 以上的高值电阻。阻值范围不同的电阻，测量方法也有所不同。例如，用惠斯通电桥测中值电阻时，可以忽略导线本身的电阻和接点处的接触电阻（总称为附加电阻）的影响，但用它测低值电阻时，就不能忽略附加电阻了。一般来说，这种附加电阻约为 $10^{-3}\Omega$，如果所测的低值电阻值为 0.01Ω，则附加电阻的影响可达 10%左右。如果低值电阻在 0.001Ω 以下，就无法得出正确的测量结果。开尔文对惠斯通电桥加以改进，形成了双臂电桥（又称为开尔文电桥），消除了这种附加电阻的影响，适用于 $10^{-6}\sim10^{2}\Omega$ 电阻的测量。

[实验目的]

1. 掌握双臂电桥测低值电阻的原理。
2. 学习双臂电桥测低值电阻的方法。

[实验仪器]

QJ36 型电桥、平衡指示仪、标准电阻箱、恒流源等。

[实验原理]

1. 双臂电桥测低值电阻的原理

单臂电桥测电阻的原理图如图 2.9-1 所示，比率臂电阻 R_1、R_3 可用较高的电阻，与 R_1、R_3 相连的导线电阻和接触电阻可以忽略不计。如果待测电阻 R_x 是低值电阻，R_s 也应该用低值电阻，与 R_x、R_s 相连的导线和几个接点电阻对测量结果的影响就不能忽略。为减少它们的影响，在单臂电桥中进行了两处明显的改进，发展成双臂电桥。

（1）待测申阻 R_x 和标准电阻 R_s 均采用四端接法，如图 2.9-2 所示，C_1、C_2 是电流端，通常接电源回路，将这两端的引线电阻和接触电阻折合到电源回路的其他串联电阻中；P_1、P_2 是电压端，通常接测量电压用的高电阻回路或电流为零的补偿回路，从而使这两端的引线电阻和接触电阻对测量的影响减小。

（2）把低值电阻的四端接法用于单臂电桥就发展成双臂电桥，其原理图如图 2.9-3 所示。电阻 R_2、R_4 构成另一臂，其阻值较高。这样，电阻 R_x 和 R_s 的电压端附加电阻由于和高阻值桥臂串联，其影响大大减小；两个靠外侧的电流端附加电阻串联在电源回路中，对电桥没有影响；两个内侧的电流端的附加电阻和连线电路总和为 r，只要适当调节 R_1、R_2、R_3、R_4 的阻值，就可以消除 r 对测量结果的影响。调节 R_1、R_2、R_3、R_4，使流过检流计 G 的电流为零，电桥达到平衡，得到以下三个回路方程

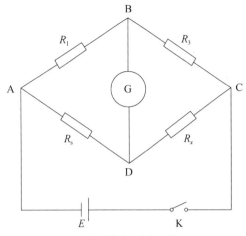

图 2.9-1 单臂电桥测电阻的原理图

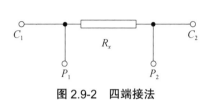

图 2.9-2 四端接法

$$\begin{cases} I_1 R_3 = I_3 R_x + I_2 R_4 \\ I_1 R_1 = I_2 R_2 + I_3 R_s \\ I_2(R_2 + R_4) = (I_3 - I_2)r \end{cases}$$

可得

$$R_x = \frac{R_3}{R_1}R_s + \frac{rR_2}{R_3 + R_2 + r}\left(\frac{R_3}{R_1} - \frac{R_4}{R_2}\right) \tag{2.9-1}$$

从式（2.9-1）中可以看出，双臂电桥平衡条件与单臂电桥平衡条件的差别在于多出了第二项，如果满足以下辅助条件

$$\frac{R_3}{R_1} = \frac{R_4}{R_2} \tag{2.9-2}$$

则式（2.9-1）中的第二项为零，得到双臂电桥的平衡条件为

$$R_x = \frac{R_3}{R_1}R_s \tag{2.9-3}$$

可见，根据电桥平衡原理测电阻时，双臂电桥与单臂电桥具有完全相同的表达式。

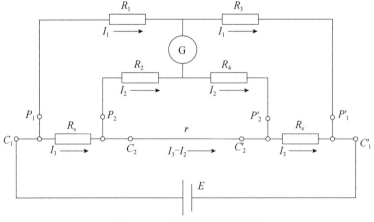

图 2.9-3 双臂电桥的原理图

为了保证 $\dfrac{R_3}{R_1}=\dfrac{R_4}{R_2}$ 在电桥使用过程中始终成立，通常将电桥做成一种特殊结构，即 R_3、

R_4 采用同轴调节的六位电阻箱，每位的调节转盘下都有两组相同的电阻，无论各个转盘位置如何，都能保证 R_3 和 R_4 相等。采用能依次改变一个数量级的四挡电阻箱（10Ω、$10^2\Omega$、$10^3\Omega$、$10^4\Omega$）确保 $R_1=R_2$，则式（2.9-2）的条件得到满足。

在这里必须指出，在实际的双臂电桥中，很难做到 $\dfrac{R_3}{R_1}$ 与 $\dfrac{R_4}{R_2}$ 完全相等，所以电阻 r 越小越好，因此 C_2 和 C_2' 间必须用短粗导线连接。

2. QJ36 型单、双臂电桥

本实验使用的 QJ36 型电桥的实际电路图如图 2.9-4 所示，作为双臂电桥使用时的面板接线图如图 2.9-5 所示。R_3、R_4 由 6 个十进制转盘同轴调节，对应于面板接线图上的 I～VI 旋钮。R_1、R_2 是能依次改变一个数量级的四挡电阻箱（10Ω、$10^2\Omega$、$10^3\Omega$、$10^4\Omega$），作为双臂电桥使用时，要始终保持 $R_1=R_2$，电路图中各部分与面板接线图一一对应。测量时先闭合 K_1，检流计支路中有高阻值的保护电阻，以便在电桥未平衡时限制通过检流计的电流，有利于把电桥粗调到平衡状态；随后闭合 K_2，保护电阻被短路，检流计的灵敏度恢复，此时可精确调节使电桥平衡；闭合 K_S 时，检流计两端被短路，可使检流计指针迅速停止摆动；K_4 是作为单臂电桥使用时的电源开关。

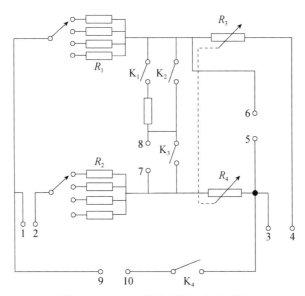

图 2.9-4　QJ36 型电桥的实际电路图

QJ36 型单、双臂电桥的准确度等级为 0.02 级，适用于在环境温度为 20 ± 8℃、相对湿度≤80%的条件下工作。作为双臂电桥使用时，依据测量范围按表 2.9-1 所示的选择数据范围选择标准电阻、比率臂电阻和电源电压。当待测电阻的阻值小于标准电阻的阻值（例如 R_x 为 $10^{-6}\sim10^{-3}\Omega$）时，应将 R_x 和 R_s 调换位置，此时待测电阻的阻值为

$$R_x=\frac{R_1}{R_3}R_s \quad \text{或} \quad R_x=\frac{R_2}{R_4}R_s$$

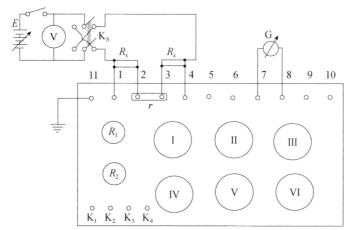

图 2.9-5　QJ36 型双臂电桥的面板接线图

表 2.9-1　双臂电桥的选择数据范围

待测电阻 R_x（Ω）	标准电阻 R_s（Ω）	比率臂电阻 $R_1=R_2$（Ω）	电源电压 U（V）
$10^1 \sim 10^2$	10^1	10^3	$2 \sim 6$
$10^0 \sim 10^1$	10^0		
$10^{-1} \sim 10^0$	10^{-1}		
$10^{-2} \sim 10^{-1}$	10^{-2}	10^3	$2 \sim 6$
$10^{-3} \sim 10^{-2}$	10^{-3}		
$10^{-4} \sim 10^{-3}$	10^{-3}	10^3	
$10^{-5} \sim 10^{-4}$	10^{-3}	10^2	$4 \sim 8$
$10^{-6} \sim 10^{-5}$	10^{-3}	10	

[实验内容]

1. 按图 2.9-5 所示连接线路，标准电阻 R_s 和待测电阻 R_x 的电压端接线电阻值和跨接电阻值 r 应尽可能小，常用短粗导线或紫铜片来连接，并使各接头清洁、接触良好，把附加电阻的阻值减小到 10^{-3}Ω 以内。

2. 平衡指示仪的零点调节。平衡指示仪是在电路中指示平衡的仪器，它由指示平衡的表头和电流放大器组成。放大器的工作电源由机内干电池组提供，其量程分为五挡，灵敏度依次为 90×10^{-9}A/div、22.5×10^{-9}A/div、9×10^{-9}A/div、2.25×10^{-9}A/div、0.9×10^{-9}A/div。调节时，要先调好指示仪的机械零点，然后接通电源（机内电源）预热 15min，将平衡指示仪的灵敏度放在所需的挡位，并且使其输入端短路，调节零点调节旋钮使指针指零。之后依次对 2、3、4、5 挡重复上述调零步骤，每次换挡时必须调零，使用时根据需要选择量程，一般选用第 3 挡。

3. 按照 R_x 的范围选择标准电阻 R_s 及 R_1、R_2 的阻值，并根据 $R_x = \dfrac{R_3}{R_1} R_s$ 大致估计 R_3 或 R_4 应放置的位置。

4. 粗调双臂电桥。将平衡指示仪的量程置 3 挡，按下 K_1（粗），接通 K_S，调节 R_3 使电桥平衡（平衡指示仪示零）。

5. 细调双臂电桥。按下 K_2（细），调节 R_3 使平衡指示仪示零。然后逐步将平衡指示仪的量程从第 1 挡调到第 5 挡（或确定合适的量程），调节电桥平衡，记下 R_3 的第一次读数值 R_3'。

6. 扳动换向开关 K_S，使通过 R_x 及 R_s 的电流改变方向，按照步骤 5 测得 R_3''，则 $R_3 = \dfrac{(R_3' + R_3'')}{2}$、$R_x = \dfrac{R_3}{R_1}R_s$（通过换向测量取平均值的方法可以减小电源回路中的热电动势产生的系统误差）。

7. 本实验应注意以下几点。

（1）测低值电阻时通过待测电阻的电流较大，通电时间应尽量短暂，即换向开关 K_S 只在调节电桥平衡时接通，一旦调节完毕，立刻断开，避免待测电阻和导线发热造成测量误差。

（2）在选择 R_s、R_1、R_2 时，尽可能用读数盘 I 读出待测电阻值 R_x 的第一位数字，从而保证测量值有较多的有效位数，并减小电阻元件的功率消耗。

（3）当测量环境湿度较低（即干燥）时，如果发生静电干扰，可将电桥和平衡指示仪上的接地端钮接地，消除干扰。

［数据处理］

1. 记录用 QJ36 型电桥测电阻的有关数据，并计算测量结果 R_x。

2. 确定电阻测量结果的不确定度，即

$$\Delta R_x = 0.02 R_m$$

式中，0.02 是准确度等级，R_m 是最大可测电阻值，实验结果记为 $R_x \pm \Delta R_x R_x$。

［思考题］

1. 与单臂电桥相比，双臂电桥有哪些改进？双臂电桥是怎样避免接线电阻和接触电阻对测量结果的影响的？

2. 双臂电桥的平衡条件是什么？

3. 双臂电桥中换向开关 K_S 的作用是什么？

4. QJ36 型电桥中 K_1、K_2、K_3、K_4 开关的作用分别是什么？如何使用？

5. 平衡指示仪的作用是什么？如何调零？与一般检流计的调零方法有何不同？

6. 在双臂电桥实验中，连线和操作时要注意哪些问题？

2.10 示波器的原理和应用

在科研和工程技术领域，通常要对各种信号进行观测以了解信号的特征和携带的各种信息。示波器能直接观测电信号，也能通过换能器把各种非电信号转化为电信号来观测，它既能显示信号的波形，也能测量信号的幅度、周期和频率等参数。用双踪示波器还可以测量两个信号之间的时间差或相位差。所以，示波器是一种用途极为广泛的通用现代测量工具。

| 视频-示波器的原理和 使用—实验原理 | PPT-示波器的原理和 使用—实验原理 | 视频-示波器的原理和 使用—实验测量 | PPT-示波器的原理和 使用—实验测量 |

［实验目的］

1. 了解示波器的结构及显示波形的原理（电偏转、扫描、同步等）。
2. 学习示波器的使用方法。
3. 学习用示波器测量电压和时间间隔（或频率、相位差）的方法。

［实验仪器］

双踪示波器、功率函数发生器等。

［实验原理］

1. 示波器的结构

示波器的规格和型号很多，但都包括示波管、电压放大电路（水平放大电路和垂直放大电路）、同步扫描电路和电源供给等基本组成部分，如图 2.10-1 所示。

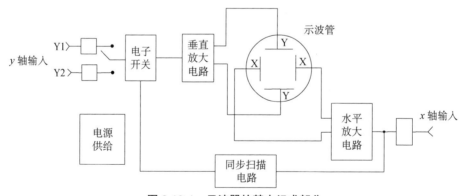

图 2.10-1　示波器的基本组成部分

（1）示波管

示波管是示波器的核心，主要由电子枪、偏转板和荧光屏三部分组成，其内部结构如图 2.10-2 所示。

① 电子枪。阴极被加热发射出的大量电子经聚焦、加速后高速轰击荧光屏，发出荧光。在靠近阴极处设置控制栅极，调节其电位（相对阴极为负电位）来控制电子流的强度，使荧光"辉度"改变。经过栅极的电子流经加速电场加速，受到第一阳极和第二阳极的电场作用。适当选取第一阳极和第二阳极的电压，就可使电子流成为电子束，且聚焦于荧光屏

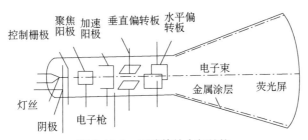

图 2.10-2　示波管的内部结构

上。所以，第一阳极又称为聚焦阳极，第二阳极又称为加速阳极，改变其电压的过程称为聚焦调节和辅助聚焦调节。

② 偏转系统。偏转系统由两对相互垂直的偏转板组成，一对为垂直偏转板（也称为 Y 偏转板），另一对为水平偏转板（也称为 X 偏转板）。如果两对偏转板上的电压均为零，电子束应打在荧光屏的中心，屏上会出现一个亮点。如果在两对偏转板上加以电压，电子束通过电场时，其运动方向会发生偏转。适当改变电压的大小，就可使亮点出现在荧光屏的任何位置。

③ 荧光屏。荧光屏上涂有荧光粉，电子打上去就会发光，形成亮点。荧光屏前有一块透明的、带刻度的坐标板，用来测定光点位置。为了消除视差，在性能较好的示波管中，将刻度线直接刻在荧光屏玻璃内表面上，与荧光粉紧贴在一起，这样光点位置的准确度更高。

（2）电压放大电路

示波器的输入分为 X、Y 通道，双踪示波器有两个 Y 输入通道（其中有一个通道经控制可加在 X 偏转板上）。输入信号经过输入衰减器衰减后送至电压放大电路放大，其放大量可调。放大后的信号电压加在示波管的相应偏转板上，用以控制亮点在相应方向上的位移。显然，各部分位移的变化规律与相应的输入信号变化规律是一致的。

衰减器的作用是使输入信号衰减，以适应电压放大电路的要求，衰减量的大小也作为标定待测信号幅度的尺度。

（3）同步扫描电路

同步扫描电路是示波器的关键部分，它的功能是获得锯齿波电压信号，并用 Y 通道输入信号或外部专用信号控制锯齿波电压信号的周期，使其为 Y 通道输入信号周期的整数倍。在一个周期内，锯齿波电压幅度是随时间线性增大的。如果将这种电压加在 X 偏转板上，可使光点匀速地沿 x 方向从左端向右端作周期性运动，这个过程称为"扫描"。

当锯齿波的频率足够高且 y 轴无信号时，在荧光屏上将出现一条水平的亮线——时间基线。锯齿波电压信号通过锯齿波发生器获得，其激发方式有两种，一种是"自动"产生连续锯齿波，称为连续扫描，比较适合于正弦波、对称方波、三角波等；另一种是通过触发电路"触发"，产生单个锯齿波，称为触发扫描或等待扫描，适合于观察前后沿很陡的窄脉冲波形。现代通用示波器都具有触发扫描功能。

（4）电源供给

电源供给为示波器的各部分提供能量。

2. 波形显示原理

如果只在 X 偏转板或 Y 偏转板上加上一个随时间变化的电压，我们在荧光屏上仅能看到一条亮线，而看不到曲线，如图 2.10-3 所示。只有同时在两个偏转板上加上随时间变化的电压，才能在荧光屏上显示出信号电压和时间的关系曲线。

(a) 只在Y偏转板上加一正弦电压的情形　　(b) 只在X偏转板上加一锯齿波电压的情形

图 2.10-3　示波器的波形显示原理

示波器显示正弦波形的原理如图 2.10-4 所示，设在开始时刻 a，电压 U_y 和 U_x 均为零，荧光屏上的亮点在 A 处。时间由 a 到 b，在只有电压 U_y 作用时，亮点沿 y 轴方向的位移 Δy 为 bB_3，屏上的亮点在 B_3 处，而在同时加入 U_x 后，电子束既受 U_y 作用向上偏转，又受 U_x 作用向右偏转（亮点的水平位移为 bB_2），因而亮点在 B 处。以此类推，便可显示出正弦波形。所以，在荧光屏上看到的正弦波曲线实际上是两个相互垂直的运动合成的轨迹。

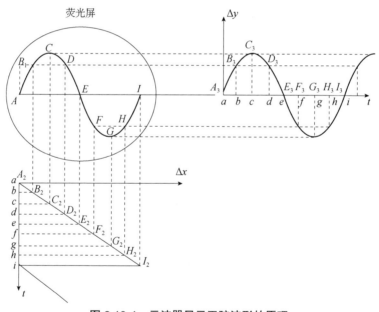

图 2.10-4　示波器显示正弦波形的原理

由此可见，要想观测加在 Y 偏转板上电压 U_y 的变化规律，必须在 X 偏转板上加上锯齿形电压，把 U_y 产生的垂直亮线"展开"。这个展开过程称为"扫描"，锯齿形电压又称为扫描电压。

3. 同步的概念

锯齿波信号的周期是被观察信号周期的整数倍时，锯齿波在被测信号的每周或每隔若干周的同一点上开始扫描，两者保持一定的相位关系，使荧光屏上显示的图像重合，才能看到稳定的被测信号波形。因此，显示完整、稳定波形的充要条件是

$$T_x = nT_y \ (n=1, 2, 3, \cdots) \tag{2.10-1}$$

式中，T_x 是锯齿波电压信号的周期，T_y 是信号电压的周期，n 是显示波形的个数。

不稳定波形的形成原理如图 2.10-5 所示。如果 $T_x \neq nT_y$（即被测信号与锯齿波电压的周期不满足整数倍关系），每次扫描显示的图形就不能重合，导致荧光屏上的波形不稳定，波形会向左或向右移动。尽管可以通过调节扫描旋钮将周期调到整数倍关系，但由于被测信号与锯齿波电压是相互独立的，受到环境等因素的影响时周期可能会发生微小变化，从而使波形不稳定，在观察高频信号时这个问题尤为突出。

示波器内的扫描同步装置可以有效地避免上述情况的发生，它用被测信号电压或与此有关的电压（包括外部信号）控制锯齿波电压的周期，使之自动地与被测信号的周期保持整数倍关系，使波形处于稳定状态，这就是"同步"（或整步）。

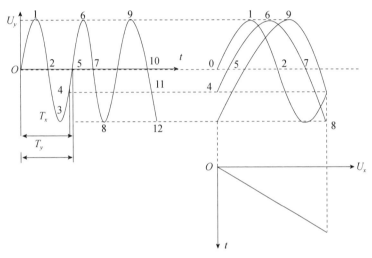

图 2.10-5　不稳定波形的形成原理

4. 示波器的应用

用示波器可以测定电压、电流、时间间隔、频率、相位差、电阻、电容、电感等电学量。示波器是一种对电压敏感的电子仪器，对物理量的示波测量都可转化为对电压的测量。

（1）测量电压

示波器测量电压的原理是电子束的偏转大小与被测电压值成正比。在测量直流电压值或正负对称的简谐波电压幅度时，在 X 偏转板上可以不加扫描电压。

当 y 轴增益为 K 时，被测直流电压 U_y 使电子束偏转 H 格，则

$$U_y = KH \tag{2.10-2}$$

如果被测电压为简谐波，则其有效值为

$$U_e = \frac{U_{PP}}{2\sqrt{2}} = \frac{KH_{PP}}{2\sqrt{2}} \tag{2.10-3}$$

式中，U_{PP} 为电压峰-峰值，H_{PP} 为峰-峰间距。

如果被测交变电压不是正负对称的波形，或是随时间变化的复杂脉冲波形，必须在 X 偏转板上加锯齿波扫描电压予以显示其波形，才可测定电压幅度或任意时刻的电压瞬时值。在这一点上，示波器具有一般电测仪表无法比拟的独特优点。

在忽略示波器放大系统产生的信号畸变、示波器输入阻抗对被测电路电压分布的影响、电子束偏转的非线性误差等因素的情况下，示波器测量电压的误差取决于偏转因数的误差和偏转值的测量误差。

（2）测量时间间隔

在荧光屏上，信号上某两点之间的时间间隔 Δt 等于该两点的间距 L 乘以观测时的 x 轴增益 T_0，即

$$\Delta t = LT_0 \tag{2.10-4}$$

如果观测的两点正好是周期性信号相邻的两个同相位点，且间距为 L，则其周期为

$$T = LT_0 \tag{2.10-5}$$

由测得的周期可以算出其频率。有时，为了减小读数误差，可观测 n 个周期的总长度 L_n，则

$$nT = L_n T_0 \tag{2.10-6}$$

同频率的两个简谐信号之间的相位差为

$$\varphi = \frac{2\pi}{T} \Delta t \tag{2.10-7}$$

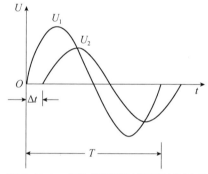

式中，Δt 为两信号对应同相位点的时间间隔，T 为它们的周期，如图 2.10-6 所示。

用示波器测量时间间隔时，要注意把 x 轴增益微调旋钮旋转至校正位，用标定的 T_0 测定。如果忽略扫描的非线性和被观测信号经 Y 通道时的非线性畸变等因素，Δt 的测量误差取决于 T_0 的误差和间距 L 的测量误差。

用示波器测量时间间隔时，可先用标准频率函数发生器对 T_0 进行校正。

图 2.10-6　示波器测量时间间隔的原理

（3）观测利萨如图形

在 X 偏转板和 Y 偏转板上分别加频率为 f_x、f_y 的两个简谐波信号时，电子束受合成场控制，沿其合成振动轨迹运动，荧光屏上出现两个简谐振动的合成振动图形，这种图形称为利萨如图形，其形状随两个信号的频率和相位差的不同而不同，如图 2.10-7 所示。

如果两个简谐振动的频率比为整数且两信号间的相位差恒定不变，荧光屏上会显示稳定的利萨如图形。根据利萨如图形的形状可以确定两信号的频率比为

$$f_x : f_y = n_y : n_x \tag{2.10-8}$$

式中，n_x 为水平方向切线对图形的切点数，n_y 为垂直方向切线对图形的切点数。如果其中一个频率已知，则通过式（2.10-8）可确定未知频率。

［实验内容］

1. 实验准备

开机前进行以下预置操作。

（1）将"辉度"旋钮顺时针调至较大位置。

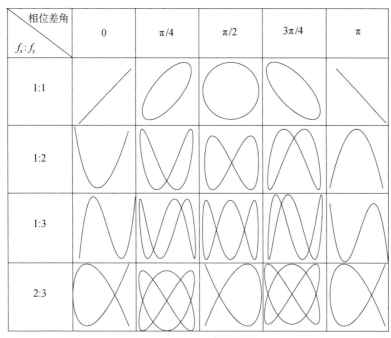

图 2.10-7　利萨如图形

（2）将"垂直位移""水平位移"旋钮调至适中位置。

（3）将"垂直方式"旋钮调至"CH1"（或"CH2"）位置。

（4）将"触发源"旋钮调至"CH1"（或"CH2"）位置。

（5）将"触发耦合"旋钮调至"AC"位置。

（6）将"输入耦合"旋钮调至"AC"位置。

（7）将"扫描方式"旋钮调至"自动"位置。

（8）按下"锁定"按钮。

接通电源十几秒后，荧光屏上会出现扫描线。

2. 观察信号波形并测量电压和频率（以 CH1 为例）

调节信号发生器使其输出电压为 6V、频率为 200Hz 的正弦波，通过 CH1 输入端输入被测信号。如果荧光屏上无波形扫描线，仔细调节"垂直位移""水平位移""辉度"旋钮找出扫描线，再调节"聚焦""辉度"旋钮，使扫描线细而清晰。选择合适的"y 轴增益"和"x 轴增益"值，使波形幅度适中、稳定。调节"触发电平"旋钮，使波形完全稳定。

将"y 轴增益"旋钮顺时针旋转到底，测出对应波形峰值的垂直偏转格数 H，通过式（2.10-2）和式（2.10-3）算出被测信号的幅度及有效值，或者用示波器的读数功能读出信号幅度。

将"扫描微调"旋钮顺时针旋转到底，测出对应波形一个周期的水平偏转格数 L，通过式（2.10-5）算出被测信号的周期及频率，或者用示波器的读数功能读出信号频率。

3. 利用利萨如图形测量频率

按照以下步骤测量频率。

（1）按下"X-Y"按钮，断开内部扫描电路。

（2）将"触发源"旋钮调至"CH1"，将"垂直方式"旋钮调至"CH2"，此时 CH1 为 x 轴，CH2 为 y 轴。

（3）CH2 输入信号发生器信号，CH1 输入被测信号，观测三种 $f_x:f_y$ 比值下的利萨如图形，描绘图形，确定比值，由已知 f_y 算出待测 f_x。

4. 测绘半波整流的波形并观察滤波效果

半波整流滤波电路如图 2.10-8 所示。

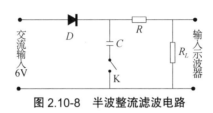

图 2.10-8　半波整流滤波电路

［数据处理］

1. 观察波形并测定电压和频率

在坐标纸上将观察到的正弦波形用曲线板按 1:1 的比例绘制并算出电压和频率，分析示波器在量值测量上的误差，填写表 2.10-1 所示的数据记录表。

表 2.10-1　测定电压和频率数据记录表

y 轴增益（V/div）	垂直偏转格数 H（格）	电压幅度（V）	x 轴增益（ms/div）	水平偏转格数 L（格）	周期（ms）	频率（Hz）

2. 利用利萨如图形测量频率

将信号发生器中间端口的输出信号作为被测信号，观测三种 $f_x:f_y$ 比值下的利萨如图形，绘制图形并确定比值，由已知 f_y 算出待测 f_x，填写表 2.10-2 所示的数据记录表。

表 2.10-2　利用利萨如图形测量频率数据记录表

待测信号电压：_____V；频率：_____Hz

f_y（Hz）	50	100	150
图形			
$n_x:n_y$			
f_x（Hz）			

3. 绘图

绘制整流、滤波波形图。

[思考题]

1. 怎样迅速调出清晰的扫描线和稳定的波形？
2. 怎样测量信号的幅度、时间间隔（或频率、相位差）？
3. 怎样观测利萨如图形？
4. 示波器测量电压有何优缺点？如何估计测量误差？

习题-示波器的
原理和使用

2.11　声速的测量

视频-声速的测量—
实验原理

PPT-声速的测量—
实验原理

视频-声速的测量—
实验测量

PPT-声速的测量—
实验测量

　　声音是一种机械振动在气态、液态和固态物质中传播的现象。声波是纵波，频域宽广，范围为 $10^{-1} \sim 10^{10}$ Hz。声音在传播过程中会引起物质的光学、电磁学、力学、化学性质以及人类的生理、心理等变化，而它们反过来又影响着声音的传播。

　　声学是研究声音的产生、传播、接收、作用的学科。声学作为物理学的一个分支，是一门古老的学科，有悠久的历史，也是一门发展的学科。

　　目前，声学的发展已经深入到国民经济以及国防建设等各个领域中，并形成了一些新的交叉学科，推动了许多边缘学科的新生和发展。对声波特性（例如频率、波速、波长、声压衰减和相位等）的测量是声学应用技术中的重要内容，特别是声波波速（简称声速）的测量在声波定位、探伤、测距等应用中具有重要的意义。

[实验目的]

1. 了解压电陶瓷换能器的功能。
2. 学习用共振干涉法和相位比较法测量声速的操作步骤。
3. 培养使用声学、电学等不同类型仪器的能力。

[实验仪器]

　　声速测量装置（包括压电陶瓷换能器和读数装置）、函数信号发生器、示波器等。

[实验原理]

　　由波动理论可知，声波的传播速度 v 与频率 f 和波长 λ 之间的关系为

$$v = f\lambda \qquad (2.11\text{-}1)$$

所以只要测出声波的频率和波长，就可以求出声速。声波频率可由产生声波的电信号发生器的振荡频率读出，波长可用共振干涉法和相位比较法进行测量。

1. 压电陶瓷换能器

本实验采用压电陶瓷换能器实现声压与电压之间的转换，它主要由压电陶瓷环片、轻金属铝（做成喇叭形状以增加辐射面积）和重金属（例如铁）组成。压电陶瓷环片由多晶体结构的压电材料锆钛酸铅制成。在压电陶瓷环片的两个底面加上正弦交变电压，它就会按正弦规律发生纵向伸缩，从而发出超声波。同样，压电陶瓷环片可以在声压的作用下把声波信号转换为电信号，在转换过程中保持信号频率不变。

2. 共振干涉法测量声速

共振干涉法测量声速的实验装置如图 2.11-1 所示，S_1 作为声波发射器，把电信号转换为声波信号向空间发射。S_2 是信号接收器，它把接收到的声波信号转换为电信号以供观察。其中，S_1 是固定的，S_2 可以左右移动。

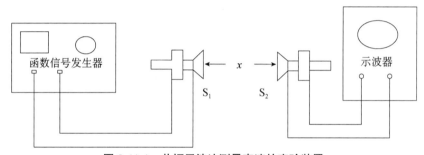

图 2.11-1　共振干涉法测量声速的实验装置

由 S_1 发出的声波（频率为 f）经介质（空气）传播到 S_2，S_2 在接收声波信号的同时反射部分声波信号。如果接收面（S_2）与发射面（S_1）严格平行，入射波就会在接收面上垂直反射，入射波与反射波在满足一定条件下相互干涉形成驻波。在示波器上观察到的是这两个相干波在 S_2 处合振动的情况。改变 S_1 和 S_2 之间的距离将会发现：随着 S_2 的移动，合振动的振幅将呈周期性变化。根据波的干涉理论可知，相邻两个最大值之间的距离为半波长（$\lambda/2$）。当 S_1 和 S_2 之间的距离连续改变时，示波器上的电信号幅度每进行一次周期性变化（最大→最小→最大），就相当于 S_1 和 S_2 之间的距离改变了 $\lambda/2$。测量这个距离，再由频率计读出频率，即可由式（2.11-1）计算出声速。

3. 相位比较法测量声速

相位比较法测量声速的实验装置如图 2.11-2 所示。

波是振动状态的传播，也可以说是相位的传播。设声源方程可写成

$$y = y_0 \cos\omega t \qquad (2.11\text{-}2)$$

距声源 x 处的 S_2 接收到的振动方程为

$$y' = y' \cos\omega\left(t - \frac{x}{v}\right) \qquad (2.11\text{-}3)$$

两处振动的相位差为

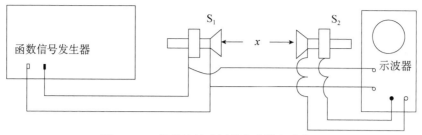

图 2.11-2　相位比较法测量声速的实验装置

$$\Delta\varphi = \omega\frac{x}{v} \tag{2.11-4}$$

如果把两处振动分别输入到示波器的 x 轴和 y 轴,那么当 $x=n\lambda$(即 $\Delta\varphi=2\pi n$)时,合振动的利萨如图形为一条斜率为正的直线;当 $x=(2n+1)\lambda/2$(即 $\Delta\varphi=(2n+1)\pi$)时,合振动的利萨如图形为一条斜率为负的直线;当 x 为其他值时,合振动的利萨如图形为椭圆,如图 2.11-3 所示。

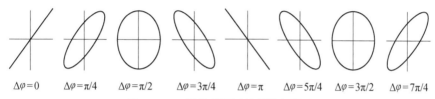

$\Delta\varphi=0$　$\Delta\varphi=\pi/4$　$\Delta\varphi=\pi/2$　$\Delta\varphi=3\pi/4$　$\Delta\varphi=\pi$　$\Delta\varphi=5\pi/4$　$\Delta\varphi=3\pi/2$　$\Delta\varphi=7\pi/4$

图 2.11-3　相位差不同的利萨如图形

移动 S_2 使直线的斜率正、负更替变化一次,则 S_2 移动的距离为

$$\Delta x = (2n+1)\frac{\lambda}{2} - n\lambda = \frac{\lambda}{2} \tag{2.11-5}$$

则

$$\lambda = 2\Delta x \tag{2.11-6}$$

为了便于分辨,选择斜线位置作为观测点,相邻的两个同相位点之间的距离为 λ。

[实验内容]

1. 实验准备

(1)将示波器的电源开关打开,调节亮度和聚焦,使波形清晰。

(2)将触发源旋钮调至"CH1",将触发方式开关调节为"自动",将触发电平调节为"锁定"。

(3)将声速测量仪的输出 1 接 CH1,输出 2 接 CH2。

(4)谐振频率调整:将函数信号发生器的输出电压幅度调至 8V 左右,将频率调至给定的换能器谐振频率(约 37kHz),缓慢调节频率,使示波器显示的波形幅度最大。

2. 共振干涉法测量声速

(1)将垂直方式调节为"CH1",调节"time/div"旋钮至适当位置,即可观察到正弦波形。

(2)将两个声能转换探头靠近,示波器上会显示正弦波形。微调函数信号发生器的输出频率,当正弦波形的幅度达到最大时,记下此时的频率,即为谐振频率。

（3）将 S_2 接近 S_1（注意不要接触），再缓缓移动 S_2，当信号幅度最大时，记下位置 x_1。

（4）由近而远改变接收器 S_2 的位置，可观察到正弦波形发生周期性变化，逐个记下幅度最大的位置 $x_2, x_3, \cdots, x_{10}$。

3. 相位比较法测量声速

（1）在共振干涉法实验的基础上，按下示波器的"X-Y"控制键，将垂直方式调节为"CH2"，即可观察到椭圆形的利萨如图形。

（2）使 S_2 靠近 S_1，再慢慢将 S_2 移开，当示波器上出现斜率为正的直线时，记下 S_2 的位置 x_1'。

（3）移动 S_2，依次记下示波器上斜率负、正变化的直线出现时 S_2 的对应位置 $x_2', x_3', \cdots, x_{10}'$。

（4）记下实验室温度。

［数据处理］

1. 将所有实验数据填写在表 2.11-1 所示的数据记录表中。

2. 算出共振干涉法和相位比较法测得的波长平均值 $\overline{\lambda}$ 和 $\overline{\lambda'}$ 及其不确定度 u_λ 和 $u_{\lambda'}$。本实验的读数装置是螺旋测微装置，其示值误差为 0.015mm。计算波长的测量结果 $\lambda = \overline{\lambda} \pm u_\lambda$ 和 $\lambda' = \overline{\lambda'} \pm u_{\lambda'}$。

表 2.11-1　测量声速数据记录表

温度：＿＿＿℃；谐振频率：＿＿＿kHz

x		x		$\dfrac{\Delta x}{5}$ （mm）	$\lambda = 2 \times \dfrac{\Delta x}{5}$ （mm）	$\lvert \Delta\lambda \rvert$ （mm）
x_1 （mm）		x_6 （mm）				
x_2 （mm）		x_7 （mm）				
x_3 （mm）		x_8 （mm）				
x_4 （mm）		x_9 （mm）				
x_5 （mm）		x_{10} （mm）				
$\overline{\lambda} = $ ＿＿＿＿＿ (mm)				$\overline{\Delta\lambda} = $ ＿＿＿＿＿ (mm)		

3. 计算按两种方法测量的 v 和 v'，以及 u_v（$u_v = \sqrt{\lambda^2 \cdot u_f^2 + f^2 \cdot u_\lambda^2}$）和 $u_{v'}$，并写出实验结果 $v = \overline{v} \pm u_v$ 和 $v' = \overline{v'} \pm u_{v'}$。

4. 根据理论值公式 $v_s = v_0 \sqrt{\dfrac{T}{T_0}}$ 算出理论值 v_s（$v_0 = 331.45$m/s，为 $T_0 = 273.15$K 时的声速，$T = t + 273.15$K），将 v、v'、v_s 进行比较（用百分误差表示），并分析产生误差的原因。

［思考题］

1. 共振干涉法和相位比较法有何异同？
2. 本实验为什么要在谐振频率条件下进行声速测量？如何调节和判断测量系统是否处于谐振状态？
3. 两列波在空间相遇时产生驻波的条件是什么？如果发射面 S_1 和接收面 S_2 不平行，结果会怎样？
4. 在相位比较法中，调节哪些旋钮可改变直线的斜率？调节哪些旋钮可改变利萨如图形的形状？

习题-声速的测量

2.12 铁磁材料的磁化曲线和磁滞回线的测量

视频-铁磁材料的磁化曲线与磁滞回线的测量—实验原理

PPT-铁磁材料的磁化曲线与磁滞回线的测量—实验原理

视频-铁磁材料的磁化曲线与磁滞回线的测量—实验测量

PPT-铁磁材料的磁化曲线与磁滞回线的测量—实验测量

铁磁物质（铁、钴、镍、钢以及含铁氧化物等）是一种性能特异、用途广泛的材料，航天、通信、自动化仪表及控制等领域都会使用铁磁材料。因此，研究铁磁材料的磁化性质在理论和实际应用中有重大意义。

通过实验研究这些性质不仅能掌握用示波器观察磁滞回线及基本磁化曲线的方法，而且能从理论和实际应用中加深对材料磁特性的认识。

［实验目的］

1. 掌握磁滞、磁滞回线和磁化曲线的概念，加深对矫顽力、剩磁、磁导率等物理量的理解。
2. 学会用示波法绘制基本磁化曲线和磁滞回线。
3. 根据磁滞回线确定磁性材料的饱和磁感应强度 B_s、剩磁 B_r 和矫顽力 H_c。
4. 研究不同频率下动态磁滞回线的区别。
5. 研究不同磁性材料的磁滞回线形状。

［实验仪器］

FB310 型动态磁滞回线实验仪、示波器。

[实验原理]

1. 磁化曲线

如果在通电线圈产生的磁场中放入铁磁物质，磁场将明显增强，此时铁磁物质中的磁感应强度比单纯由电流产生的磁感应强度大百倍甚至千倍。铁磁物质内部的磁场强度 H 与磁感应强度 B 的关系为

$$B = \mu H \qquad\qquad (2.12\text{-}1)$$

对于铁磁物质而言，磁导率 μ 并非常数，而是随 H 的变化而变化的物理量，即 $\mu = f(H)$，因此 B 与 H 是非线性关系。

铁磁材料未被磁化时的状态称为去磁状态，这时如果在铁磁材料上加一个由小到大的磁场，则铁磁材料内部的磁场强度 H 与磁感应强度 B 也随之变大，如图 2.12-1 中的 Oa 段所示。当 H 增大到一定值（H_s）后，B 几乎不再随 H 的增大而增大，说明磁化已经饱和，从未磁化到饱和磁化的这段磁化曲线称为材料的起始磁化曲线。

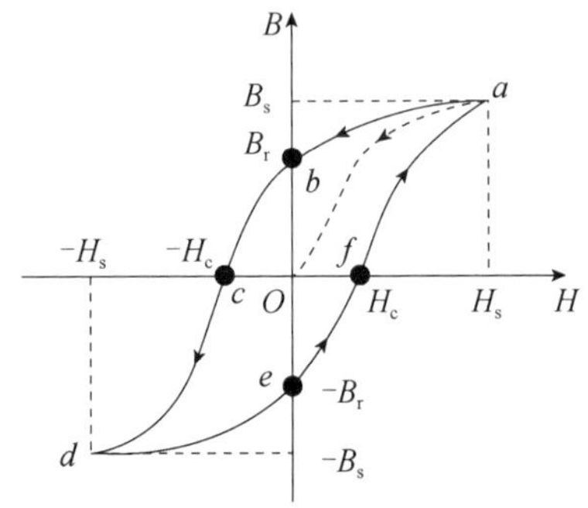

图 2.12-1 起始磁化曲线与磁滞回线

2. 磁滞回线

铁磁材料的磁化达到饱和之后，如果将磁场减弱，则铁磁材料内部的 B 和 H 也随之减小，但其减小的过程并不沿着磁化时的 Oa 段曲线退回。由图 2.12-1 可知，当 $H=0$ 时，磁感应强度仍然保持一定数值，B_r 称为剩磁（剩余磁感应强度）。

如果要使被磁化的铁磁材料的磁感应强度 B 减小为 0，必须加上一个反向磁场。当铁磁材料内部的反向磁场强度增加到 $-H_c$（图 2.12-1 中的 c 点）时，磁感应强度 B 才等于 0，达到退磁状态。图 2.12-1 中的 bc 段曲线称作退磁曲线，H_c 为矫顽力。当 H 按 $0 \rightarrow H_s \rightarrow 0 \rightarrow -H_c \rightarrow -H_s \rightarrow 0 \rightarrow H_c \rightarrow H_s$ 的顺序变化时，B 相应地沿 $0 \rightarrow B_s \rightarrow B_r \rightarrow 0 \rightarrow -B_s \rightarrow -B_r \rightarrow 0 \rightarrow B_s$ 的顺序变化，B 的变化始终落后于 H 的变化，这种现象称为磁滞现象，所形成的封闭曲线称为磁滞回线。

当 H 上升与下降到同一数值时，铁磁材料内的 B 值并不相同，退磁过程与铁磁材料的磁化经历有关。当从初始状态（$H=0$、$B=0$）开始周期性地改变磁场强度 H 时，在磁场由弱到强单调增加的过程中，可以得到面积由小到大的一簇磁滞回线，如图 2.12-2 所示。其中面积最大的磁滞回线称为极限磁滞回线。

由于铁磁材料磁化过程的不可逆性及具有剩磁的特点，在测定磁化曲线和磁滞回线时，必须将铁磁材料预先退磁，保证 $H=0$、$B=0$；其次，实验过程中只允许磁化电流单调增加或减小，不能时增时减。理论上，要消除剩磁 B_r，只需要通反向磁化电流，使外加磁场正好等于铁磁材料的矫顽力即可。实际上，矫顽力的大小通常并不知道，因而无法确定退磁电流的大小。人们从磁滞回线中得到启示，如果使铁磁材料达到磁饱和，然后不断改变磁化电流的方向，与此同时逐渐减小磁化电流，直到等于零，则该材料的磁化过程中会出现一连串面积逐渐缩小且最终趋于原点的环状曲线，如图 2.12-3 所示。当 H 减小到零时，B 亦同时降为零，达到完全退磁状态。

实验表明，经过多次反复磁化后，B—H 的关系形成一个稳定的闭合"磁滞回线"，通常

以这条曲线来表示该材料的磁化性质。这种反复磁化的过程称为"磁锻炼"。本实验使用交变电流，所以每个状态都经过充分的"磁锻炼"，随时可以获得磁滞回线。

图 2.12-2 中原点 O 和各个磁滞回线的顶点 $a_1, a_2, a_3, \cdots$ 所连成的曲线称为铁磁材料的基本磁化曲线。不同铁磁材料的基本磁化曲线是不同的。为了使样品的磁特性可以重复出现，也就是所测得的基本磁化曲线都由原始状态（ $H=0$ 、 $B=0$ ）开始，在测量前必须进行退磁，以消除样品中的剩余磁性。

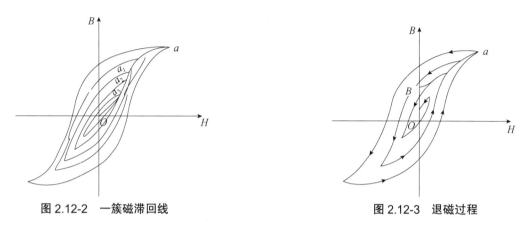

图 2.12-2　一簇磁滞回线　　　　　　　　图 2.12-3　退磁过程

在绘制基本磁化曲线时，每个磁化状态都要经过充分的"磁锻炼"，否则得到的 B—H 曲线为起始磁化曲线，两者不可混淆。

3. 示波器显示 B—H 曲线的原理

示波器测量 B—H 曲线的实验线路如图 2.12-4 所示。本实验研究的铁磁物质是"日"字形铁芯试样，如图 2.12-5 所示，试样上绕有励磁线圈（ N_1 匝）和测量线圈（ N_2 匝）。在励磁线圈中通过磁化电流 I_1 时，此电流在试样内产生磁场，根据安培环路定理可知，磁场强度为

$$H = \frac{N_1 I_1}{L} \tag{2.12-2}$$

式中， L 为"日"字形铁芯试样的平均磁路长度（在图 2.12-5 中用虚线表示）。

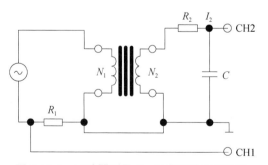

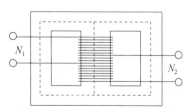

图 2.12-4　示波器测量 B—H 曲线的实验线路　　　图 2.12-5　"日"字形铁芯试样

由图 2.12-4 可知，示波器 CH1 的输入电压为

$$U_x = I_1 R_1 \tag{2.12-3}$$

由式（2.12-2）和式（2.12-3）得

$$U_x = \frac{LR_1}{N_1}H \tag{2.12-4}$$

为了测量磁感应强度 B，在测量线圈上串联一个电阻 R_2 与电容 C 构成回路，将电容 C 两端的电压 U_C 输入至示波器 CH2。如果适当选择 R_2 和 C，使 $R_2 \gg 1/2\pi fC$，则

$$I_2 = \frac{E_2}{\left[R_2^2 + \left(\frac{1}{2\pi fC}\right)^2\right]^{\frac{1}{2}}} \approx \frac{E_2}{R_2} \tag{2.12-5}$$

式中，f 为电源的频率，E_2 为线圈 N_2 的感应电动势。

交变的磁场强度 H 在样品中产生交变的磁感应强度 B，则

$$E_2 = N_2\frac{\mathrm{d}\varphi}{\mathrm{d}t} = N_2 S\frac{\mathrm{d}B}{\mathrm{d}t} \tag{2.12-6}$$

式中，φ 为磁通量，S 为铁芯试样的截面积。设铁芯的宽度为 a，厚度为 b，则

$$U_y = U_C = \frac{Q}{C} = \frac{1}{C}\int I_2\mathrm{d}t = \frac{1}{CR_2}\int E_2\mathrm{d}t = \frac{N_2 S}{CR_2}\int \mathrm{d}B = \frac{N_2 S}{CR_2}B \tag{2.12-7}$$

表明示波器 y 轴输入的 U_y 正比于 B。R_2C 电路称为积分电路，表示输出的电压 U_C 是感应电动势 E_2 对时间的积分。

满足上述条件的 U_C 振幅很小，不能直接绘制出大小适中的磁滞回线。为此，需要将 U_C 经过示波器的 y 轴放大器增幅后输出至 y 轴偏转板上。要求在实验磁场的频率范围内，放大器的放大系数必须稳定，不会带来较大的相位畸变。事实上，示波器很难完全达到这个要求，因此在实验时经常会出现图 2.12-6 所示的畸变。观测时将 x 轴输入调节为"AC"挡，将 y 轴输入调为"DC"挡，选择合适的 R_1 和 R_2 可得到最佳磁滞回线。适当调节示波器的 x 和 y 轴增益，再由小到大调节信号发生器的输出电压，即可在屏上观察到由小到大扩展的磁滞回线。逐次记录正顶点的坐标，并在坐标纸上把它们连成光滑的曲线，即可得到样品的基本磁化曲线。

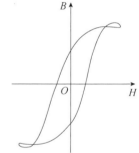

图 2.12-6　磁滞回线畸变

4. 示波器的定标

示波器可以显示待测材料的动态磁滞回线，但为了定量研究磁化曲线和磁滞回线，必须对示波器进行定标，即必须确定 x 轴的一格代表多少 H 值，y 轴的一格实际代表多少 B 值。

一般示波器都有已知的 x 轴和 y 轴灵敏度，根据示波器的使用方法，结合实验仪器对 x 轴和 y 轴分别进行定标，从而测量出 H 值和 B 值。

设 x 轴的灵敏度为 S_x，y 轴的灵敏度为 S_y，则

$$U_x = S_x x, \quad U_y = S_y y$$

式中，x、y 为测量时记录的坐标值（单位：格）。

由式（2.12-4）和式（2.12-7）得

$$H = \frac{N_1 S_x}{LR_1}x \tag{2.12-8}$$

$$B = \frac{R_2 C S_y}{N_2 S} y \qquad (2.12-9)$$

［实验内容］

1. 观察两种样品在 25Hz、50Hz、100Hz、150Hz 交流信号下的磁滞回线

（1）按图 2.12-7 连接线路。

① 逆时针将"输出调节"旋钮旋转到底，使信号幅度最小。

② 将示波器的显示方式调节为"X-Y"方式。

③ 将示波器的 x 轴输出调节为"AC"挡，测量采样电阻 R_1 的电压。

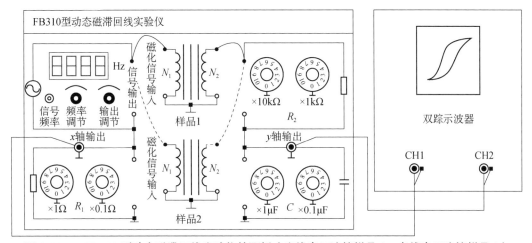

图 2.12-7 FB310 型动态磁滞回线实验仪的面板（实线表示连接样品 1，虚线表示连接样品 2）

④ 将示波器的 y 轴输出调节为"DC"挡，测量积分电容的电压。

⑤ 用专用接线接通样品 1（或样品 2）的励磁线圈和测量线圈。

⑥ 接通示波器和 FB310 型动态磁滞回线实验仪的电源，预热 10 min 后开始测量。

（2）将示波器的光点调至显示屏中心，旋转"频率调节"旋钮，使频率为 25.00Hz。

（3）单调增加磁化电流，顺时针缓慢旋转"输出调节"旋钮，使示波器显示的磁滞回线上的 B 值缓慢增加，直至达到饱和。改变示波器上的 x 轴、y 轴输出增益，锁定增益电位器（一般为顺时针旋转到底），调节 R_1、R_2 的大小，使示波器显示出典型、美观的磁滞回线。

（4）调节"频率调节"旋钮，观察不同频率下的图形，比较磁滞回线的形状。磁滞回线的形状与信号频率有关，频率越高，磁滞回线包围的面积越大。

（5）更换实验样品，重复上述步骤。

2. 绘制磁化曲线和动态磁滞回线

（1）在实验仪样品架上插好实验样品，逆时针旋转"输出调节"旋钮，使信号幅度最小。将示波器光点调至显示屏中心，旋转"频率调节"旋钮，使频率为 50.00Hz。

（2）按以下步骤进行退磁。

① 单调增加磁化电流，顺时针缓慢旋转"输出调节"旋钮，使磁滞回线上的 B 值缓慢增大，直至达到饱和。改变示波器上的 x 轴、y 轴输出增益和 R_1、R_2 的值，使示波器显示出

典型、美观的磁滞回线。磁化电流在水平方向上的读数范围为−5.00～+5.00（单位为格），保持示波器上的 x 轴、y 轴输出增益波段和 R_1、R_2 固定不变并锁定增益电位器（一般为顺时针旋转到底），以便进行 H、B 的标定。

② 单调减小磁化电流，逆时针缓慢旋转"输出调节"旋钮，直到示波器光点显示为一个点且位于显示屏的中心。

③ 磁化电流在 x 方向上的读数为−5.00～+5.00（单位为格）时，分别记录示波器显示的磁滞回线的 x 方向上的坐标为 5.00、4.00、3.00、2.00、1.00、0、−1.00、−2.00、−3.00、−4.00、−5.00 时所对应的 y 方向上的坐标，填入数据记录表中。

④ 改变磁化信号的频率，重复进行上述实验。

[数据处理]

1. 绘制磁化曲线

填写表 2.12-1 所示的数据记录表。

表 2.12-1 绘制磁化曲线数据记录表

$f =$ ___Hz；$R_1 =$ ___Ω；$R_2 =$ ___kΩ；$C =$ ___μF；$S_x =$ ___V/div；$S_y =$ ___V/div

序号	1	2	3	4	5	6	7	8	9	10	11	12
x（格）	0	0.20	0.40	0.60	0.80	1.00	1.50	2.00	2.50	3.00	4.00	5.00
H（A/m）	0											
y（格）	0											
B（mT）	0											

由式（2.12-8）和式（2.12-9）计算 H、B。铁芯试样和实验装置的参数为：$L = 0.084\text{m}$，$S = 2.21 \times 10^{-4}\text{m}^2$，$N_1 = 100$匝，$N_2 = 300$匝。

按表 2.12-1 中的数据绘制磁化曲线。

2. 绘制磁滞回线

填写表 2.12-2 所示的数据记录表。

表 2.12-2 绘制磁滞回线数据记录表

$f =$ ___Hz；$R_1 =$ ___Ω；$R_2 =$ ___kΩ；$C =$ ___μF；$S_x =$ ___V/div；$S_y =$ ___V/div

x（格）	H（A/m）	y_1（格）	B_1（mT）	y_2（格）	B_2（mT）
5.00					
4.00					
3.00					
2.00					
1.00					
0					
−1.00					
−2.00					
−3.00					
−4.00					
−5.00					

按表 2.12-2 中的数据绘制磁滞回线，并求出 B_r、B_s、H 的值。

样品 2（硬磁）的数据记录表与表 2.12-2 相同，略。

2.13　霍尔效应的原理与应用

视频-霍尔效应测磁场　　PPT-霍尔效应测磁场　　视频-霍尔效应测磁场　　PPT-霍尔效应测磁场
分布—实验原理　　　　分布—实验原理　　　　分布—实验测量　　　　分布—实验测量

如果置于磁场中的载流体电流方向与磁场垂直，则在垂直于电流和磁场的方向会产生一个附加的横向电场，这个现象是霍尔于 1879 年发现的，后被称为霍尔效应。霍尔效应是测定半导体材料电学参数的主要手段，利用该效应制成的霍尔元件已广泛用于自动控制和信息处理等方面。在工业生产要求自动检测和控制的今天，作为敏感元件之一的霍尔元件有着广泛的应用前景。熟悉并掌握这一具有实用性的实验，对日后的工作是十分必要的。

［实验目的］

1. 了解霍尔效应的原理以及霍尔元件对材料的要求。
2. 学习用"对称测量法"消除副效应，绘制试样的 U_H—I_S 和 U_H—I_M 曲线。
3. 确定试样的导电类型、载流子浓度以及迁移率。

［实验仪器］

BEX-8508A 型霍尔效应实验仪。

［实验原理］

1. 霍尔效应

从本质上讲，霍尔效应是运动的带电粒子在磁场中受洛仑兹力作用而引起的偏转。当带电粒子（电子或空穴）被约束在固体材料中时，这种偏转导致在垂直电流和磁场的方向上产生正负电荷的聚积，从而形成附加的横向电场，即霍尔电场 E_H。半导体中的霍尔效应如图 2.13-1 所示，如果在半导体试样的 x 方向上通以电流 I_S，在 z 方向上加磁场 B，则 y 方向即试样 A-A′电极两侧就开始聚集异号电荷而产生相应的附加电场，电场的指向取决于试样的导电类型。N 型半导体试样的霍尔电场逆 y 方向，如图 2.13-1(a)所示；P 型半导体试样的霍尔电场则沿 y 方向，如图 2.13-1(b)所示，即

$$E_H(y)<0 \Rightarrow (\text{N型}) \qquad\qquad E_H(y)>0 \Rightarrow (\text{P型})$$

显然，霍尔电场 E_H 阻止载流子继续向侧面偏移。当载流子所受的横向电场力 eE_H 与洛仑兹力 $e\bar{v}B$ 相等时，样品两侧的电荷积累达到动态平衡，故有

$$eE_H = e\bar{v}B \tag{2.13-1}$$

式中，$\bar{v}$ 是载流子在电流方向上的平均漂移速度。

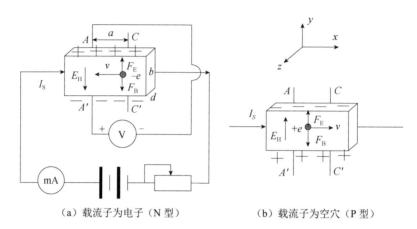

（a）载流子为电子（N型）　　　　　（b）载流子为空穴（P型）

图 2.13-1　半导体中的霍尔效应

设样品的长为 a，宽为 b，厚度为 d，载流子浓度为 n，则

$$I_S = ne\bar{v}bd \tag{2.13-2}$$

由式（2.13-1）和式（2.13-2）可得霍尔电压为

$$U_H = E_H b = \frac{1}{ne}\frac{I_S B}{d} = R_H \frac{I_S B}{d} \tag{2.13-3}$$

式中，比例系数 $R_H = \dfrac{1}{ne}$ 称为霍尔系数，反映了材料霍尔效应的强弱。只要测出 U_H 以及知道 I_S、B 和 d，可计算出 R_H 为

$$R_H = \frac{U_H d}{I_S B} \tag{2.13-4}$$

2. 霍尔系数 R_H 与其他参数的关系

根据 R_H 可进一步确定以下参数。

（1）由 R_H 的符号（或霍尔电压的正负）可判断样品的导电类型。判断方法是按图 2.13-1 所示，如果测得的 $U_H = U_{A'A} < 0$，即 A 点电位高于 A' 点电位，则 R_H 为负，样品属 N 型；反之则为 P 型。

（2）由 R_H 可求出载流子浓度 n，即

$$n = \frac{B}{e \cdot d} \cdot \frac{I_S}{U_H} = \frac{1}{|R_H| \cdot e} \tag{2.13-5}$$

应该指出，式（2.13-5）是假定所有载流子都具有相同的漂移速度得到的。如果考虑载流子的速度统计分布，则要引入 $3\pi/8$ 的修正因子。

（3）结合电导率的测量值，可求出载流子的迁移率 μ。电导率 σ 与载流子浓度 n 以及迁移率 μ 之间的关系为

$$\sigma = ne\mu \tag{2.13-6}$$

即 $\mu = |R_{\mathrm{H}}|\sigma$。

3. 霍尔效应与材料性能的关系

根据上述分析可知，要得到大的霍尔电压，关键是要选择霍尔系数大（即迁移率高、电导率较小）的材料。金属导体的迁移率很低，电导率很高；不良导体的电导率很高，但迁移率极小，因而上述两种材料的霍尔系数都很小，不能用来制造霍尔元件。半导体的迁移率高，电导率适中，是制造霍尔元件较理想的材料。由于电子的迁移率比空穴的迁移率大，所以霍尔元件多采用 N 型材料。霍尔电压的大小与材料的厚度成反比，因此薄膜型霍尔元件的输出电压比片状霍尔元件高得多。就霍尔元件而言，其厚度是一定的，元件的灵敏度为

$$K_{\mathrm{H}} = \frac{1}{ned} \tag{2.13-7}$$

选定的霍尔元件的 n、e、d 为定值，即 K_{H} 已知。如果测得通过霍尔元件的控制电流 I_{S} 和相应的 U_{H}，即可求出霍尔元件所处外磁场的磁感应强度 B，即

$$B = \frac{U_{\mathrm{H}}}{K_{\mathrm{H}}I_{\mathrm{S}}} \tag{2.13-8}$$

如果保持通过霍尔元件的控制电流 I_{S} 值不变，则霍尔电压 U_{H} 与磁感应强度 B 成正比。如果将测得的 U_{H} 值放大，用电表来指示，并通过一定的换算在电表的表盘上直接以 B 值来标度，就制成了特斯拉计。

4. 实验方法

（1）霍尔电压 U_{H} 的测量

产生霍尔效应的同时伴随着各种副效应，以致实验测得的 A、A' 两极间的电压并不等于真实的霍尔电压 U_{H}，还包含了各种副效应所引起的附加电压，因此必须设法消除。根据副效应产生的机理可知，采用电流和磁场换向的对称测量法，基本上能把副效应的影响从测量结果中消除。在规定了电流和磁场的正、反方向后，分别测量下列四组不同方向的 I_{S} 和 B 组合的 $U_{A'A}$，即

$$
\begin{aligned}
+B &、 +I_{\mathrm{S}} & U_{A'A} &= U_1\\
-B &、 +I_{\mathrm{S}} & U_{A'A} &= U_2\\
-B &、 -I_{\mathrm{S}} & U_{A'A} &= U_3\\
+B &、 -I_{\mathrm{S}} & U_{A'A} &= U_4
\end{aligned}
$$

然后求 U_1、U_2、U_3、U_4 的代数平均值，即

$$U_{\mathrm{H}} = \frac{U_1 - U_2 + U_3 - U_4}{4} \tag{2.13-9}$$

通过上述测量方法虽然不能消除所有副效应，但其引入的误差不大，可以忽略不计。

（2）电导率 σ 的测量

电导率可以通过图 2.13-1 所示的 A、C（或 A'、C'）电极进行测量。设 A、C 间的距离为 a，样品的横截面积为 $S = bd$，流经样品的电流为 I_{S}，在零磁场下，如果测得 A、C 间的电位差为 U_σ，则电导率为

$$\sigma = \frac{I_S a}{U_\sigma S}$$

（2.13-10）

[实验内容]

1. 测量霍尔电压和霍尔电流的关系

（1）按要求连接导线。

（2）轻轻地把霍尔探头移动到电磁场的磁隙中间。

（3）打开所有电源开关。

（4）将 U_H/U_σ 切换开关设置为"U_H"。

（5）将霍尔电流 I_S 和励磁电流 I_M 全部调为零，将 2 个电流换向开关均置于"正向"。

（6）设置励磁电流 I_M（0～1000mA）为某个值（例如 500mA），记录下此时 B 的大小。

（7）慢慢增大霍尔电流 I_S，通过换向开关改变 I_S 和 I_M 的输出电流方向，记录到数据记录表中。

2. 测量霍尔电压和磁感应强度的关系（用特斯拉计测量或者查表）

（1）按要求连接导线。

（2）旋开特斯拉计探头的保护套，将探头固定在导轨的支架上，把探头置于磁场中，使探头与磁场方向垂直。

（3）轻轻地把霍尔探头移动到电磁场的磁隙中间。

（4）打开所有电源开关。

（5）将 U_H/U_σ 切换开关设置为"U_H"。

（6）将霍尔电流 I_S 和励磁电流 I_M 全部调为零，将 2 个电流换向开关均置于"正向"。

（7）设置霍尔电流 I_S（0～10mA）为某个固定值（例如 5mA）。

（8）慢慢增大励磁电流 I_M（0～1000mA），通过换向开关改变 I_S 和 I_M 的输出电流方向，记录 U_H 和磁场强度 B 的关系。

3. 测量霍尔元件的电导率

（1）按要求连接导线。

（2）将 U_H/U_σ 切换开关设置为"U_σ"。

（3）将霍尔电流 I_S 和励磁电流 I_M 全部调为零，将 2 个电流换向开关均置于"正向"。

（4）调节霍尔电流 I_S=1.00mA，记录电压表显示的 U_σ。

（5）根据式（2.13-10）计算电导率。

4. 确定样品的导电类型

（1）将 U_H/U_σ 切换开关设置为"U_H"。

（2）将霍尔电流 I_S 和励磁电流 I_M 全部调为零，将 2 个电流换向开关均置于"正向"。

（3）调节 I_S=2.00mA、I_M=500mA，测量 U_H 的大小及极性，由此判断样品的导电类型。

5. 测定水平方向的磁场分布（选做）

（1）按要求连接导线。

（2）将 U_H/U_σ 切换开关设置为"U_H"。

（3）打开电源，设置 I_S=2.00mA、I_M=600mA。

（4）根据导轨上的刻度尺缓慢移动霍尔探头，记录不同位置下的霍尔电压 U_H。

（5）根据前面实验得到的霍尔系数 R_H 计算 B。

（6）描绘水平方向的磁场分布曲线。

[数据处理]

1. 绘制 U_H—I_S 曲线和 U_H—B 曲线并求斜率

将实验数据填入表 2.13-1 和表 2.13-2 所示的数据记录表中，用毫米方格纸绘制 U_H—I_S 曲线和 U_H—B 曲线。

表 2.13-1　绘制 U_H—I_S 曲线数据记录表

I_M=500mA；B=＿＿mT

I_S（mA）	U_1（mV） $+B$、$+I_S$	U_2（mV） $-B$、$+I_S$	U_3（mV） $-B$、$-I_S$	U_4（mV） $+B$、$-I_S$	$U_H = \dfrac{U_1 - U_2 + U_3 - U_4}{4}$（mV）
1.00					
1.50					
2.00					
2.50					
3.00					
3.50					
4.00					
4.50					
5.00					
5.50					
6.00					
…					

表 2.13-2　绘制 U_H—B 曲线数据记录表

I_S=5.00mA

I_M（mA）	B（mT）	U_1（mV） $+B$、$+I_S$	U_2（mV） $-B$、$+I_S$	U_3（mV） $-B$、$-I_S$	U_4（mV） $+B$、$-I_S$	$U_H = \dfrac{U_1 - U_2 + U_3 - U_4}{4}$（mV）
100						
150						
200						
250						
300						
350						
400						

（续表）

I_M（mA）	B（mT）	U_1（mV）	U_2（mV）	U_3（mV）	U_4（mV）	$U_H = \dfrac{U_1 - U_2 + U_3 - U_4}{4}$（mV）
		$+B、+I_S$	$-B、+I_S$	$-B、-I_S$	$+B、-I_S$	
450						
500						
...						

2. 计算霍尔系数

霍尔元件的尺寸为：a=3.9mm、b=2.3mm、d=1.2mm，根据式（2.13-4）计算霍尔系数。

3. 计算载流子浓度

根据式（2.13-5）计算载流子浓度。

4. 计算电导率

根据式（2.13-10）计算电导率。

5. 计算迁移率

根据 $\mu = |R_H| \sigma$ 计算迁移率。

［思考题］

1. 霍尔电压是如何形成的？它的极性与磁场电流方向（或载流子浓度）有什么关系？
2. 测量过程中要保持哪些量不变？为什么？
3. 测量霍尔电压时为什么要接换向开关？

习题-霍尔效应
原理与应用

［附录］

1. 霍尔元件中的副效应及其消除方法

（1）不等势电压 U_0

霍尔电压的电极 A 和 A' 很难在一个理想的等势面上，因此当有电流 I_S 通过时，即使不加磁场也会产生附加电压 $U_0 = I_S R$，其中 R 为 A、A' 所在的两个等势面之间的电阻。如图 2.13-2 所示，U_0 的符号只与电流 I_S 的方向有关，与磁场的方向无关，因此 U_0 可以通过改变 I_S 的方向予以消除。

（2）温差电效应引起的附加电压 U_E

如图 2.13-3 所示，构成电流的载流子速度不同，如果速度为 v 的载流子所受的洛伦兹力与霍尔电场的作用刚好抵消，则速度大于或小于 v 的载流子在电场和磁场作用下各自朝对立面偏转，从而在 y 方向上引起温差 $T_A - T_{A'}$，由此产生温差电效应。温差电效应在 A、A' 电极上引入附加电压 U_E，且 $U_E \propto I_S B$，其符号与 U_H 相同，因此不能用改变 I_S 和 B 方向的方法予以消除，但其引入的误差很小，可以忽略。

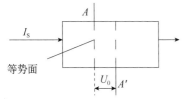

图 2.13-2　不等势电压

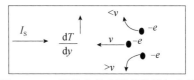

图 2.13-3　温差电效应引起的附加电压

（3）热磁效应引起的附加电压 U_{N}

霍尔元件两端电流引线的接触电阻不等，通电后在接触点处将产生不同的焦耳热，导致在 x 方向上有温度梯度，引起载流子沿梯度方向扩散而产生热扩散电流，如图 2.13-4 所示。热流在 z 方向磁场的作用下，产生附加电场 ε_{N}，相应的电压 $U_{\mathrm{N}} \propto QB$，而 U_{N} 的符号只与 B 的方向有关，与 I_{S} 的方向无关，因此可通过改变 B 的方向予以消除。

（4）热磁效应产生的温差引起的附加电压 U_{RL}

如图 2.13-5 所示，因载流子的速度统计分布，在 z 方向的 B 作用下，在 y 方向上产生温度梯度 $T_A - T_{A'}$，由此引入的附加电压 $U_{\mathrm{RL}} \propto QB$，$U_{\mathrm{RL}}$ 的符号只与 B 的方向有关，可通过改变 B 的方向予以消除。

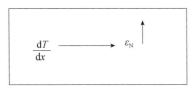

图 2.13-4　热磁效应引起的附加电压

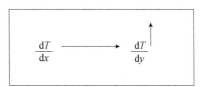

图 2.13-5　热磁效应产生的温差引起的附加电压

综上所述，实验中测得的 A、A' 之间的电压还包含 U_0、U_{N}、U_{RL}、U_{E} 的代数和，其中 U_0、U_{N}、U_{RL} 均可通过对称测量法予以消除。

① 当 $+I_S$、$+B$ 时，测得 A、A' 之间的电压 $U_1 = U_{\mathrm{H}} + U_0 + U_{\mathrm{N}} + U_{\mathrm{RL}} + U_{\mathrm{E}}$。

② 当 $+I_S$、$-B$ 时，测得 A、A' 之间的电压 $U_2 = -U_{\mathrm{H}} + U_0 - U_{\mathrm{N}} - U_{\mathrm{RL}} - U_{\mathrm{E}}$。

③ 当 $-I_S$、$-B$ 时，测得 A、A' 之间的电压 $U_3 = U_{\mathrm{H}} - U_0 - U_{\mathrm{N}} - U_{\mathrm{RL}} + U_{\mathrm{E}}$。

④ 当 $-I_S$、$+B$ 时，测得 A、A' 之间的电压 $U_4 = -U_{\mathrm{H}} - U_0 + U_{\mathrm{N}} + U_{\mathrm{RL}} - U_{\mathrm{E}}$。

求 U_1、U_2、U_3、U_4 的代数平均值，可得

$$U_{\mathrm{H}} + U_{\mathrm{E}} = \frac{U_1 - U_2 + U_3 - U_4}{4}$$

由于 U_{E} 与 U_{H} 的符号是相同的，故无法消除，但在 I_S 和 B 较小时，$U_{\mathrm{H}} \gg U_{\mathrm{E}}$，因此 U_{E} 可略去不计，所以霍尔电压为

$$U_{\mathrm{H}} = \frac{U_1 - U_2 + U_3 - U_4}{4}$$

2. 量子霍尔效应

按照经典理论，霍尔电位随 B 连续变化。但是，德国物理学家冯·克利青于 1980 年观察到在 1.5K 的极低温度和 18.9T 的强磁场下，金属—氧化物—半导体场效应晶体管的霍尔电位随磁场的变化出现了一系列量子化平台，称为量子霍尔效应。霍尔电阻 $R_{\mathrm{H}} = U_{\mathrm{H}} / I = h / ne^2$

（h 为普朗克常数；e 为电子电量；n=1, 2, 3, …），与样品和材料性质无关。国际计量局在 1988 年正式将第一阶（n=1）平台的电阻值定义为冯·克利青常数，符号为 R_K，并规定 R_K=25812.807Ω 为电阻单位的标准值。这是凝聚态物理及其新技术领域发展中的重大成就，获得了 1985 年诺贝尔物理学奖。

3. 分数量子霍尔效应

1982 年，物理学家崔琦和霍斯特·施特默在样品纯度更高、磁场更强（20T）和温度更低（0.1K）的极端条件下也观察到了霍尔电阻呈现量子化平台的现象，但不同的是这些平台对应的不是整数值而是分数值，美国物理学家罗伯特·劳夫林通过建立模型和计算解释了这一发现，三人因此共同获得了 1998 年诺贝尔物理学奖。

4. 特斯拉计（选配）

特斯拉计的结构如图 2.13-6 所示，各部件的功能如下。

（1）电源适配器：直流电源适配器的参数为 12V/1A。

（2）探头连接器：连接特斯拉计的探头。

（3）调零按钮：调节显示表为零。

（4）磁场强度显示表：显示特斯拉计测量的磁场强度数值。

（5）数据接口：连接数据采集器。

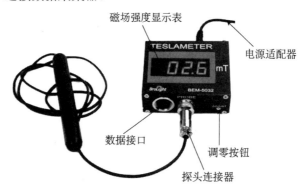

图 2.13-6　特斯拉计的结构

5. 霍尔效应实验仪

霍尔效应实验仪的面板结构如图 2.13-7 所示，各部件的功能如下。

（1）电源开关：控制设备电源的开和关。

（2）电流调节旋钮：调节输出电流的大小。

（3）电流换向开关：改变输出电流的方向。

（4）U_H/U_σ 切换开关：切换电压表显示的电压为 U_H 或 U_σ。

（5）输出端：输出工作电源。

（6）输入端：输入霍尔电压。

（7）电流表：显示输出端口的电流值。

（8）电压表：显示输入端口的电压值。

（9）数据接口：连接数据采集端口。

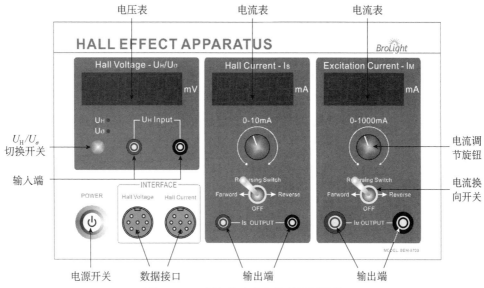

图 2.13-7　霍尔效应实验仪的面板结构

6. 霍尔效应实验接线图

（1）如图 2.13-8 所示，用护套连接线把磁场线圈连接到霍尔效应实验仪的输出端。

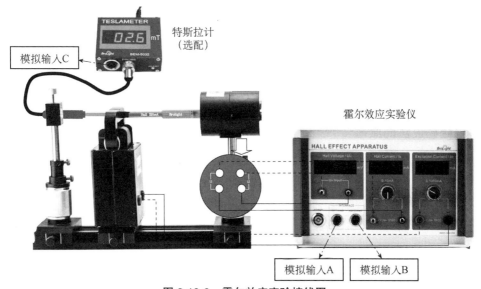

图 2.13-8　霍尔效应实验接线图

（2）用香蕉插头线连接霍尔效应实验仪 0～10mA 电流输出端和霍尔效应探测单元的"I_S"端口。

（3）用香蕉插头线连接霍尔效应实验仪的霍尔电压输入端口和霍尔效应探测单元的"U_H"端口。

（4）连接特斯拉计探头。

（5）连接各个设备的电源线。

2.14　电磁感应法测量磁场分布

测量磁场分布有许多方法，常用的有电磁感应法、霍尔效应法、核磁共振法等。本实验使用的是电磁感应法，以简单的线圈作为测量元件，利用电磁感应原理直接测量交变磁场。实验所用的亥姆霍兹线圈在物理研究中有许多应用，例如产生均匀磁场、抵消地磁场等。

〔实验目的〕

1. 了解电磁感应法测量磁场分布的原理，学习测量磁场大小及方向的方法。
2. 测量圆形电流的磁场，认识其磁场分布。
3. 测量亥姆霍兹线圈的磁场，验证矢量迭加原理，学习获得匀强磁场的方法。

〔实验仪器〕

DH4501 亥姆霍兹线圈磁场实验仪（亥姆霍兹线圈架、磁场测量仪）。

〔实验原理〕

当导线中通有变化的电流时，其周围必然产生变化的磁场。通过闭合回路的磁通量产生变化，回路中会产生感应电动势。通过测量感应电动势的大小就可以计算出磁场的量值，这就是电磁感应法测量磁场分布的实质。

1. 电磁感应法的原理

设由交流信号驱动的线圈产生的交变磁场的磁场强度瞬时值为

$$B_i = B_m \sin \omega t$$

式中，B_m 为磁感应强度的峰值，其有效值记为 B，ω 为角频率。

设一个探测线圈放在这个磁场中，通过这个探测线圈的有效磁通量为

$$\Phi = NSB_m \cos\theta \sin\omega t$$

式中，N 为探测线圈的匝数，S 为该线圈的截面积，θ 为法线 n 与 B_m 之间的夹角，如图 2.14-1 所示，线圈产生的感应电动势为

$$\varepsilon = -\frac{d\Phi}{dt} = -NS\omega B_m \cos\theta \cos\omega t = -\varepsilon_m \cos\omega t$$

式中，$\varepsilon_m = NS\omega B_m \cos\theta$ 是感应电动势的幅值。当 $\theta=0$、$\varepsilon_m = NS\omega B_m$ 时，感应电动势的幅值最大。如果用数字式毫伏表测量此时线圈的电动势，则毫伏表的示值（有效值）U_m 为 $\frac{\varepsilon_m}{\sqrt{2}}$，则

$$B = \frac{B_m}{\sqrt{2}} = \frac{U_m}{NS\omega} \tag{2.14-1}$$

2. 探测线圈的设计

由于磁场存在不均匀性，所以实验中的探测线圈要尽可能小，但实际的探测线圈不可能做得很小，否则会影响测量灵敏度。线圈的长度 L 和外径 D 一般有 $L=2/3D$ 的关系，线圈的内径 d 与外径 D 有 $d \leqslant D/3$ 的关系，尺寸示意图如图 2.14-2 所示。线圈在磁场中的等效面积可表示为

$$S = \frac{13}{108}\pi D^2 \tag{2.14-2}$$

这样，线圈测得的平均磁感应强度可以近似看成是线圈中心点的磁感应强度。

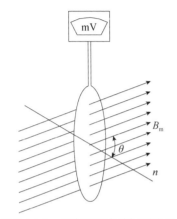

图 2.14-1　交变磁场中的探测线圈

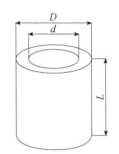

图 2.14-2　探测线圈的尺寸示意图

将式（2.14-2）代入式（2.14-1）得

$$B = \frac{54}{13\pi^2 ND^2 f}U_m \tag{2.14-3}$$

本实验中 $D=0.012\text{m}$，$N=1000$ 匝。将不同的频率 f 代入式（2.14-3）就可得出 B 值。

3. 载流圆线圈磁场

设有一个半径为 R，通以电流 I 的圆线圈（励磁线圈），其轴线上磁感应强度的计算公式为

$$B = \frac{\mu_0 N_0 I R^2}{2(R^2 + x^2)^{3/2}} \tag{2.14-4}$$

式中，N_0 为圆线圈的匝数，x 为轴上某一点到圆心 O 的距离，$\mu_0 = 4\pi \times 10^{-7}\text{H/m}$。圆线圈轴线上的磁场分布如图 2.14-3 所示。

4. 亥姆霍兹线圈

亥姆霍兹线圈是两个彼此平行且共轴的相同线圈，线圈上通以同方向的电流。理论计算证明：线圈间距 a 等于线圈半径 R 时，两线圈的磁场在轴线（两线圈圆心连线）附近较大范围内是均匀的，如图 2.14-4 所示。这种均匀磁场在工程运用和科学实验中应用十分广泛。

设 z 为亥姆霍兹线圈中轴线上某点离中心点 O 的距离，则亥姆霍兹线圈轴线上该点的磁感应强度为

$$B' = \frac{1}{2}\mu_0 NIR^2 \left\{ \left[R^2 + \left(\frac{R}{2} + z \right)^2 \right]^{-3/2} + \left[R^2 + \left(\frac{R}{2} - z \right)^2 \right]^{-3/2} \right\} \qquad (2.14\text{-}5)$$

而在亥姆霍兹线圈轴线上的中心 O 处，$z=0$，磁感应强度为

$$B_0' = \frac{\mu_0 NI}{R} \times \frac{8}{5^{3/2}} = 0.7155 \frac{\mu_0 N_0 I}{R} \qquad (2.14\text{-}6)$$

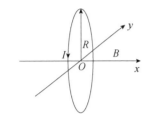

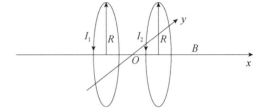

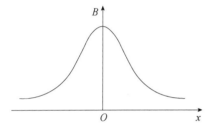

图 2.14-3　圆线圈轴线上的磁场分布

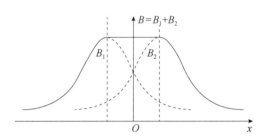

图 2.14-4　亥姆霍兹线圈的磁场分布

【实验内容】

1. 测量圆线圈轴线上的磁场分布

（1）先用导线连好线路，调节频率为 120Hz。

（2）调节磁场实验仪的电流调节电位器，使励磁电流有效值为 $I=60\text{mA}$。

（3）以圆线圈中心为坐标原点，每隔 10mm 测一个 U_m 值，单向量程为 60mm，测量过程中注意保持励磁电流不变，并保证探测线圈的法线与圆线圈轴线的夹角为 0°。从理论上可知，如果转动探测线圈，当 $\theta=0°$ 和 $\theta=180°$ 时应该得到两个相同的 U_m 值。但实际测量时，这两个值往往不相等，这时应该分别测出这两个值，然后取其平均值计算对应点的磁感应强度。

（4）实验时，可以把探测线圈从 $\theta=0°$ 转到 $\theta=180°$，测量一组数据进行对比，正、反方向的测量误差如果不大于 2%，则只测一个方向的数据即可，否则应分别按正、反方向测量，再求平均值作为测量结果。

2. 测量亥姆霍兹线圈轴线上的磁场分布

把磁场实验仪的两个线圈串联起来，接到励磁电流两端。调节频率为 120Hz，使励磁电流有效值为 60mA。以两个圆线圈轴线上的中心点为坐标原点，每隔 10mm 测一个 U_m 值，单向测量量程为 100mm。为减小误差，应在 $\theta=0°$ 和 $\theta=180°$ 时各测一个 U_m 值，然后求平均值。

3. 测量亥姆霍兹线圈沿径向的磁场分布

按照步骤 2，固定 $\theta=0°$，转动探测线圈径向移动手轮，每移动 10mm 测量一个数据，到

边缘为止，记录数据并作出磁场分布曲线图。

4. 验证 $\varepsilon_m = NS\omega B_m\cos\theta$

当 $NS\omega B_m$ 不变时，ε_m 与 $\cos\theta$ 成正比。按实验要求，使 θ 从 0° 开始，逐步旋转到 90°，每隔 10° 测量一组数据。

［数据处理］

1. 测量圆线圈轴线上的磁场分布

将测量数据填入表 2.14-1 所示的数据记录表中，并画出实验曲线和理论曲线。

表 2.14-1　测量圆线圈轴线上的磁场分布数据记录表

$f=$_____ Hz

轴向距离 x（mm）	0	10	20	30	40	50	60
U_m（mV）（$\theta=0°$）							
U_m（mV）（$\theta=180°$）							
U_m（mV）（平均值）							
测量值 $B=\dfrac{54}{13\pi^2 ND^2 f}U_m$(mT)							
计算值 $B=\dfrac{\mu_0 N_0 IR^2}{2(R^2+x^2)^{3/2}}$(mT)							

2. 测量亥姆霍兹线圈轴线上的磁场分布

将测量数据填入表 2.14-2 所示的数据记录表中，画出实验曲线。

表 2.14-2　测量亥姆霍兹线圈轴线上的磁场分布数据记录表

$f=$_____ Hz

轴向距离 x（mm）	0	10	20	30	40	⋯	100
U_m（mV）（$\theta=0°$）							
U_m（mV）（$\theta=180°$）							
U_m（mV）（平均值）							
测量值 $B=\dfrac{54}{13\pi^2 ND^2 f}U_m$(mT)							

3. 测量亥姆霍兹线圈沿径向的磁场分布

将测量数据填入表 2.14-3 所示的数据记录表中。

表 2.14-3　测量亥姆霍兹线圈沿径向的磁场分布数据记录表

$f=$_____ Hz

轴向距离 x（mm）	⋯	−20	−10	0	10	20	⋯
U_m（mV）							
测量值 $B=\dfrac{54}{13\pi^2 ND^2 f}U_m$(mT)							

4. 验证 $\varepsilon_{m}=NS\omega B_{m}\cos\theta$

将测量数据填入表 2.14-4 所示的数据记录表中，以角度为横坐标，以实际测得的 U_{m} 为纵坐标作图。

表 2.14-4　验证 $\varepsilon_{m}=NS\omega B_{m}\cos\theta$ 数据记录表

$f=$_____ Hz

探测线圈转角 θ（0°）	0°	10°	20°	30°	40°	…
U（mV）						
计算值 $U=U_{m}\cos\theta$（mV）						

［思考题］

1. 单线圈轴线上的磁场分布规律是怎样的？亥姆霍兹线圈是怎样组成的？其基本条件有哪些？它的磁场分布特点又是怎样的？

2. 在磁场中放入探测线圈后，不同方向的毫伏表的指示值不同，哪个方向最大？如何测准 U_{m}？指示值最小表示什么？

3. 分析圆电流磁场分布的理论值与实验值的误差产生原因。

［附录］

1. 亥姆霍兹线圈架

亥姆霍兹线圈架有一对间距与其半径相等的圆线圈（励磁线圈），圆线圈中间装有用于探测磁场的感应线圈，其结构和面板如图 2.14-5 和图 2.14-6 所示。

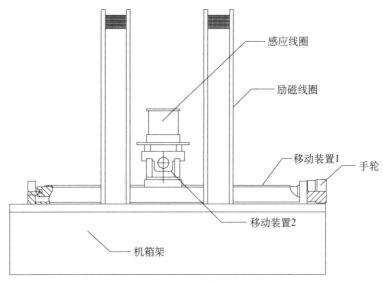

图 2.14-5　亥姆霍兹线圈架的结构

感应线圈由二维移动装置带动，可作横向、径向连续调节，还可作 360°连续旋转，从而实现非均匀磁场的测量。测试信号通过测试架前面的插孔用专用连线连接至测试仪。

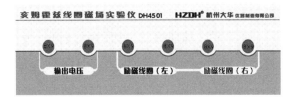

图 2.14-6　亥姆霍兹线圈架的面板

亥姆霍兹线圈架的主要技术参数如下。

（1）2 个励磁线圈：线圈有效半径为 105mm，线圈匝数为 400 匝，两个线圈的中心间距为 105mm。

（2）移动装置：横向可移动距离为 250mm，纵向可移动距离为 70mm，距离分辨率为 1mm。

（3）感应线圈：线圈匝数为 1000 匝，可旋转角度为 360°。

2. 磁场测量仪

磁场测量仪含有一个频率可调的交流功率信号源和一个交流电压表，面板如图 2.14-7 所示。磁场测量仪的激励信号频率可变、输出强度连续可调，主要技术指标如下。

图 2.14-7　磁场测量仪的面板

（1）频率范围为 20～200Hz，频率分辨率为 0.1Hz，测量误差为 1%。

（2）正弦波的输出电压幅值为 20V，输出电流幅值为 200mA。

（3）毫伏表的电压测量范围为 0～20mV，测量误差为 1%。

3. 仪器的使用方法

（1）准备工作

使用仪器前，请先开机预热 10min。这段时间内请熟悉亥姆霍兹线圈架和磁场测量仪上各个接线端口的正确连线方法和仪器的正确操作方法。

（2）实验连线

连线示意图如图 2.14-8 所示，测量圆线圈磁场时只接通一个线圈即可。

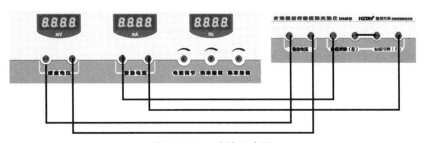

图 2.14-8　连线示意图

（3）移动装置的使用

亥姆霍兹线圈架上有一长一短两个移动装置，慢慢转动手轮，可将装有探测线圈的传感器盒移动到指定的位置上。转动传感器盒的有机玻璃罩就可转动探测线圈，改变测量角度。

2.15　温度传感器的原理与应用

视频-温度传感器的原理　PPT-温度传感器的原理　视频-温度传感器的原理　PPT-温度传感器的原理
与应用—实验原理　　与应用—实验原理　　与应用—实验测量　　与应用—实验测量

温度是热学中的一个基本概念，是表征物体冷热程度的物理量。温度测量实验是热学基本实验之一，温度传感器的基本工作原理是材料或元件的物理特征随温度变化。

［实验目的］

1. 了解温度传感器的测量原理和使用方法。
2. 学会热电偶的标定方法。
3. 学会热敏电阻的标定方法。

［实验仪器］

FB203 型多挡恒流智能控温实验仪、电位差计、直流电桥。

［实验原理］

1. 热电偶传感器

热电偶传感器是根据不同金属接触时产生温差电现象制造而成的。当把两种不同的金属或不同成分的合金两端彼此焊接（或熔接）成一个闭合回路时，如果两接点保持不同的温度 T 和 T_0，则金属中存在温度梯度和电子密度梯度，回路中产生温差电动势，这个电动势使闭合回路产生电流，如图 2.15-1(a)所示。

如果将回路断开，则在断开处产生电势差（电位差）U_x，如图 2.15-1(b)所示。U_x 在温度变化不大的情况下与两接点的温差成正比，即

$$U_x = C(T - T_0) \tag{2.15-1}$$

式中，C 是温差系数或电偶常数，代表温差为 1℃时的电位差，其大小取决于电偶材料。

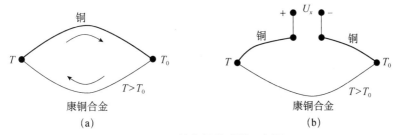

图 2.15-1　热电偶传感器示意图

实验所用的热电偶由康铜合金和铜组成，在铜线的中间断开，作为电偶的两极，与高温接触点相连的是"+"极，与低温接触点相连的是"−"极。

2. 热电阻传感器

热电阻传感器是利用电阻随温度变化的特性制成的，按电阻的性质可分为金属热电阻和半导体热电阻两类，前者通常称为热电阻，后者称为热敏电阻。

纯金属的电阻都有规律地随温度升高而增大。铂的电阻与温度的关系在 0℃以上近似为线性关系，铜在−50～+150℃范围内电阻与温度的关系近似为

$$R_T = R_0(1 + \alpha T) \tag{2.15-2}$$

式中，R_0 是 0℃时的电阻值，α 是温度系数。

热敏电阻是一种由半导体材料制成的新型电阻，大部分由金属氧化物粉末按一定比例混合经高温烧结而成。按半导体电阻随温度变化的典型特性，热敏电阻可分为三种类型，即负电阻温度系数的热敏电阻（NTC）、正电阻温度系数的热敏电阻（PTC）和在某一特定温度下电阻值会发生突变的临界温度热敏电阻（CTR）。

在温度测量实验中，主要采用 NTC 型热敏电阻。在一定的温度范围内，半导体的电阻率 ρ 和温度 T 之间有如下关系

$$\rho = A_1 \mathrm{e}^{B/T} \tag{2.15-3}$$

式中，A_1 和 B 是与材料物理性质有关的常数。对于截面均匀的热敏电阻，阻值 R_T 可表示为

$$R_T = \rho \frac{L}{S} \tag{2.15-4}$$

式中，L 为两电极间的距离，S 为电阻的横截面积。将式（2.15-3）代入式（2.15-4）并令 $A = A_1 \dfrac{L}{S}$，可得

$$R_T = A\mathrm{e}^{B/T} \tag{2.15-5}$$

对一定的电阻而言，A 和 B 均为常数。对式（2.15-5）两边取对数，则有

$$\ln R_T = B\frac{1}{T} + \ln A \tag{2.15-6}$$

式中，A 为某温度时的电阻值，B 为常数（其值与半导体材料的成分和制造方法有关）。$\ln R_T$ 与 $1/T$ 成线性关系，在实验中测得多个温度 T 对应的 R_T 值后，即可通过作图求出 A 和 B 的值，代入式（2.15-6）即可得到 R_T 的表达式。图 2.15-2 表示了 NTC 型热敏电阻与普通金属电阻的不同温度特性。

[实验内容]

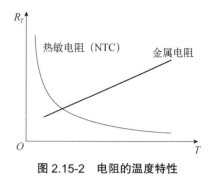

图 2.15-2　电阻的温度特性

1. 热电偶标定并求热电偶的温差系数

用实验方法测量热电偶的温差电动势与工作端温度差之间的关系称为热电偶标定。本实验采用比较标定法，即将一个标准的测温仪器（例如标准水银温度计或已知准确度高一级的标准热电偶）与待测热电偶置于一个能改变温度的调温装置中，测出 U_x—T 标定曲线，具体步骤如下。

（1）按照图 2.15-3 接线，将温控仪的热电偶输出端与电位差计相连。

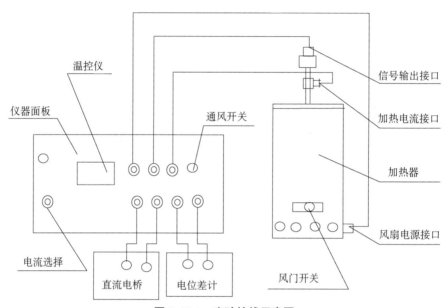

图 2.15-3　实验接线示意图

（2）调整电位差计的工作电流。在测量过程中应经常注意仪器的工作电流有否变动，如果有变动，隔一段时间应再标定一次，以免工作电流改变而影响测量精度。

（3）测量待测热电偶的电动势。将电位差计倍率 K_1 置为"×0.2"挡，测出电动势为零时的温度（即室温），然后开启温控仪的电源，给热电偶的热端加热，每隔 10℃ 左右测一组（T，U_x）数据，共测 10 组数据。由于升温时温度是动态变化的，故测量时可提前 2℃ 进行跟踪，以保证测量速度和测量精度。测量时一旦达到补偿状态应立即读取温度值和电动势值，降温时再测一次。

（4）作 U_x—T 曲线，求热电偶的温差系数。

2. 热敏电阻标定并求热敏电阻的经验公式

（1）将温控仪的热敏电阻输出端接入箱式单臂电桥，调节电桥平衡，记录室温下热敏电阻的阻值。

（2）对热敏电阻进行加热，按一定温度间隔测量热敏电阻的阻值。电桥平衡后要先读温度，后读电阻值（请思考原因）。

（3）作 $\ln R_T$—$1/T$ 关系曲线，并求 A 和 B。

[数据处理]

1. 热电偶标定并求热电偶的温差系数

（1）将实验数据填入表 2.15-1 所示的数据记录表中。

表 2.15-1　热电偶标定数据记录表

室温 T_0=＿＿＿℃

序号	1	2	3	4	5	6	7	8	9	10
温度 T（℃）										
$\Delta T = T-T_0$（℃）										
电动势 U_1（mV）										
电动势 U_2（mV）										
$\overline{U} = (U_1 + U_2)/2$（mV）										

（2）以 U_x 为纵坐标，$T-T_0$ 为横坐标，作 U_x—$(T-T_0)$ 曲线。

（3）求铜—康铜热电偶的温差系数 C。

在本实验的温度范围内，U_x—$(T-T_0)$ 函数关系近似为线性，即 $U_x=C(T-T_0)$，在直线上取两点 $(U_a, \Delta t_a)$、$(U_b, \Delta t_b)$（不要取测量的数据点，并且两点间尽可能相距远一些），斜率

$$k = \frac{U_b - U_a}{\Delta t_b - \Delta t_a} \tag{2.15-7}$$

即为所求的 C。

（4）求测量结果的相对误差。

2. 热敏电阻标定并求热敏电阻的经验公式

（1）将实验数据填入表 2.15-2 所示的数据记录表中。

表 2.15-2　热敏电阻标定数据记录表

室温 T_0=＿＿＿℃

T（℃）									
T'（K）									
$1/T$（K^{-1}）									
R_T（kΩ）									
$\ln R_T$									

（2）以 $1/T$ 为横坐标，以 $\ln R_T$ 为纵坐标，作 $\ln R_T$—$1/T$ 曲线。

（3）由斜率及截距分别求出常数 A 和 B，求热敏电阻的经验公式。

[思考题]

1. 什么是热电偶及热敏电阻的标定？

2. 与水银温度计相比，用热电偶测温有哪些优点？

3. 什么是补偿原理？补偿法有何优点？

［附录］补偿原理及箱式电位差计的工作原理

1. 补偿原理

如图 2.15-4 所示，可以用电压表来粗略地测量电源电动势。但是，由于电池内阻的存在，只要有电流流过电池，内阻上就有电动势差，所以电压表指示的是电源的端电压，而不是电源的电动势。要准确地测量一个电源的电动势，必须在没有任何电流流过该电源的情况下测定，利用补偿法能解决这个问题。电位差计正是利用补偿法测量电势差或电动势的，补偿法的原理如图 2.15-5 所示，其中 U_x 为待测电源的电动势，U_0 为可改变电动势的标准电源，G 为灵敏检流计。调节 U_0 使灵敏检流计 G 指零，此时必有

$$U_x = U_0$$

即 U_x 与 U_0 相等，这种方法利用已知电动势来抵消待测电动势，故叫作补偿法。

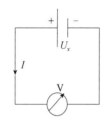

图 2.15-4　电压表测量电源电动势

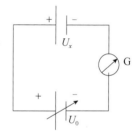

图 2.15-5　补偿法的原理

由于没有可调的标准电源，所以补偿原理只是电位差计的基本原理，并不实用。根据补偿原理可以设计出电位差计的实际工作电路。

2. 箱式电位差计的工作原理

箱式电位差计的原理如图 2.15-6 所示。箱式电位差计由三个基本回路构成：工作电流调节回路由工作电源 E、限流电阻 R_P、标准电阻 R_A 和 R_B 组成；校准回路由标准电源 E_s、检流计 G、标准电阻 R_s 组成；测量回路由待测电源 E_x、检流计 G、标准电阻 R_x 组成。通过测量未知电动势 U_x，可以清楚地了解电位差计的工作原理。

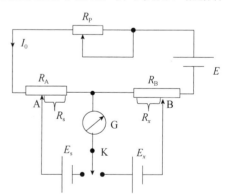

图 2.15-6　箱式电位差计的原理

（1）校准。将开关 K 合向标准电源 E_s 一侧，取 R_s 为一个预定值（为了修正标准电源电动势因温度而产生的微小变化），调节 R_P 使检流计 G 指零。这一步骤的目的是使测量回路内的 R_x 中流过已知的"标准"电流 I_0，且 $I_0 = E_s/R_s$。

（2）测量。将开关 K 合向待测电源 E_x 一侧，保持 I_0 不变，调节滑动触头 B，使检流计 G 指零，则 $I_0 R_x$ 是测量回路中一段电阻上的分压，叫作补偿电压。被测电压与补偿电压极性相同且大小相等，因而互相补偿（平衡）。补偿法具有以下优点。

① 电位差计是一种电阻分压装置，它将被测电压和一个标准电动势接近并直接加以比较。被测电压的值仅取决于电阻比及标准电动势，因而能够达到较高的测量准确度。

② 在上述"校准"和"测量"步骤中，检流计两次均指零，表明测量时不从校准回路内的标准电源和测量回路中吸取电流，因此不改变被测回路的原有状态。同时，补偿法可避免测量回路中导线电阻、标准电阻对测量准确度的影响。

2.16　波 尔 共 振

视频-玻尔共振—　　PPT-玻尔共振—　　视频-玻尔共振—　　PPT-玻尔共振—
实验原理　　　　　实验原理　　　　　实验测量　　　　　实验测量

振动是物理学中一种重要的运动，是自然界最普遍的运动形式之一。振动可分为自由振动（无阻尼振动）、阻尼振动和强迫振动。共振现象一方面对建筑物有破坏作用，另一方面却有许多实用价值，例如利用共振原理设计电声器件、利用核磁共振和顺磁共振研究物质的结构等。本实验通过波尔共振仪研究阻尼振动和强迫振动的特性。

［实验目的］

1. 观察共振现象，研究波尔共振仪中弹性摆轮强迫振动的幅频特性和相频特性。
2. 观察阻尼振动现象，研究不同阻尼力矩对强迫振动的影响。
3. 学习用闪频法测定运动物体的定态物理量——相位差。
4. 学习系统误差的修正方法。

［实验仪器］

THQBE-1 型波尔共振实验仪

［实验原理］

物体在持续的周期性外力作用下发生振动的现象称为强迫振动，周期性外力称为强迫力。如果周期性外力按简谐振动的规律变化，则这种强迫振动也是简谐振动，振幅大小与强迫力的频率、振动系统的固有振动频率及阻尼系数有关。在稳定状态时，振幅恒定不变，物体的位移与强迫力有相位差。当强迫力频率与振动系统的固有频率相同时会产生共振，此时相位差为90°，振幅最大。

波尔共振实验仪的振动系统由圆形摆轮和弹簧构成，摆轮在弹性力矩作用下作自由摆动，在电磁阻尼力矩作用下作阻尼振动。通过观察周期性强迫力作用下的阻尼振动，可以研究波尔共振仪中弹性摆轮强迫振动的幅频特性和相频特性，以及不同阻尼力矩对强迫振动的影响。

设周期性强迫力矩为 $M_0 \cos \omega t$，电磁和空气阻尼力矩为 $-b\dfrac{\mathrm{d}\theta}{\mathrm{d}t}$，振动系统的弹性力矩为 $-k\theta$，则摆轮的运动方程为

$$J\frac{\mathrm{d}^2\theta}{\mathrm{d}t^2} = -k\theta - b\frac{\mathrm{d}\theta}{\mathrm{d}t} + M_0 \cos \omega t \tag{2.16-1}$$

式中，J 为摆轮的转动惯量。令 $\omega_0^2 = \dfrac{k}{J}$、$2\beta = \dfrac{b}{J}$、$m = \dfrac{M_0}{J}$，其中 ω_0 和 β 分别称为固有频率和阻尼系数，则式（2.16-1）变为

$$\frac{\mathrm{d}^2\theta}{\mathrm{d}t^2} + 2\beta \frac{\mathrm{d}\theta}{\mathrm{d}t} + \omega_0^2 \theta = m \cos \omega t \tag{2.16-2}$$

式（2.16-2）称为阻尼振动方程，其解为

$$\theta = \theta_1 \mathrm{e}^{-\beta t} \cos(\omega_f t + \alpha) + \theta_2 \cos(\omega t + \varphi_0) \tag{2.16-3}$$

由此可见，强迫振动由以下两部分组成。

（1）阻尼振动：$\theta_1 \mathrm{e}^{-\beta t} \cos(\omega_f t + \alpha)$，经过一定时间后衰减消失。

（2）强迫振动：$\theta_2 \cos(\omega t + \varphi_0)$，频率为 ω 的强迫力矩作用在摆轮上，最后达到稳定状态，此时摆轮的振幅为

$$\theta_2 = \frac{m}{\sqrt{(\omega_0^2 - \omega^2)^2 + 4\beta^2 \omega^2}} \tag{2.16-4}$$

摆轮的位移与强迫力的相位差为

$$\varphi = \tan^{-1} \frac{2\beta\omega}{\omega_0^2 - \omega^2} = \tan^{-1} \frac{\beta T_0^2 T}{\pi(T^2 - T_0^2)} \tag{2.16-5}$$

相位差 φ 的取值范围为 $0 < \varphi < \pi$，反映了摆轮振动滞后于激励源振动的程度。由式（2.16-4）和式（2.16-5）可知，振幅 θ_2 与相位差 φ 取决于 m、ω、ω_0、β，与振动的初始状态无关。

由 θ_2 的极大值条件 $\dfrac{\partial \theta_2}{\partial \omega} = 0$ 可得，当强迫力角频率为

$$\omega = \sqrt{\omega_0^2 - 2\beta^2} \tag{2.16-6}$$

时，系统发生共振，θ_2 有极大值，为

$$\theta_2 = \frac{m}{2\beta\sqrt{\omega_0^2 - \beta^2}} \tag{2.16-7}$$

由式（2.16-6）和式（2.16-7）可知，当阻尼系数 β 接近于 0 时，角频率接近于系统的固有频率 ω_0，振幅 θ_2 随之增大。振幅 θ_2 和相位差 φ 随频率比 ω/ω_0 变化的曲线称为幅频特性曲线和相频特性曲线，如图 2.16-1 和图 2.16-2 所示。

[实验内容]

1. 实验准备

打开实验仪背面的面板电源开关后，屏幕上出现仪器名称界面，如图 2.16-3(a)所示，按下"确认"键进入图 2.16-3(b)所示的菜单选择界面。

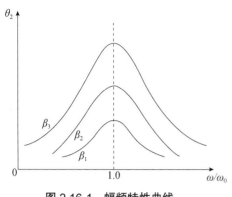

图 2.16-1　幅频特性曲线

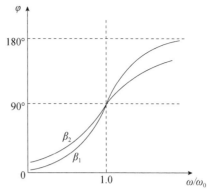

图 2.16-2　相频特性曲线

面板上的"◄"键表示光标向左移动,"►"键表示光标向右移动,"▲"键表示光标向上移动,"▼"键表示光标向下移动。

2. 自由振动——摆轮振幅与系统固有周期的测量

自由振动实验的目的是测量摆轮的振幅与系统固有振动周期的关系。在图 2.16-3(b)所示的菜单选择界面中选择"自由振动",进入图 2.16-3(c)所示的自由振动界面。

将摆轮转动 160°左右,放开后按"▲"或"▼"键,测量状态由"关"变为"开",实验仪开始记录实验数据。振幅的有效数值范围为 50°～160°(振幅大于 160°或小于 50°时测量状态为"关")。

可按"◄"或"►"键查询实验数据,图 2.16-3(d)表示第一次记录的振幅 $\theta=134°$,对应的周期 $T=1.442$s。

3. 测定阻尼系数

在菜单选择界面中选择"阻尼振动",进入图 2.16-3(e)所示的阻尼选择界面。阻尼分三个挡次,可根据实验要求选择合适的阻尼,之后进入图 2.16-3(f)所示的阻尼振动界面。

首先将角度盘指针放在 0°位置,将摆轮转动 160°左右,按"▲"或"▼"键,测量状态由"关"变为"开"。松开摆轮,实验仪开始记录数据,记录 10 组数据后,测量仪自动关闭,此时振幅大小还在变化,但仪器已经停止记录。

阻尼振动的查询操作与自由振动类似,请参照相关操作步骤。读出摆轮作阻尼振动时的振幅数值,求出 β 值的公式为

$$\ln \frac{\theta_0 e^{-\beta t}}{\theta_0 e^{-\beta(t+nT)}} = n\beta\overline{T} = \ln \frac{\theta_0}{\theta_n} \tag{2.16-8}$$

式中,n 为阻尼振动的周期数,θ_n 为第 n 次振动的振幅,$\overline{T}$ 为阻尼振动周期的平均值。

4. 测定强迫振动的幅频特性曲线和相频特性曲线

在进行强迫振动前必须先进行阻尼振动,否则无法进行实验。在图 2.16-3(b)所示的菜单选择界面中选择"强迫振动",进入图 2.16-3(g)所示的强迫振动界面。待摆轮和电动机的周期相同,特别是振幅已稳定时,表明两者已经稳定,方可开始测量,如图 2.16-3(h)所示。

测量前应先选中周期,按"▲"或"▼"键把周期由 1 改为 10,如图 2.16-3(i)所示,目的是为了减少误差。一次测量完成后,读取摆轮的振幅值,利用闪光灯测定强迫振动位移与强迫力间的相位差。

(a) 仪器名称界面	(b) 菜单选择界面	(c) 自由振动界面
(d) 查询实验数据界面	(e) 阻尼选择界面	(f) 阻尼振动界面
(g) 强迫振动界面	(h) 周期和振幅稳定界面	(i) 把周期由 1 改为 10

图 2.16-3　波尔共振仪的界面

调节"强迫力周期调节"旋钮，改变电动机的转速，即改变强迫力矩的频率 ω，从而改变电动机转动周期。改变强迫力矩的频率后，需要等待系统稳定，约 2min 后再返回到图 2.16-3(h)所示的状态，等待摆轮和电动机的周期相同后再进行测量。

共振点附近曲线变化较大，测量的数据也相对密集，此时电动机转速的极小变化会引起相位差的很大改变。建议在不同 ω 时都记下此值，以便快速寻找重新测量时的参考值。

测量相位时应把闪光灯放在电动机转盘的前下方，按下闪光灯按钮，根据频闪现象来测量，并仔细观察相位位置。

5. 关机

实验完毕后，将实验仪背面的电源开关打向"关"，关闭实验仪，结束实验。

［注意事项］

1. 进行强迫振动实验时，调节仪器面板上的"强迫力周期调节"旋钮，从而改变电动机转动周期，该实验必须做 10 次以上。

2. 在进行强迫振动实验时，必须当电动机与摆轮的周期相同（末位数差异不大于 2）即系统稳定后，方可记录实验数据。每次改变了强迫力矩的频率后，都需要重新等待系统稳定。

3. 闪光灯的高压电路及强光会干扰光电门采集数据，因此必须在测量完成后才可使用闪光灯读取相位差。

[数据处理]

1. 摆轮振幅与系统固有周期的测量

将实验数据填入表 2.16-1 所示的数据记录表中。

表 2.16-1　摆轮振幅与系统固有周期数据记录表

振幅 θ（°）	固有周期 T_0（s）	振幅 θ（°）	固有周期 T_0（s）	振幅 θ（°）	固有周期 T_0（s）

2. 计算阻尼系数

将实验数据填入表 2.16-2 所示的数据记录表中，对测得的实验数据按逐差法进行处理，求出 β。

$$5\beta\overline{T} = \ln\frac{\theta_i}{\theta_{i+5}} \tag{2.16-9}$$

式中，i 为阻尼振动的周期数，θ_i 为第 i 次振动的振幅。

表 2.16-2　计算阻尼系数数据记录表

序号	周期 T_i（s）	振幅 θ_i（°）	序号	周期 T_i（s）	振幅 θ_i（°）	$\ln\dfrac{\theta_i}{\theta_{i+5}}$
1			6			
2			7			
3			8			
4			9			
5			10			
平均周期 $\overline{T}$（s）						$\ln\dfrac{\theta_i}{\theta_{i+5}}$ （平均值）

3. 测定幅频特性曲线和相频特性曲线

（1）将记录的实验数据填入表 2.16-3 所示的数据记录表中，并查询振幅 θ 与固有周期 T_0

的对应表，获取对应的 T_0。

（2）以 ω/ω_0 为横轴，以 θ 为纵轴，画出幅频特性曲线；以 ω/ω_0 为横轴，以 φ 为纵轴，画出相频特性曲线。

（3）进行误差分析并根据实验结果进行实验总结。

表 2.16-3　幅频特性和相频特性数据记录表

阻尼挡位：_____

脉冲频率（Hz）	强迫力矩周期 T（s）	振幅测量值 θ（°）	与振幅 θ 对应的固有周期 T_0（s）	相位差测量值 φ（°）	相位差理论值（°）$\varphi=\tan^{-1}\dfrac{\beta T_0^2 T}{\pi(T^2-T_0^2)}$	频率比例 $\dfrac{\omega}{\omega_0}$

［附录］THQBE-1 型波尔共振实验仪

THQBE-1 型波尔共振实验仪由实验仪和实验对象两部分组成。实验对象如图 2.16-4 所示，铜质摆轮 A 安装在机架上，蜗卷弹簧 B 的一端与 A 的轴相连，另一端固定在机架支柱上。在弹簧弹力的作用下，摆轮可绕轴进行自由往复摆动。摆轮的外围有一圈缺口，其中一个长形凹槽 C 比其他凹槽长。

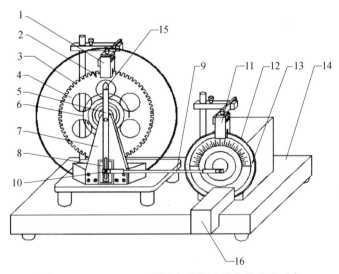

图 2.16-4　THQBE-1 型波尔共振实验仪的实验对象

1—光电门 H；2—长形凹槽 C；3—短凹槽 D；4—铜质摆轮 A；5—摇杆 M；6—蜗卷弹簧 B；7—支承架；
8—阻尼线圈 K；9—连杆 E；10—摇杆调节螺钉；11—光电门 I；12—角度盘 G；13—有机玻璃转盘 F；
14—底座；15—弹簧夹持螺钉 L；16—闪光灯

　　机架上对准长形凹槽 C 处有一个光电门 H，它与实验仪相连，用来测量摆轮的振幅和振动周期。机架下方有一对带有铁芯的阻尼线圈 K，铜质摆轮 A 嵌在铁芯的空隙中，当线圈中通过直流电流时，摆轮受到电磁阻尼的作用，改变电流的大小即可使阻尼大小发生相应变化。

　　电动机轴上装有偏心轮，通过连杆 E 带动铜质摆轮 A，电动机轴上装有带刻线的有机玻璃转盘 F，F 随电动机一起转动，由 F 可以从角度盘 G 上读出相位差 φ。调节实验仪上的电动机转速，使电动机的转速在实验范围（30～45 转/分）内连续可调。电路中采用特殊稳速装置，电动机采用惯性很小的带有测速发电机的特种电动机，所以转速极为稳定。电动机的有机玻璃转盘 F 上装有两个挡光片。在角度盘 G 中央上方 90°处也有光电门 I（强迫力矩信号），并与实验仪相连，以测量强迫力矩的周期。

　　强迫振动时铜质摆轮 A 与外力矩的相位差是利用小型闪光灯来测量的。闪光灯受摆轮信号光电门控制，当摆轮上的长形凹槽 C 通过平衡位置时，光电门 H 接收光，引起闪光，这一现象称为频闪现象。在稳定情况下，在闪光灯照射下可以看到有机玻璃转盘 F 一直"停在"某一刻度处，此数值可方便地读出，误差不大于 2°。

　　光电门 H 测出摆轮 A 上的缺口个数，并在实验仪的液晶显示屏上直接显示出摆轮振幅，精度为 1°。

　　THQBE-1 型波尔共振实验仪的前面板和后面板分别如图 2.16-5 和图 2.16-6 所示。通过"强迫力周期调节"旋钮可改变强迫力矩的周期。

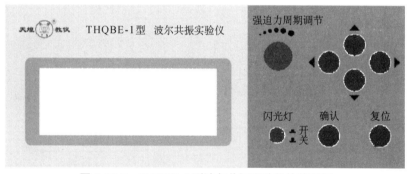

图 2.16-5　THQBE-1 型波尔共振实验仪的前面板

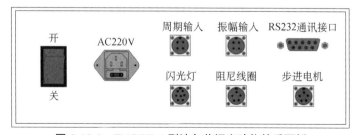

图 2.16-6　THQBE-1 型波尔共振实验仪的后面板

　　实验时可以通过软件控制阻尼线圈内的直流电流大小，从而改变摆轮系统的阻尼系数。阻尼挡位的选择可以通过软件控制，共分为 3 挡，分别是"弱""中""强"。阻尼电流由恒流源提供，在实验时要根据不同情况进行选择。

2.17　光的等厚干涉

| 视频-光的等厚干涉—实验原理 | PPT-光的等厚干涉—实验原理 | 视频-光的等厚干涉—实验测量 | PPT-光的等厚干涉—实验测量 |

牛顿环和劈尖是光的等厚干涉中两个典型的干涉装置，在科研和工业生产中有广泛的应用。牛顿环和劈尖的应用有：检测透镜的曲率半径；测量光波的波长；测量微小长度、微小厚度和微小角度等；检测物体表面的光洁度、平整度等。

［实验目的］

1. 观察光的等厚干涉现象，了解等厚干涉的特点。
2. 掌握使用读数显微镜测量平凸透镜的曲率半径以及测量微小厚度的方法。
3. 学习用逐差法处理数据的方法。

［实验仪器］

读数显微镜、钠光灯、牛顿环、劈尖。

［实验原理］

1. 牛顿环

牛顿环是将一块曲率半径 R 较大的平凸透镜的凸面放在一块玻璃板上构成的，如图 2.17-1 所示。平凸透镜

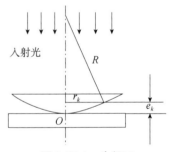

图 2.17-1　牛顿环

的凸面与玻璃板之间的空气层厚度从中心 O 到边缘逐渐增加，且关于中心 O 对称。当波长为 λ 的平行单色光自上而下垂直照射时，经空气层上、下表面反射的两束光产生光程差，它们在平凸透镜的凸面相遇后，产生干涉。从透镜上方看到的干涉条纹是以接触点为中心的一系列明暗相间的同心圆环，称为牛顿环。

入射光是垂直入射的，计算上下两条反射光的光程差时要考虑反射光的半波损失带来的附加光程差 $\dfrac{\lambda}{2}$，所以第 k 级条纹对应的两束相干光的光程差为

$$\delta_k = 2e_k + \frac{\lambda}{2} \tag{2.17-1}$$

式中，e_k 是牛顿环空气层的厚度。牛顿环产生暗条纹的条件是

$$\delta_k=2e_k+\frac{\lambda}{2}=(2k+1)\frac{\lambda}{2}\ (k=0,1,2,\cdots) \tag{2.17-2}$$

整理后得到暗条纹的空气层厚度满足

$$2e_k=k\lambda\ (k=0,1,2,\cdots) \tag{2.17-3}$$

由此可见，接触点 O 处 $e_k=0$、$k=0$，对应的是零级暗条纹。

产生亮条纹的条件是

$$\delta_k=2e_k+\frac{\lambda}{2}=k\lambda\ (k=0,1,2,\cdots) \tag{2.17-4}$$

由于一般测量时均使用暗条纹，所以本书对亮条纹不再详细叙述。

由图 2.17-1 可知，R 为平凸透镜的曲率半径，r_k 为第 k 级暗条纹的半径，则有

$$R^2=r_k^2+(R-e_k)^2=r_k^2+R^2-2Re_k+e_k^2 \tag{2.17-5}$$

由于 $R\gg e_k$，所以可略去二阶微小量 e_k^2，于是有

$$2e_k=\frac{r_k^2}{R} \tag{2.17-6}$$

将式（2.17-6）代入式（2.17-3），可得暗条纹的半径为

$$r_k=\sqrt{kR\lambda}\ (k=0,1,2,\cdots) \tag{2.17-7}$$

式（2.17-7）说明，如果单色光的波长 λ 已知，并测出第 k 级暗条纹的半径 r_k，则可得出透镜的曲率半径 R；反之，如果 R 已知，测出第 k 级暗条纹的半径 r_k，就可以计算出入射单色光的波长 λ。

牛顿环的干涉条纹并不是等间距的，由式（2.17-7）可知，随着 r_k 增大，条纹将越来越密且变细。在实际应用式（2.17-7）进行测量时，往往误差很大。因为透镜凸面和玻璃板不可能是理想的点接触，接触压力会引起局部变形，使接触处成为一个圆面，此时牛顿环的中心是一个不清晰的暗斑。如果接触点有微小的灰尘，将引起附加的光程差，这时牛顿环的中心可能出现亮斑，这样就无法确定牛顿环条纹的几何中心，带来较大的系统误差。

通过测量距中心较远的两个暗环的半径可以消除以上系统误差，设附加厚度为 a，则产生暗条纹的条件是

$$\delta_k=2(e_k+a)+\frac{\lambda}{2}=(2k+1)\frac{\lambda}{2}\ (k=0,1,2,\cdots) \tag{2.17-8}$$

即

$$e_k=k\frac{\lambda}{2}-a \tag{2.17-9}$$

把式（2.17-9）代入式（2.17-6），得

$$r_k^2=kR\lambda-2Ra$$

取第 m、n 级条纹，则对应的暗条纹半径分别为

$$r_m^2=mR\lambda-2Ra \tag{2.17-10}$$
$$r_n^2=nR\lambda-2Ra \tag{2.17-11}$$

将式（2.17-10）与式（2.17-11）相减得

$$r_m^2-r_n^2=(m-n)R\lambda \tag{2.17-12}$$

由此可见，$r_m^2-r_n^2$ 与附加厚度 a 无关。

暗条纹的圆心不易确定，用直径替换半径，得

$$D_m^2-D_n^2=4(m-n)R\lambda \tag{2.17-13}$$

透镜的曲率半径为

$$R=\frac{D_m^2-D_n^2}{4(m-n)\lambda}\qquad(2.17\text{-}14)$$

2. 劈尖

取两块玻璃片，使其一端相接，另一端放入一个薄片（例如纸片），在两个玻璃片之间形成空气劈尖，如图 2.17-2 所示。

当平行单色光垂直照射时，空气劈尖的上表面和下表面的两条反射光相干，并在上表面形成一组与劈尖棱边平行、等间距的明暗相间的干涉条纹。与牛顿环一样，它也是等厚干涉条纹，两束反射光的光程差为

$$\delta_k=2e_k+\frac{\lambda}{2}\qquad(2.17\text{-}15)$$

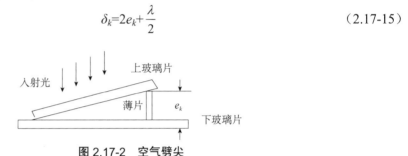

图 2.17-2　空气劈尖

产生暗条纹的条件是

$$\delta_k=2e_k+\frac{\lambda}{2}=(2k+1)\frac{\lambda}{2}\quad(k=0,1,2,\cdots)\qquad(2.17\text{-}16)$$

整理后得到暗条纹的空气层厚度 e_k 满足

$$e_k=\frac{k}{2}\lambda\qquad(2.16\text{-}17)$$

可见 $k=0$ 时，厚度 $e_0=0$，即劈尖的棱边处为零级暗纹。如果薄片处的暗条纹为第 n 级，则其对应的空气层厚度为

$$e_n=\frac{n}{2}\lambda\qquad(2.17\text{-}18)$$

如果已知入射光的波长 λ，就可求出薄片的厚度。

［实验内容］

1. 观察牛顿环的干涉图样

（1）光源应与读数显微镜上的 45°玻璃片基本等高，将牛顿环置于物镜的正下方，调节显微镜与光源的相对位置，转动玻璃片使视场内各部分明亮且均匀。

（2）调节显微镜目镜，使十字叉丝清晰；自上而下调节物镜使干涉图样清晰；移动牛顿环，使中心暗斑（或亮斑）位于视场中心（十字叉丝中心处）；调节目镜系统，使十字叉丝的横丝与读数标尺平行（注意不要破坏十字叉丝的清晰度）。

2. 测量牛顿环暗条纹的直径

（1）预先确定要测量哪些暗条纹的直径，分别读取这些暗条纹的左、右示值，如图 2.17-3

所示，每隔 5 个环记录一条数据，共记录 10 条不连续条纹的数据。

（2）为避免回程差，测量暗条纹的直径时要让显微镜的镜筒始终沿同一方向移动（从左向右或从右向左）。为避免数错环，可采用分组间歇法，例如每数 5 环或 10 环休息一次。

（3）环心附近的暗条纹太粗，不易测准，应从条纹较细的环开始测量。

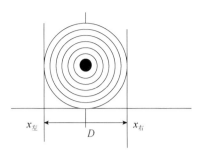

图 2.17-3　牛顿环暗条纹

3. 调整并观察劈尖的干涉图样，计算薄片的厚度

测量薄片与劈尖的棱边之间的距离 L。

［数据处理］

1. 测量平凸透镜的曲率半径

（1）将测量数据填入表 2.17-1 所示的数据记录表内，计算 $\overline{D_m^2 - D_n^2}$。

表 2.17-1　测量平凸透镜的曲率半径数据记录表

$\lambda = 5.893 \times 10^{-4} \text{mm}$ ；$m-n=10$；仪器误差 $\Delta_{仪} = 0.015\text{mm}$

环数 m	读数（mm）		直径 D_m （mm）	环数 n	读数（mm）		直径 D_n （mm）	$D_m^2 - D_n^2$ （mm²）	$\delta(D_m^2 - D_n^2)$ （mm²）
	左方	右方			左方	右方			
32				22					
30				20					
28				18					
26				16					
24				14					
				$\overline{(D_m^2 - D_n^2)} = $ _____ （mm²）					

其中，$\delta(D_m^2 - D_n^2) = (D_m^2 - D_n^2) - \overline{(D_m^2 - D_n^2)}$。

（2）确定平凸透镜曲率半径的最佳值 $\overline{R}$ 和不确定度 u_R。

曲率半径的最佳值为

$$\overline{R} = \frac{\overline{D_m^2 - D_n^2}}{4(m-n)\lambda}$$

不确定度为

$$u_A = S_{(D_m^2 - D_n^2)} = \sqrt{\frac{\sum \delta(D_m^2 - D_n^2)}{k-1}} \quad （本实验中 k=5）$$

$$u_{(D_m^2 - D_n^2)} = \sqrt{u_A^2 + \Delta_{仪}^2}$$

$$u_R = \frac{u_{(D_m^2 - D_n^2)}}{4(m-n)\lambda}$$

（3）写出实验结果：$R = \overline{R} \pm u_R (\text{mm})$。

2. 测量劈尖中薄片的厚度

（1）将数据填入表 2.17-2 所示的数据记录表内，并计算 L_{10} 的平均值。

表 2.17-2　测量劈尖中薄片的厚度数据记录表

$\lambda = 5.893 \times 10^{-4}\,\text{mm}$；仪器误差 $\Delta_{\text{仪}} = 0.015\,\text{mm}$

序次	L_{x+10}（mm）	L_x（mm）	$L_{10} = \lvert L_{x+10} - L_x \rvert$（mm）	$\overline{L}_{10}$（mm）	δL_{10}（mm）
1					
2					
3					
4					
5					

（2）劈尖的棱边到薄片处的长度为：$L_0 = \underline{\quad}$ mm、$L_{10} = \underline{\quad}$ mm、$L = L_{10} - L_0 = \underline{\quad}$ mm。

（3）计算薄片厚度的最佳值 $\overline{e}_{10}$ 和不确定度 $u_{e_{10}}$。

$$\overline{e}_{10} = 5\lambda \frac{L}{\overline{L}_{10}}$$

$$u_{L_{10}} = \sqrt{S_{L_{10}}^2 + \Delta_{\text{仪}}^2}$$

$$\frac{u_{e_{10}}}{\overline{e}_{10}} = \sqrt{\left(\frac{u_{L_{10}}}{\overline{L}_{10}}\right)^2 + \left(\frac{\Delta_{\text{仪}}}{L}\right)^2}$$

测量结果表示为

$$e_{10} = \overline{e}_{10} \pm u_{e_{10}}$$

［思考题］

习题-光的
等厚干涉

1. 通过牛顿环实验，可由 R 求 λ，也可由 λ 求 R。但在计算时为什么将公式 $r_k = \sqrt{kR\lambda}$ 中的 r_k 变为半径的平方差？它在减小测量误差方面有哪些好处？

2. 牛顿环实验中为什么把测量 r_m 变为测量 D_m？

3. 如何避免回程差？

2.18　迈克尔逊干涉仪的调节和使用

视频-迈克尔逊干涉仪的
调节和使用—实验原理

PPT-迈克尔逊干涉仪的
调节和使用—实验原理

视频-迈克尔逊干涉仪的
调节和使用—实验测量

PPT-迈克尔逊干涉仪的
调节和使用—实验测量

迈克尔逊干涉仪是 1883 年美国物理学家迈克尔逊和莫雷合作设计制作的精密光学仪

器。迈克尔逊曾用它做了三个闻名于世的实验：迈克尔逊—莫雷实验、分析光谱的精细结构、用光波波长标定米原器。

迈克尔逊干涉仪是用分振幅法产生双光以实现干涉的仪器。它是对近代物理学有重要影响的光学仪器，以它为基础发展了多种专用于干涉的仪器，例如泰曼干涉仪、傅里叶干涉分光计、法布里—珀罗干涉仪等。

［实验目的］

1. 了解迈克尔逊干涉仪的结构，掌握其调节方法。
2. 观察等倾干涉和等厚干涉现象。
3. 测定光波波长。

［实验仪器］

迈克尔逊干涉仪、钠光灯、氦氖激光器。

［实验原理］

1. 迈克尔逊干涉仪的干涉原理

迈克尔逊干涉仪的原理图如图 2.18-1 所示，S 为激光器光源；G_1 为分束板；G_2 为补偿板，材料及厚度均与 G_1 相同，且与 G_1 平行；M_1、M_2 为平面反射镜，也是活动镜。

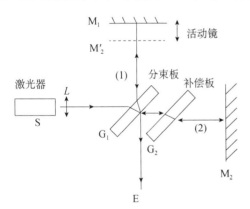 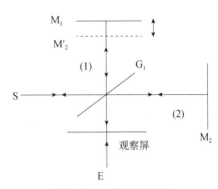

图 2.18-1　迈克尔逊干涉仪的原理图　　　　图 2.18-2　简化光路图

光源 S 发出的光束射向 G_1，在半镀银面上分成两束光。光束（1）受半镀银面反射折向 M_1，光束（2）透过半镀银面射向 M_2。G_1 与 M_1、M_2 均成 45°角，所以两束光都垂直射向 M_1 和 M_2，经反射后射向观察者 E（或接收屏），相遇后发生干涉。加入 G_2 后，两束光都经过玻璃三次，其光程差是因为 M_1、M_2 与 G_1 的距离不同。

由此可见，这种装置使相干的光束在相干之前分别"走"了很长的路程。为清楚起见，光路可简化为图 2.18-2，观察者自 E 向 G_1 看去，直接看到 M_2 在 G_1 中的反射像，此虚像以 M_2' 表示。对于观察者来说，M_1、M_2 引起的干涉显然与 M_1、M_2' 之间的空气层引起的干涉等效。因此在考虑干涉时，M₁、M₂′之间的空气层就成为仪器的主要部分。本仪器的优点就在于 M₂′不是实物，因而可以任意改变 M₁、M₂′之间的距离——可以使 M₂′在 M₁ 的前面或后面，也可以使它们完全重叠或相交。

2. 等倾干涉的原理

当 M₁ 和 M₂ 垂直时，M₁ 和 M₂′（M₂ 的像）完全平行，这就相当于 M₁ 和 M₂ 间形成空气层。M₁ 和 M₂′反射两束光的光程差为

$$\delta = 2e\cos i \tag{2.18-1}$$

式中，e 为 M₁ 和 M₂′间的距离，i 为入射光在 M₁、M₂′表面的入射角。当 $\delta = k\lambda$ 时，干涉产生亮圆环。

当 e、λ 一定时，光程差只取决于入射角。如图 2.18-3 所示，在垂直于观察方向的光源平面 E 上，圆周上各点发出的光以相同的倾角 i 入射到 M₁ 和 M₂′之间的空气层，在接收屏 E 上形成同心圆环的干涉图样，其位置取决于光程差 δ，这种现象称为等倾干涉。

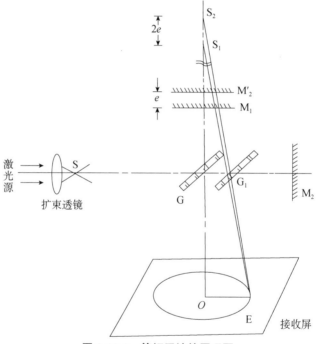

图 2.18-3　等倾干涉的原理图

在同心圆环中心，$i=0$，$\delta=2e$，光程差最大，干涉级次最高，从中心向外级次逐次降低。当眼睛盯着第 k 级亮圆环不动时，改变 M₁ 的位置，使 M₁ 和 M₂′的距离增大，但要保持 $2e\cos i_k=k\lambda$ 不变，则必须减小 $\cos i_k$，因此 i_k 必须增大——这就意味着干涉条纹从中心向外"冒出"。反之，当 e 减小时，$\cos i_k$ 必然增大，这就意味着 i_k 减小，相当于干涉圆环一个一个向中心"缩进"。在 $i=0$ 时，$2e=k\lambda$，则

$$e=\frac{\lambda}{2}k \tag{2.18-2}$$

可见，当 M₁ 和 M₂′之间的距离增大（或减小）$\frac{\lambda}{2}$ 时，干涉条纹就从中心"冒出"（或向

中心"缩进")一圈。如果在迈克尔逊干涉仪上读出始、末态的 e，并数出干涉图形变化（"冒出"或"缩进"）的圈数 k，就可以计算出光波的波长 λ。

3. 等厚干涉的原理

当 M_1 和 M_2' 相距很近并呈很小的角度时，就形成一个空气劈尖。在劈尖很薄的情况下，从 E 处便可看到等厚干涉条纹，M_1 和 M_2' 交线处的直条纹称为中央条纹。在交线附近，e 很小，条纹为一组近似与中央条纹平行的等间距直条纹，可视为等厚条纹。离交线较远处，e 变大，条纹发生弯曲。在劈尖交线处，i 的变化可以忽略，$\cos i$ 可视为常量。在远离交线处，光程差 δ 除了与膜厚度有关，还受 i 的影响。

4. 白光干涉条纹（彩色条纹）的原理

干涉条纹的明暗取决于光程差与波长的关系。当用白光光源时，在 $e=0$ 处，所有光程差均为 0，故中央条纹仍为白色。在中央白条纹两侧，不同波长的光得到加强，有十几条对称分布的彩色条纹。e 增大时，不同波长的光产生暗纹的情况也不同，所产生的明、暗条纹相互重叠，显示不出条纹。只有用白光才能判断出中央明纹，利用它可确定 $e=0$ 的位置。

[实验内容]

1. 调整干涉仪

迈克尔逊干涉仪的结构如图 2.18-4 所示。M_1 装在拖板上，可沿导轨平移，故称为移动镜。M_2 固定在仪器上，称为固定镜。调整光学系统的中心问题是调节 M_1 和 M_2 之间相对方位，从而得到不同性质的干涉条纹。

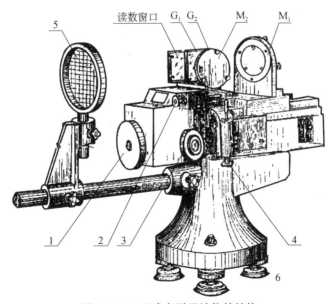

图 2.18-4 迈克尔逊干涉仪的结构

1—粗动手轮；2—水平微调螺钉；3—微动手轮；4—垂直微调螺钉；5—接收屏；6—调平螺钉

M_1 和 M_2 的背面各装有 3 只调节螺钉。为了便于精确调节 M_2 的镜面法线方位，还备有水平微调螺钉和垂直微调螺钉，它们能使条纹水平或垂直移动。

2. 用氦氖激光器作为光源进行调整

（1）使 He—Ne 激光束大致垂直于 M_2，调整激光器的位置，使反射回来的光束原路返回。

（2）去掉接收屏，可看到分别由 M_1 和 M_2 反射到眼睛的 2 排光点，每排有 4 个光点，中间 2 个较亮，旁边 2 个较暗。调节 M_2 背面的 3 只螺钉，使 2 排中 2 个最亮的光点大致重合，此时 M_1 和 M_2 大致垂直。这时放上接收屏，一般会在屏上出现很密的干涉条纹。

（3）调节 M_2 镜座下的微调螺钉，直至看到圆心在视场中央并出现清晰的圆形干涉条纹。如果使用微调螺钉仍然看不到清晰的条纹，可再仔细微调 M_2 的螺钉，使条纹逐渐清晰。

3. 调节读数系统

为了确定 M_1 和 M_2' 之间的距离，仪器配有测量移动镜 M_1 位置的读数装置，由主尺、粗动手轮和微动手轮三部分组成。主尺装在导轨上，粗动手轮每转一圈，M_1 移动 1mm。微动手轮每转一周，粗动手轮走 1 格。微动手轮一圈有 100 格，所以微动手轮每转一格，M_1 移动 0.0001mm。因此测 M_1 的移动距离时，如果主尺读数为 m（mm），粗动手轮读数为 l（mm），微动手轮读数为 n（mm），则有

$$e = m + l\frac{1}{100} + n\frac{1}{10000}(\text{mm})$$

调节读数系统的步骤如下。

（1）粗调。顺时针转动粗动手轮，使主尺刻度值为 30mm 左右（因为 M_2 与 G_1 的距离是 32mm 左右），便于观察到干涉图形。

（2）调零。在测量过程中只能转动微动手轮，而不能转动粗动手轮。为了使读数指示正常，需要调零，其方法是：先将微动手轮指示线对准"0"刻度线，再将粗动手轮的指示线转到 0.01mm 刻度线处（此时微动手轮并不跟随转动，仍对准"0"刻度线），"调零"完毕。

（3）消除回程差。上述步骤完成后，并不能马上测量，还必须消除回程差。为此，使微动手轮顺时针（或逆时针）转动若干周后，再开始记数、测量。在测量过程中必须向同一方向转动微动手轮。

4. 测量 He—Ne 激光的波长

（1）缓慢转动微动手轮，使环心是一个暗纹或明纹，记下这时 M_1 的起始位置 e。

（2）缓慢转动微动手轮，可观察到条纹一个一个地"冒出"或"缩进"，每当"冒出"或"缩进"50 个圆环时记下 e_{50}，直到 e_{350}。

5. 观察等厚干涉条纹的变化（选做）

在观察等倾干涉条纹的基础上，继续增大或减小光程差，使 e 接近于 0（即在转动微调手轮时，使 M_1 远离或接近 G_1，使 M_1 和 G_1 的距离逐渐等于 M_2 和 G_1 之间的距离），这时可以看到等倾干涉条纹的圆环由小变大，并变疏，条纹慢慢变直，直至视场内只能看到 1～2 个条纹。这时轻微调节 M_2 背后的螺钉，使 M_2' 与 M_1 间有一个小夹角，这时视场中出现平行、等距的直条纹，这便是等厚干涉条纹。

6. 观察白光彩色条纹（选做）

在观察等厚干涉条纹的过程中，当 $e=0$ 时，会出现等厚干涉，此时关闭 He—Ne 激光

器，利用白光作为光源，慢慢转动微动手轮，视场中会出现彩色条纹。

7. 用钠光灯作为光源进行调整（选做）

在钠光灯与 G_1 之间放一个刻有十字叉丝的毛玻璃，使它们的中心等高，并与 M_2 保持平行。

（1）粗调。眼睛沿 E、G_1、M_1 方向观察。如果仪器未调好，会在视场中看到十字叉丝的双影。仔细调节 M_2 背后的调节螺钉，直至双影叠合，这时可看到密而细的干涉条纹。

（2）细调。仔细调节 M_2 背后的螺钉，使条纹清晰且疏密适中。然后调节 M_2 旁的微调螺钉，使条纹成圆环，环心呈现在视场中央，且眼睛上下、左右晃动时，圆环不会"冒出"或"缩进"（即无视差）。此时，M_2 与 M_1 相互垂直，干涉仪调节完毕，可测量钠黄光的波长。

［数据处理］

1. 自拟表格记录 e_0、e_{50}、$\cdots$、e_{350}，用逐差法求出 $\Delta n=200$ 时，Δe 的平均值。

2. 由 $\lambda=2\Delta e/\Delta n$ 算出 $\bar{\lambda}$ 并与标准波长比较，计算百分误差（He—Ne 激光的波长为 632.8nm）。

A 类不确定度：$S_A = \sqrt{\dfrac{\sum\limits_{i=1}^{n}(\overline{\Delta e}-\Delta e_i)^2}{n(n-1)}}$　$(n=4)$；

B 类不确定度：$\Delta_B = \dfrac{1}{2}\times 10^{-4}\text{mm}=50\text{nm}$；

$\Delta_{\Delta e} = \sqrt{S_A^2 + \Delta_B^2} = \underline{\hspace{5cm}}$；

$\Delta_{\lambda} = \dfrac{2\Delta_{\Delta e}}{\Delta n} = \underline{\hspace{5cm}}$；

相对误差 $\eta = \dfrac{\Delta_{\lambda}}{\bar{\lambda}}\times 100\%$；

实验结果表示为 $\lambda = \bar{\lambda} \pm \Delta_{\lambda}$。

［思考题］

1. 迈克尔逊干涉仪的干涉原理是怎样的？为什么它可以观察到不同性质的条纹？

2. 迈克尔逊干涉仪的光路调整要求是什么？为什么？

3. 如何避免测量过程中的回程差？

4. 是否所有圆条纹都是等倾干涉？你能列举出哪些圆条纹不是等倾干涉吗？

习题-迈克尔逊
干涉仪的调节
和使用

2.19 分光计的调整及光栅衍射

视频-分光计的调整及   PPT-分光计的调整及   视频-分光计的调整及   PPT-分光计的调整及
光栅衍射—实验原理   光栅衍射—实验原理   光栅衍射—实验测量   光栅衍射—实验测量

  分光计是用来精确测量入射光和出射光之间偏转角度的一种仪器，可以测量折射率、光波波长等物理量。分光计的结构复杂、装置精密，调节要求也比较高，使用时必须严格按要求和步骤仔细地调节。分光计的结构是许多其他光学仪器（例如摄谱仪、单色仪、分光光度计等）的基础。

〔实验目的〕

  1. 了解分光计的结构和各部分的作用，掌握分光计的调节和使用方法。
  2. 观察光栅的衍射光谱，用光栅测定汞原子光谱中部分谱线的波长。
  3. 利用布儒斯特定律测量透明介质的折射率。

〔实验仪器〕

  JJY-1 型分光计及其附件、汞灯、全息光栅、偏振片、玻璃片。

〔实验原理〕

  光栅是大量相互平行、等宽、等距狭缝的组合，通常分为透射光栅和平面反射光栅。透射光栅是用金刚石刻刀在平面玻璃上刻许多平行线制成的，被刻的线是光栅中不透光的间隙。实验室常用的光栅是用上述光栅复制而成的，一般每毫米有 250～600 条线。随着激光技术的发展，现在又制造出了全息光栅。

  当一束平行单色光垂直照射到光栅平面上时，透过各狭缝的光线因衍射向各方向传播，经透镜会聚后相互干涉，并在透镜焦平面上形成一系列锐细的明条纹（称为谱线）。入射光与光栅法线的夹角为 φ（称为衍射角），相邻两束衍射光的光程差为

$$d\sin\varphi = k\lambda \tag{2.19-1}$$

时，在透镜焦点处产生明条纹。式中，λ 为入射光的波长，k 为谱线的级次。

  如果入射光为一束复色光，经光栅衍射后，在 $k=0$ 处，各色光迭加在一起呈原色，称为中央明纹。在中央明纹的两侧，同一级谱线按短波向长波方向散开形成彩色谱线，称为光栅的衍射光谱。

低压汞灯的第一级光栅衍射光谱如图 2.19-1 所示，每一级有四条特征谱线：紫色 435.8nm；绿色 546.1nm；黄色 577.0nm 和 579.0nm。

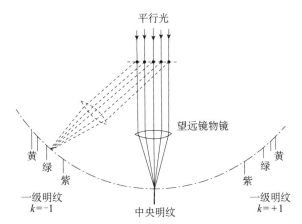

图 2.19-1　低压汞灯的第一级光栅衍射光谱

设透射光栅的缝宽为 a，不透光部分的宽度为 b，则 $d=a+b$ 称为光栅常数。如果已知光栅常数，用分光计测出第 k 级谱线中某一明条纹的衍射角 φ_k，可计算出该明条纹所对应的单色光的波长。

[实验内容]

1. 调节分光计

根据反射和折射定律，分光计必须满足以下要求：入射光线和出射光线是平行光；入射光线、出射光线与反射面（或折射面）的法线所构成的平面与分光计的刻度盘平行。

调节分光计需要达到以下要求：平行光管能发出平行光；望远镜能接收平行光；望远镜和平行光管的光轴所组成的平面垂直于仪器中心旋转轴；望远镜光轴与平行光管光轴所组成的平面与载物台平面及刻度盘平面平行。为此，必须按下列步骤进行调节。

（1）目测粗调

调节载物台的三个调平螺钉，使载物台水平。调节望远镜的倾斜度，使望远镜与平行光管的光轴大致同轴。目测是细调的前提，也是分光计能否被顺利调到可测量状态的前提。

（2）调节望远镜

① 望远镜调焦。将分划板上的十字叉丝调整到物镜的焦平面上，让望远镜聚焦于无穷远，使望远镜适合接收平行光。调焦步骤如表 2.19-1 所示。

表 2.19-1　望远镜调焦步骤

调节要求	清晰地看到十字叉丝和透光小十字	
调节步骤	现象说明	视场显示
① 通电照明十字叉丝和透光小十字； ② 旋转目镜，调节目镜和分划板的相对位置	使十字叉丝和透光小十字由模糊变清晰	

② 目镜调焦。调焦步骤如表 2.19-2 所示。

表 2.19-2　目镜调焦步骤

调节要求	使分划板处于物镜的焦平面上	
标志	采用自准法，在视场中同时看清小十字及其反射的自准像	
调节步骤	现象说明	视场显示
① 开启狭缝，使光源照明狭缝，在望远镜中看到较清晰的狭缝	左右转动载物台，使视场中出现狭缝像的一部分尾部（或头部）	
② 将平面镜置于载物台上，使望远镜的光轴大致垂直于平面镜	调节载物台螺钉或望远镜螺钉，使狭缝像上移（或下移），这时，小十字像也跟着出现在视场中	
③ 前后移动目镜系统，调节分划板与物镜的间距	从目镜中清晰地看到小十字像	

③ 望远镜与载物台联合调节，调节步骤如表 2.19-3 所示。

表 2.19-3　望远镜与载物台联合调节步骤

调节要求	使望远镜光轴与仪器中心旋转轴垂直，并使载物台与中心旋转轴垂直	
标志	采用望远镜与载物台各半调节法，使平面镜在载物台的两个方位上前、后表面反射回来的小十字像始终与分划板的"上十字叉丝"重合	
调节步骤	现象说明	视场显示
① 旋转载物台，使平面镜前、后表面反射的小十字像皆在望远镜视场内	如果看不到，可重复目镜调焦步骤，直到前、后表面均能看到小十字像；记其中一面小十字像与"上十字叉丝"的距离为 h	
② 调节载物台上的三个螺钉，使小十字像靠近"上十字叉丝"，使之距约为 $h/2$	调节载物台使小十字像到"上十字叉丝"的距离缩小一半	
③ 调节望远镜的俯仰角，使小十字象移至上十字叉丝	小十字像移至"上十字叉丝"	
④ 旋转载物台（180°），使平面镜另一反射面的小十字像落在远望镜视场内；用各半法使小十字像与"上十字叉丝"重合；反复旋转载物台使平面镜前、后表面的反射像均与"上十字叉丝"重合	均用望远镜与载物台各半调节法，直至满足要求；至此，望远镜光轴与仪器中心旋转轴垂直	

（3）调节平行光管

① 调节平行光管的步骤如表 2.19-4 所示。

表 2.19-4　调节平行光管的步骤

调节要求	使狭缝处于平行光管透镜的焦平面上
标志	在望远镜中能看到清晰的狭缝像，并与十字叉丝无视差

（续表）

调节步骤	现象说明	视场显示
① 目视：使平行光管的光轴与望远镜光轴大致平行（注意：望远镜已调好，只能调节平行光管的调节螺钉）	拿下平面镜，使望远镜正对平行光管，调节平行光管的仰角，使两者光轴大致平行	
② 使光源均匀照亮狭缝，调节狭缝宽度，通过望远镜观察，使缝宽约为 1mm	在望远镜中看到模糊的狭缝像，此时平行光管射出的还不是平行光	
③改变狭缝与平行光管透镜的间距，使视场中形成清晰的狭缝像	此时狭缝成像在十字叉丝平面上，通过平行光管的光是平行光	

② 使平行光管与望远镜共轴，调节步骤如表 2.19-5 所示。

表 2.19-5　使平行光管与望远镜共轴的步骤

调节要求	使平行光管与望远镜共轴	
标志	使狭缝像旋转 180°，前后两次均落在十字叉丝的水平横线上，或处于水平横线的对称位置	
① 微调平行光管的俯仰角，使狭缝像的水平中心线与十字叉丝的水平横线重合	此时平行光管已与望远镜共轴	
② 将狭缝旋转 180°，使狭缝像旋转前后处于十字叉丝水平横线的对称位置	如果旋转 180°后狭缝像仍与十字叉丝的水平横线重合，说明已调好；如果偏离十字叉丝的水平横线，则应微调平行光管的俯仰角，使旋转前后狭缝像相对于十字叉丝的水平横线对称	

至此，将狭缝旋转 90°，即可使用。

2. 测量汞原子光谱中部分谱线的波长

（1）调节光栅

① 使光栅平面与平行光管的光轴垂直。将光栅置于载物台上，如图 2.19-2 所示，光栅平面垂直于水平调节螺钉 a、b 的连线，使望远镜与平行光管共轴，光栅光谱的中央明纹与十字叉丝的竖线重合。以光栅平面作为反射面，仅调节载物台的水平调节螺钉 b 或 c 使光栅平面反射回来的绿色小十字像与"上十字叉丝"重合，然后旋紧游标圆盘止动螺钉，锁定游标圆盘。

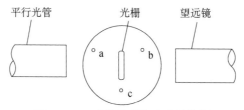

图 2.19-2　光栅在载物台上的位置

② 使光栅刻线与仪器中心旋转轴平行。经过光栅衍射的光谱线都处于与光栅刻痕方向垂直的平面内（图 2.19-3 中的平面 OPQ），所以要使衍射角所在平面与度盘平面（图 2.19-3 中的平面 OMN）平行，就必须使 OO′ 与度盘的转轴 OO″（分光计中心主轴）平行，这时衍射角 φ_k 才与度盘读数 φ'_k 相等，否则会造成读数误差。调节时，转动望远镜，观察左右两侧各级谱线的分布情况。如果发现两侧谱线不在同一高度，可通过调节载物台的水平调节螺钉使各级光谱线等高，这时光栅刻线即平行于仪器中心旋转轴。

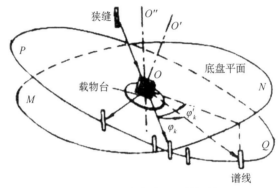

图 2.19-3　分光计平面的调整

③ 使狭缝与光栅刻痕平行。微微旋转狭缝，使光谱线垂直于望远镜的转动方向。同时适当减小狭缝宽度，使谱线锐细且有足够的亮度（以能分辨出黄色双线为准）。

（2）测量汞灯各谱线的衍射角

将望远镜正对平行光管，可以看到中央零级条纹（为白色）。将望远镜向右旋转，可依次看到各级谱线，称为 +1 级光谱，继续向右旋转出现 +2 级光谱。在左边同样可看到 −1 级和 −2 级光谱。

为了提高精度，一般测量中央零级条纹左右对应级次的衍射角 $2\varphi_k$，如图 2.19-4 所示，然后算出 φ_k。

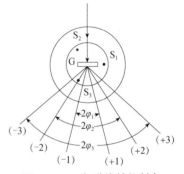

图 2.19-4　各谱线的衍射角

设 −2 级绿光谱线左、右游标读数分别为 θ_{-2} 及 θ'_{-2}，+2 级绿光谱线左、右游标读数分别为 θ_{+2} 及 θ'_{+2}，则 2 级绿光的衍射角 φ_2 为

$$\varphi_2 = \frac{1}{2}\left[\frac{1}{2}(|\theta_{+2} - \theta_{-2}| + |\theta'_{+2} - \theta'_{-2}|)\right]$$

3. 测量透明介质的折射率（选做）

请自行设计实验方案和实验步骤，利用布儒斯特定律测量透明介质的折射率。

[数据处理]

1. 原始数据记录及衍射角计算

本实验所用的光栅类型为平面全息光栅，将数据填入表 2.19-6 所示的数据记录表中。

表 2.19-6　数据记录表

谱线	$k=-2$		$k=+2$		衍射角
	左游标 θ_{-2}	右游标 θ'_{-2}	左游标 θ_{+2}	右游标 θ'_{+2}	$\varphi_2=\dfrac{1}{2}\left[\dfrac{1}{2}\left(|\theta_{+2}-\theta_{-2}|+|\theta'_{+2}-\theta'_{-2}|\right)\right]$
紫					
绿					
黄 1					
黄 2					

2. 数据处理

（1）根据绿光的波长写出光栅常数及不确定度

先写出绿光的衍射角 $\varphi_2 =$ _____ ，而 $\Delta_\varphi = \Delta_仪 = 1'$；再根据式（2.19-1）计算光栅常数 d，

而 $u_d = \dfrac{2\lambda\cos\varphi_2}{\sin^2\varphi_2}\Delta_{\varphi_2} =$ _____ ；最后将结果写为 $d \pm u_d =$ _____ mm。

（2）分别计算紫、黄 1 和黄 2 谱线的波长和不确定度

根据测得的紫、黄 1 和黄 2 谱线的原始数据分别求出它们的衍射角；再根据光栅常数 d 和 u_d 计算出紫、黄 1 和黄 2 谱线的波长 λ 及 Δ_λ。最后，将结果与理论波长进行比较（$\Delta_\lambda = \sqrt{\dfrac{1}{4}(\sin\varphi_2\Delta_d)^2 + \dfrac{1}{4}(d\cos\varphi_2\Delta_{\varphi_2})^2}$）。

3. 测量透明介质的折射率（选做）

表格自拟。

［思考题］

习题-分光计的
调整及光栅衍射

1. 应用光栅方程进行测量的条件是什么？在实验中如何判断是否已经具备这些条件？

2. 光栅平面应如何正确地放在载物台上，这样放置有何优点？

3. 如果已调好分光计，但光栅平面与望远镜光轴不垂直，这是为什么？为什么这时只能调节载物台，而不能用望远镜与载物台的各半调节法进行调节？

4. 如果光栅平面与平行光管的光轴垂直，但光栅刻线与仪器中心旋转轴不平行，那么光谱排列会有何变化？应怎样调节？

［附录］分光计

任何一台分光计都必须具备以下四个主要部件：平行光管、望远镜、载物台、读数装置。分光计有多种型号，但结构大同小异。JJY-1 型分光计的外形和结构如图 2.19-5 所示。分光计的下部是一个三脚底座，其中心有竖轴，称为分光计的中心轴，轴上装有可绕轴转动的望远镜和载物台。

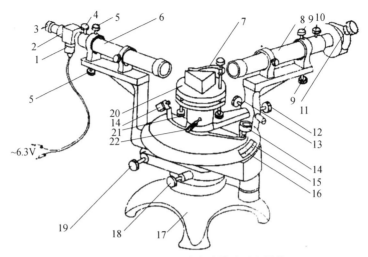

图 2.19-5　JJY-1型分光计的外形和结构

1—小灯；2—分划板套筒；3—目镜；4—目镜镜筒止动螺钉；5—望远镜倾斜度调节螺钉；6—望远镜；
7—夹持待测件的弹簧片；8—平行光管；9—平行光管倾斜度调节螺钉；10—狭缝套筒止动螺钉；
11—狭缝宽度微调螺钉；12—游标圆盘止动螺钉；13—游标圆盘微调螺钉；14—放大镜；15—游标圆盘；
16—刻度圆盘；17—底座；18—刻度圆盘止动螺钉；19—刻度圆盘微调螺钉；20—载物台；
21—载物台水平调节螺钉；22—载物台紧固螺钉

1. 平行光管（8）

平行光管用来产生平行光束，管的一端装有消色差透镜，另一端有一个伸缩套筒，套筒末端为可调狭缝。伸缩套筒可改变狭缝与透镜的间距，当其间距等于透镜焦距时，就能使照在狭缝上的光经会聚透镜折射后成为平行光，如图 2.19-6 所示。

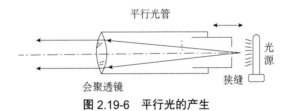

图 2.19-6　平行光的产生

2. 望远镜（6）

望远镜用来观察平行光并确定它的方位，由消色差物镜和目镜组成。如图 2.19-7（a）所示，A 为阿贝目镜，B 上装有全反射镜和分划板，C 上有一固定物镜。移动 A 可改变目镜与分划板的间距，使目镜视场中能清晰看到十字叉丝。前后移动 B 可以改变分划板与物镜的间距，使十字叉丝位于物镜的焦平面，则无穷远处的物体会成像在分划板上，即望远镜适于接收并观察平行光。这时，如果在物镜前放一个垂直于望远镜光轴的平面镜，灯泡会照亮十字叉丝并将发光"小十字"投射出去，经过物镜后变成平行光射到平面镜上，反射后重新折返并成像在物镜焦平面上，从而在目镜中清晰看到"小十字"和反射像。由于"小十字"与十字叉丝处于对称位置，所以当望远镜光轴与平面镜垂直时，"小十字"的反射像必与十字叉丝重合，如图 2.19-7（b）所示。

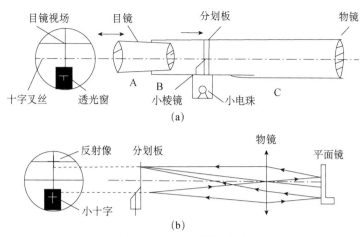

图 2.19-7 望远镜的结构

3. 载物台（20）

载物台是用来放置待测件的，台上附有夹持待测件的弹簧片（7）。台面下方装有三个水平调节螺钉，用来调整台面倾斜度，这三个螺钉的中心形成一个正三角形。松开载物台紧固螺钉（22），载物台可以单独绕分光计中心轴转动或升降。拧紧该螺钉，它将与游标圆盘固定在一起。游标圆盘可用游标圆盘止动螺钉（12）固定。

4. 读数装置

读数装置由刻度圆盘（16）和游标圆盘（15）组成，如图 2.19-8 所示。刻度圆盘的圆周等分成 720 格，1 格对应的角度为 30′，它的读数由游标读出。游标圆盘分成 30 格，其弧长等于刻度圆盘的 29 格，故为 1/30 游标。

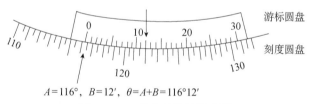

$A=116°$，$B=12′$，$\theta=A+B=116°12′$

图 2.19-8 分光计的读数装置

读数方法：从游标圆盘"0"线对准的刻度圆盘上读出 A（几度），再找出游标圆盘上与刻度圆盘重合的刻线，并读出 B（几分），A 与 B 之和即为该位置所处的角度值，即 $\theta=A+B$。

求望远镜转过角度的方法：设起始位置两游标的读数为 $\theta_{左}$ 与 $\theta_{右}$，转动后两游标的读数为 $\theta'_{左}$ 与 $\theta'_{右}$，则转过的角度为

$$\varphi=\frac{1}{2}\left[\frac{1}{2}\left(\left|\theta'_{左}-\theta_{左}\right|+\left|\theta'_{右}-\theta_{右}\right|\right)\right]$$

在计算望远镜转过的角度时，要注意望远镜是否经过了刻度圆盘的"0"线。以表 2.19-7 中的读数为例，左游标未经过零点，则转过角度为

$$\varphi=\theta'_{左}-\theta_{左}=119°58′$$

而右游标经过了零点，这时应按下式计算

$$\varphi = (\theta'_{右} + 360°) - \theta_{右} = (115°43' + 360°) - 355°45' = 119°58'$$

表 2.19-7　读数示例

望远镜的位置	θ	θ'
左游标	175°45'（$\theta_{左}$）	295°43'（$\theta'_{左}$）
右游标	355°45'（$\theta_{右}$）	115°43'（$\theta'_{右}$）

2.20　导热系数的测定

视频-导热系数的测量—实验原理　　PPT-导热系数的测量—实验原理　　视频-导热系数的测量—实验测量　　PPT-导热系数的测量—实验测量

　　导热系数是表征物质热传导性质的物理量。材料结构以及所含杂质都会对导热系数产生明显影响，因此，材料的导热系数常常需要通过实验来测定。测定导热系数的方法比较多，但可以归纳为两类，一类是稳态法，另一类为动态法。用稳态法时，先用热源对测试样品进行加热，并在样品内部形成稳定的温度分布，然后进行测定。用动态法时，待测样品中的温度分布是随时间变化的，例如按周期性变化等。本实验采用稳态法进行测定。

[实验目的]

　　1. 用稳态法测定不良导体的导热系数，并与理论值进行比较。
　　2. 用稳态法测定铝合金棒的导热系数，分析用稳态法测定导热系数存在的缺点。

[实验仪器]

　　THQDC-1 型导热系数测定仪、铝合金棒、待测不良导体。

[实验原理]

　　根据傅里叶导热方程式，在物体内部取两个垂直于热传导方向、彼此间距为 h、温度分别为 T_1、T_2 的平行平面（设 $T_1>T_2$），如果平面面积均为 S，则在 Δt 时间内通过面积 S 的热量 ΔQ 满足

$$\frac{\Delta Q}{\Delta t} = \lambda S \frac{(T_1 - T_2)}{h} \tag{2.20-1}$$

式中，$\dfrac{\Delta Q}{\Delta t}$ 为热流量；λ 为该物质的导热系数（又称为热导率），λ 在数值上等于间距为单位长度的两平面的温度相差 1 个单位时，单位时间内通过单位面积的热量，单位是 $\text{W} \cdot \text{m}^{-1}\text{K}^{-1}$。

THQDC-1 型导热系数测定仪的结构如图 2.20-1 所示。先在支架上放上散热圆铜盘 P，在 P 的上面放上待测样品 B（圆盘形状的不良导体），再把加热圆铜盘 A 放在 B 上。发热器通电后，热量从 A 传到 B，再传到 P。由于 A、P 都是良导体，其温度可以代表 B 盘上、下表面的温度 T_1、T_2，T_1、T_2 分别由插入 A、P 边缘小孔的铂电阻温度传感器来测量。通过变换温度传感器的插入位置，可以改变铂电阻温度传感器的测量目标。

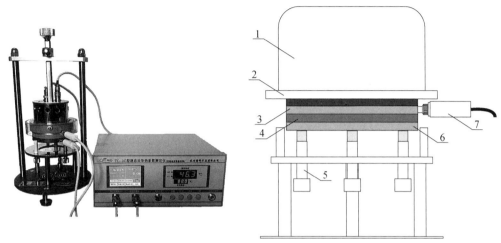

1—防护罩；2—加热盘；3—加热圆铜盘（A）；4—待测样品（B）；
5—调节螺杆；6—散热圆铜盘（P）；7—温度传感器（Pt100）

图 2.20-1　THQDC-1 型导热系数测定仪的结构

由式（2.20-1）可知，单位时间内通过待测样品任一圆截面的热流量为

$$\frac{\Delta Q}{\Delta t} = \lambda \frac{(T_1 - T_2)}{h_B} \pi R_B^2 \qquad (2.20\text{-}2)$$

式中，R_B 为样品的半径，h_B 为样品的厚度。

当热传导达到稳定状态时，T_1 和 T_2 不变，通过 B 表面的热流量与 P 向周围环境散热的速率相等，因此，可通过 P 在 T_2 时的散热速率来求出热流量 $\frac{\Delta Q}{\Delta t}$。实验中，在读得稳态时的 T_1 和 T_2 后，即可将 B 移去，使 A 的底面与 P 直接接触。当 P 的温度上升到高于 T_2 后，将 A 移开，让 P 自然冷却。观察温度 T 随时间 t 的变化情况，由此求出 P 在 T_2 下的冷却速率 $\frac{\Delta T}{\Delta t}\Big|_{T=T_2}$，$\frac{\Delta Q}{\Delta t} = mC \frac{\Delta T}{\Delta t}\Big|_{T=T_2}$（$m$ 为 P 的质量，C 为铜盘的比热容）是 P 在温度为 T_2 时的散热速率。

但要注意，这样求出的 $\frac{\Delta T}{\Delta t}$ 是 P 的全部表面暴露于空气中的冷却速率，其散热表面积为 $2\pi R_P^2 + 2\pi R_P h_P$（$R_P$ 与 h_P 分别为 P 的半径与厚度）。然而，在观察测试样品的稳态传热时，P 的上表面是被样品覆盖着的，根据物体的冷却速率与表面积成正比的原理，这部分面积在计算时应予以扣除。则 P 的冷却速率的表达式应修正为

$$\frac{\Delta Q}{\Delta t} = mC \frac{\Delta T}{\Delta t} \frac{\left(\pi R_P^2 + 2\pi R_P h_P\right)}{\left(2\pi R_P^2 + 2\pi R_P h_P\right)} \qquad (2.20\text{-}3)$$

将式（2.20-3）代入式（2.20-2）得

$$\lambda = mC\frac{\Delta T}{\Delta t} \cdot \frac{\left(R_{P} + 2h_{P}\right)h_{B}}{\left(2R_{P} + 2h_{P}\right)\left(T_{1} - T_{2}\right)} \cdot \frac{1}{\pi R_{B}^{2}} \tag{2.20-4}$$

［实验内容］

1. 测量散热圆铜盘和待测样品的直径、厚度

（1）用游标卡尺测量待测样品的直径和厚度，各测 5 次。

（2）用游标卡尺测量散热圆铜盘的直径和厚度，测 5 次，按平均值计算 P 的质量。也可直接用天平称出 P 的质量（产品出厂时 P 的质量已用钢印打在表面）。

2. 测定不良导体的导热系数

（1）实验时，先将待测样品 B（例如硅橡胶圆片）放在 P 上，然后将 A 放在 B 上，再调节三个螺杆，使样品的上、下表面与 A 和 P 紧密接触。

（2）将两个温度传感器插入 A 和 P 侧面的小孔中，并将温度传感器的接线连接到仪器面板的传感器插座上（每个温度传感器的误差不同，仪器出厂时已由厂方配对，使用时不要随意与其他仪器调换，如果必须调换也要成对调换）。用三根专用导线将仪器机箱后侧的插座与加热组件（加热、温控、风扇）上的插座连接。

（3）接通电源，在"温度控制"仪表中设置加温的上限温度（具体操作见附录）。按下"加热控制"开关，如果上限温度设置为100℃，那么当传感器的温度到达 100℃且加热 40min 后，A、P 的温度不再上升，说明系统已达到稳态，这时每隔 5min 测量并记录 T_1 和 T_2。

（4）测定散热圆铜盘 P 在 T_2 附近的散热速率。移开 A，取下待测样品 B，使 A 的底面与 P 直接接触，当 P 的温度上升到高于 T_2 若干摄氏度（例如5℃左右）后，再将 P 移开，让 P 自然冷却，这时，每隔 30s 记录 T_2。根据测量值可以计算出冷却速率 $\frac{\Delta Q}{\Delta t}$。

3. 测定金属的导热系数

（1）将铝合金棒（上、下表面涂有导热硅脂）置于 A 与 P 之间。

（2）当 A 与 P 达到稳定的温度分布后（约 10min 不变），拔出所插的温度传感器，插入铝合金棒侧面靠近上、下端的两个小孔中，测得的 T_1、T_2 为铝合金棒上、下表面的温度，P 的温度为 T_3。因此，P 的冷却速率为

$$\left.\frac{\Delta Q}{\Delta t}\right|_{T_1 = T_3}$$

由此得到导热系数为

$$\lambda = mC\left.\frac{\Delta Q}{\Delta t}\right|_{T_1 = T_3}\frac{h}{\left(T_1 - T_2\right)}\frac{1}{\pi \cdot R^2} \tag{2.20-5}$$

测 T_3 时，可在 T_1、T_2 达到稳定时，将插在铝合金棒上端小孔中的温度传感器取出，插入 P 的边缘小孔中进行测量。

4. 测定空气的导热系数

调节三个螺杆，使 A 与 P 平行，用塞尺测量它们之间的距离，此距离即为待测空气层的

厚度。注意：由于存在空气对流，所以此距离不宜过大。

［注意事项］

1. 温度传感器插入 A 和 P 侧面的小孔中时应在温度传感器头部涂上导热硅脂，避免因传感器接触不良造成温度测量不准确。

2. 实验过程中要注意防止高温烫伤。

［数据处理］

1. 记录实验数据

记录实验数据，填写表 2.20-1～表 2.20-4 的数据记录表。

表 2.20-1　P 的直径、厚度数据记录表

测量次数	1	2	3	4	5
D_P (cm)					
h_P (cm)					

散热圆铜盘 P：质量 $m=$_____g，半径 $R_P = \dfrac{1}{2}D_P =$_____cm（铜的比热容 $C = 0.39 \times 10^3 \, J/(kg \cdot \text{℃})$，密度 $\rho = 8.9 g/cm^3$）。

表 2.20-2　B 的直径、厚度数据记录表

测量次数	1	2	3	4	5
D_B (cm)					
h_B (cm)					

$R_B = \dfrac{1}{2}D_B =$____cm。

表 2.20-3　T_1、T_2 数据记录表

测量次数	1	2	3	4	5
T_1 (℃)					
T_2 (℃)					

稳态时 T_1、T_2 的值：$\overline{T_1} =$____℃，$\overline{T_2}$____℃。

表 2.20-4　T_3 数据记录表

时间(s)	0	30	60	90	120	150	180	210
T_3 (℃)								

2. 计算不良导体的导热系数

根据式（2.20-4）计算不良导体的导热系数。

[附录]

1. THQDC-1型导热系数测定仪的操作说明

（1）仪器具有双路温度数据采集仪，可以按照预设的时间间隔同时测量两个温度传感器的温度，避免更换温度传感器带来的延时，可同步记录两个温度传感器在同一时刻的温度并作图。

（2）采用低于36V的隔离电压作为加热电源，安全可靠。

（3）加热圆铜盘和散热圆铜盘的侧面有小孔，可插入铂电阻温度传感器。

（4）散热圆铜盘放在可以调节的三个螺杆（接触点隔热）上，可使待测样品的上、下表面与加热圆铜盘和散热圆铜盘紧密接触。

（5）散热圆铜盘下方有一个轴流式风扇，用来在需要快速降温时强制散热。

（6）插在加热圆铜盘小孔内的温度传感器用来控温和检测上盘温度（出厂时已安装）。

（7）数字计时装置的计时范围为0～99s，分辨率为0.01s。仪器还设置了PID智能温度控制器，控制精度为1℃，分辨率为0.1℃，供实验时控制加热温度用。

2. PID智能温度控制器

该控制器是一种高性能、可靠性好的智能调节仪器，广泛应用于机械、化工、陶瓷、轻工、冶金、热处理等行业的温度、流量、压力、液位自动控制系统，其面板示意图如图2.20-2所示。

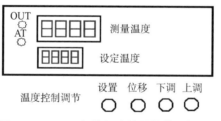

图2.20-2　PID智能温度控制器的面板示意图

以设置加热温度为30℃为例，在正常温控状态下设置温度控制值的流程如图2.20-3所示。

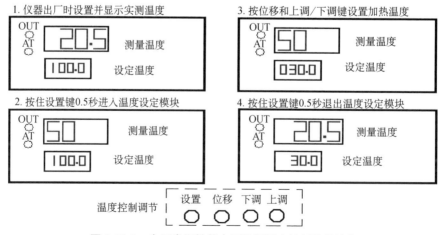

图2.20-3　在正常温控状态下设置温度控制值的流程

图 2.20-4 为第二设定区的设置流程，进入该流程可以对出厂设置值进行重新设置，一般情况下，用户不需要重设。在控制程序出现混乱时，教师可通过该步骤进行重新设置，使工作程序恢复正常。

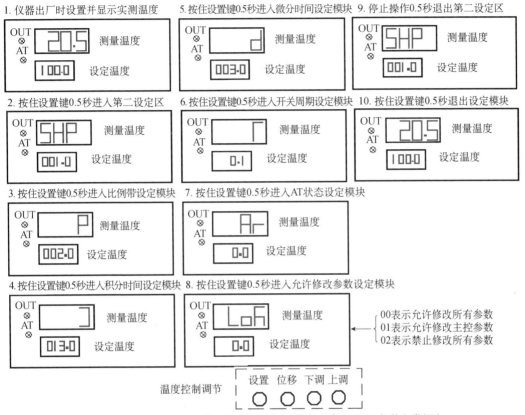

图 2.20-4　第二设定区的设置流程（仅供教师参考，不要求学生掌握）

3. 双路温度数据采集仪

双路温度数据采集仪可以按预先设定的采样时间间隔同时测量两个温度传感器的温度，实时记录两路温度并作图（测温范围为 25～100℃，分辨率为 0.1℃，采样时间间隔为 0.1～99s，最大数据量为 1000 组×2）。

双路温度数据采集仪的显示屏如图 2.20-5 所示。

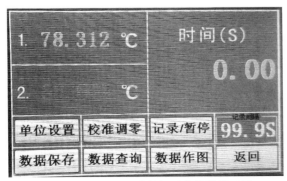

图 2.20-5　双路温度数据采集仪的显示屏

（1）开启双路温度数据采集仪的电源，等待 60s。

（2）单击"记录间隔"按钮，在弹出的数字窗口中选择时间间隔，可选范围为 0.1～99s，按"Enter"键确认并返回；如果不选，默认值为 1s。

（3）单击"记录/暂停"按钮，开始测量，"时间（S）"窗口显示时间进程，并按选择的时间间隔测量温度并记录。再次单击"记录/暂停"按钮，暂停测量。

（4）温度显示窗口中的黄色温度数据为温度传感器 1 所测，绿色温度数据为温度传感器 2 所测。

（5）单击"数据作图"按钮，立即显示两条温度变化曲线（时间为 x 轴）。两条温度变化曲线的颜色不同，黄色曲线为温度传感器 1 所测，绿色曲线为温度传感器 2 所测。

（6）单击"数据查询"按钮，同时显示两组温度数据。

（7）保存采集的数据。在后背板的 USB 端口插入 U 盘等数据存储器，单击"数据保存"按钮，将所有数据拷贝至 U 盘。

（8）"单位设置"按钮不需要设置，默认为"℃"。

（9）关闭双路温度数据采集仪的电源，将保存的数据全部清零。再次开启电源后，将记录新采集的数据。

2.21 PN 结特性和玻尔兹曼常数的测定

半导体 PN 结的物理特性是半导体物理学和电子学的基础内容之一，PN 结温度传感器有灵敏度高、线性较好、热响应快等优点。玻尔兹曼是一位奥地利物理学家，在统计力学领域有重大贡献。玻尔兹曼常数是一个关于温度及能量的物理常数。利用本实验的仪器，可研究 PN 结的扩散电流与电压的关系，了解玻尔兹曼分布定律，并可较准确地测出物理学中的重要常数——玻尔兹曼常数；也可测量 PN 结的正向电压 U_{be} 与热力学温度 T 的关系，求出半导体 PN 结用作传感器时的灵敏度 S，并近似求得 0K 时半导体材料的禁带宽度，使学生深入了解 PN 结的物理特性及实际应用。

视频-PN 结特性和波尔兹曼常数测量一实验原理、测量

PPT-PN 结特性和玻尔兹曼常数测量一实验原理、测量

［实验目的］

1. 在室温下，绘制 PN 结的正向电压随正向电流的变化曲线，求玻尔兹曼常数。

2. 在不同温度下，绘制 PN 结的正向电压随正向电流的变化曲线，求玻尔兹曼常数。

3. 在恒定正向电流条件下，绘制 PN 结的正向电压随温度的变化曲线，计算正向电压随温度变化的灵敏度。

4. 计算 0K 时半导体材料（硅）的禁带宽度。

［实验仪器］

BEM-5714 型 PN 结、玻尔兹曼常数实验仪。

［实验原理］

1. PN 结的伏安特性

由半导体物理学可知，PN 结的正向电流和正向电压的关系满足

$$I = I_0 \left(e^{\frac{eU_{be}}{kT}} - 1 \right) \tag{2.21-1}$$

式中，I 是通过 PN 结的正向电流，I_0 是不随电压变化的常数，T 是热力学温度，e 是电子电量，U_{be} 为 PN 结的正向电压。在常温 T=300K 时，kT/e≈0.026V，而 PN 结的正向电压约为十分之几伏，则 $e^{\frac{eU_{be}}{kT}} \gg 1$，于是有

$$I = I_0 e^{\frac{eU_{be}}{kT}} \tag{2.21-2}$$

如果测得 PN 结的正向电流和正向电压，则通过式（2.21-2）可以求出 e/kT。在测得温度 T 后，把电子电量 e 作为已知量代入，就可以求出玻尔兹曼常数，玻尔兹曼常数的精确值为 k=1.38065×10^{-23}J/K。

为了精确测定玻尔兹曼常数，本实验不采用常规的加正向电压测正向微电流的方法，而是采用可调精密微电流源，有效避免了测量微电流的不稳定性，还能准确地测量正向电压。

在实际测量中，二极管的正向 I—U 关系虽然能较好地满足指数关系，但求得的常数 k 往往偏小，这是因为通过二极管的电流不只是扩散电流，还有其他电流，一般包括以下三部分。

（1）扩散电流，它严格遵循式（2.21-2）。

（2）耗尽层复合电流，它正比于 $e^{\frac{eU_{be}}{zkT}}$。

（3）表面电流，它是由 Si 和 SiO$_2$ 界面中的杂质引起的，其值正比于 $e^{\frac{eU_{be}}{mkT}}$（一般 m>2）。

为了验证式（2.21-2）并求出准确的玻尔兹曼常数，不宜采用硅二极管，而应该采用硅三极管接成共基极线路。

2. PN 结的正向电压 U_{be} 与热力学温度 T 的关系

PN 结通过恒定小电流（通常 I=1000μA）时，U_{be} 和 T 的关系近似为

$$U_{be} = ST + U_{go} \tag{2.21-3}$$

式中，S≈−2.4V/°C，为 PN 结温度传感器的灵敏度。由 U_{go} 可求出温度为 0K 时半导体材料的近似禁带宽度 E_{go}=eU_{go}。硅材料的 E_{go} 约为 1.20eV。

［实验内容］

1. 实验系统的连接与检查

（1）参照实验连线图接线，并仔细检查，确保连接正确。

（2）连接样品。选择待测的 PN 结样品，先将样品插入 PN 结加热装置的任一插孔中，再将样品的 2 个电极分别连接到实验仪的对应接线柱上（注意要"同色相连"）。

（3）使温控电源 II 的温控开关处于中间位置"O"，此时既不加热，也不制冷，温度为室温。

（4）打开 2 个电源开关，如果发现显示屏上的数字"乱跳"或"溢出"，则应检查信号电缆插头是否插好或检查待测 PN 结和测温元件的连线是否正常。在正常情况下，室温下 PN 结的电压范围为 0.2～0.7V，实时温度表显示的温度应该是室温。

2. 绘制室温下的 I—U_{be} 曲线

将实验仪的电流量程选择开关置于 10^{-7}A 挡，将电流值调到 5（该值显示于电流表中，即为 0.5μA），然后在电压表中读取对应的 U_{be} 值，并记录在表 2.21-1 中。增大电流值，连续测量多组电流、电压数据。

注意：在室温下测量时，温控装置既不加热也不制冷，温控开关处于中间位置"O"。

表 2.21-1 室温条件下 U_{be} 数据记录表

温度：_____℃

I（×10^{-7}A）	U_{be}（V）	ln$I$
5		
10		
20		
30		
40		
50		
100		
200		
300		
400		
500		
600		
700		
800		

3. 绘制其他温度下的 I—U_{be} 曲线

按下温度设定按钮，设定温度为所需值（例如 50℃），将加热速率切换开关置于慢挡（即按钮弹出状态，SLOW 挡）。将温控开关设置为"HEATING"（加热）状态，待"实时温度显示"窗口（即"PV"窗口）显示的数值稳定在设定值后，进行测量并分析比较测量结果。

4. 在其他电流量程下测量 I—U_{be} 曲线

将实验仪的电流量程选择开关置于其他挡位（例如 10^{-6}A、10^{-7}A、10^{-8}A、10^{-9}A 挡），进行测量并比较测量结果。

5. 计算玻尔兹曼常数

根据式（2.21-2）得

$$I / I_0 = e^{\frac{eU_{be}}{kT}}$$

即

$$\ln I - \ln I_0 = \frac{eU_{be}}{kT}, \quad U_{be} = \frac{kT}{e}\left(\ln I - \ln I_0\right)$$

可见，U_{be} 与 $\ln I$ 成线性关系，kT/e 即为斜率。

画出正向电压 U_{be} 与 $\ln I$ 的关系曲线，线性拟合出其斜率，进而求得玻尔兹曼常数 k，并与公认值进行比较。

6. 估算半导体材料（硅）的禁带宽度

（1）将实验仪的电流量程选择开关置于 10^{-6}A 挡，将电流值调为 100（该值显示于电流表中，即为 100 µA）。设定温度为所需值（例如 90℃），将加热速率切换开关置于快挡（即按钮按下状态，FAST 挡），将温控开关调节为"HEATING"（加热）状态，待"实时温度显示"窗口（即"PV"窗口）显示的数值到达设定值后，关闭温控开关，停止加热。此时，PN 结样品的温度会缓慢下降，刚开始温度下降速率比较快，温度变化比较迅速，因此从 80℃ 开始记录 U_{be}—T 数据，并记录在表 2.21-2 中。

表 2.21-2　降温条件下 U_{be} 数据记录表

正向电流 $I=$____µA

T（℃）	T（K）	U_{be}（V）
80		
75		
70		
65		
60		
55		
50		
45		
40		
35		
30		

（2）计算被测 PN 结的正向电压随温度变化的灵敏度 S。以 T 为横坐标，以 U_{be} 为纵坐标，作 U_{be}—T 曲线，其斜率就是 S。

（3）估算 0K 时被测 PN 结的禁带宽度，根据式（2.21-3）求出 U_{go}，进而由 $E_{go}=eU_{go}$ 求得禁带宽度 E_{go}。将实验所求出的 E_{go} 与公认值比较，求其误差。

［注意事项］

1. 在连接导线之前，请确认所有电源都处于关闭状态，将所有的电压（电流）调节旋钮都逆时针旋转到底。

2. 本实验采用降温曲线记录 U_{be}—T 数据，降温过程比加热过程更加稳定，温度变化速率比较慢，热量传导比较充分，实验结果更为准确。

3. 实验过程中降温速率比较慢，预计整个过程需要 30min。如果室温较高，接近室温的时候温度下降非常缓慢，为了节省等待时间，可以测试到 40℃就停止。

4. 如果需要加热器迅速降温，可将加热速率切换开关置于快挡（即按钮按下状态，FAST 挡），将温控开关置于"COOLING"（制冷）状态。

[思考题]

1. 解释实际测量中求得的玻尔兹曼常数偏小的原因。
2. 在实验中如何测量弱电流？

[附录] BEM–5714 型 PN 结和玻尔兹曼常数实验仪的操作说明

BEM-5714 型 PN 结的控制面板如图 2.21-1 所示，功能如下。

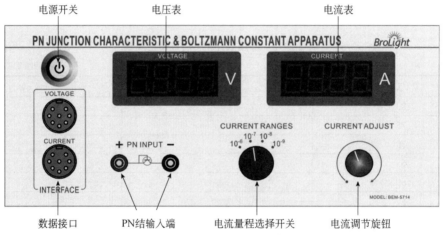

图 2.21-1　BEM-5714 型 PN 结的控制面板

（1）电源开关：控制设备电源的开和关。
（2）电流调节旋钮：调节输出电流的大小。
（3）电流量程选择开关：改变输出电流的挡位。
（4）PN 结输入端：连接 PN 结。
（5）电流表：显示 PN 结的电流值。
（6）电压表：显示 PN 结的电压值。
（7）数据接口：连接数据采集端口，采集电压和电流值。
温控电源 II（BEM-5051）的控制面板如图 2.21-2 所示，功能如下。
（1）电源开关：控制设备电源的开和关。
（2）实时温度显示：显示加热装置的当前温度。
（3）设定温度显示：显示控温装置设置的温度。
（4）温度设定按钮：在设置温度时用于调节数值大小。
（5）温度传感器：连接加热装置的温度传感器。
（6）风扇电源：用于加热装置的散热。

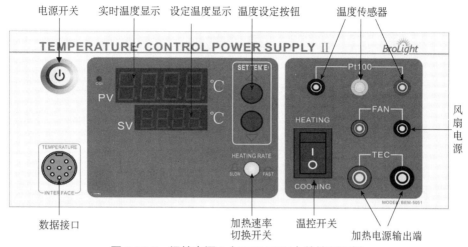

图 2.21-2　温控电源 Ⅱ（BEM-5051）的控制面板

（7）加热电源输出端：用于半导体加热/制冷模块的电源输出。

（8）温控开关：用于控制半导体加热/制冷模块的加热或制冷功能。

（9）加热速率切换开关：用于选择加热速率，有"慢"和"快"两挡。

（10）数据接口：连接数据采集端口。

导线连接示意图如图 2.21-3 所示，在连接导线时要注意以下几点。

（1）把 PN 结测试样品插入 PN 结加热装置时，将样品一端的香蕉插头插入仪器的 PN 结输入端。

（2）连接各个设备的电源线，用电源线连接设备背面的插口和市电插座。

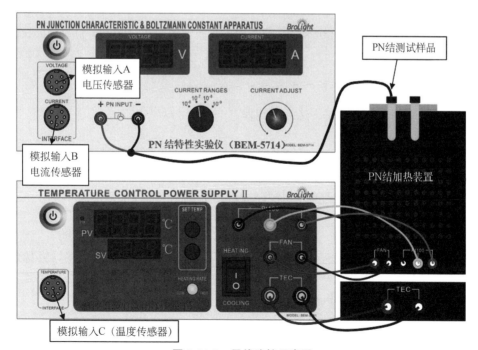

图 2.21-3　导线连接示意图

第 3 章

综合性及应用性实验

3.1 PASCO 动力学实验

PASCO 系统是由美国 PASCO Scientific 公司开发的一套基于计算机的科学实验系统。它的主要优点是由计算机来完成实验数据的采集和处理，使实验者可以很方便地获取实验数据，并以图片、表格等形式输出实验数据。

3.1.1 碰撞中的动量守恒

[实验目的]

定量研究完全弹性碰撞和完全非弹性碰撞中的动量守恒定律，学习实验数据曲线的分析。

[实验仪器]

小车、质量块、导轨、天平、运动传感器。

[实验原理]

当两辆小车彼此碰撞时，无论是何种碰撞，两个物体在碰撞前后的总动量守恒，存在以下关系

$$m_1 v_1 + m_2 v_2 = m_1 v_1' + m_2 v_2' \tag{3.1-1}$$

发生完全弹性碰撞时，两辆小车彼此弹开，其动能不减少。在本实验中，碰撞过程中的磁阻尼使摩擦造成的能量损失最小。完全非弹性碰撞是指两辆小车碰撞后彼此粘连，在本实验中，由小车一端装设的搭钩和软毛毯条来实现。

[实验内容]

1. 将导轨水平放置，把两个运动传感器分别放置在导轨的两端（注意传感器的超声波

发射端面要和导轨垂直），将运动传感器的开关拨到窄波模式。

2. 通过导轨右端的水平调节装置，使水平调节器上的小重锤刚好指在中间的刻度上。

3. 把两个运动传感器上的四个接线头插在科学工作室的相应接口中。启动数据工作室软件，按运动传感器的实际连接方式设置界面，并设置以图片和表格的形式输出数据。

4. 用天平测出两辆小车的质量（如果小车上有质量块，则质量块的质量也要同时测出），然后将两辆小车放在导轨上（与运动传感器相距 0.15m 以上），单击数据工作室界面中的"开始"按钮，使两辆小车以合适的速度开始运动，结束后单击"结束"按钮。

5. 数据工作室会记录下两辆小车碰撞之前和碰撞之后的速度，将数据从显示窗口导出并保存。

6. 对下面每种情况重复步骤 3～5。

（1）质量相等的小车发生完全弹性碰撞。

使两辆小车的磁阻尼彼此相对放置，如图 3.1-1 所示。

情况 1：将一辆小车放在轨道中央，给另一辆小车一个面向静止小车的初速度。

情况 2：将两辆小车分别放在轨道的两端，给每辆小车一个相向的大致相同的速度。

情况 3：将两辆小车放在轨道的同一端，先给第一辆小车一个较小的速度，再给第二辆小车一个较大的速度，并使第二辆小车追上第一辆小车。

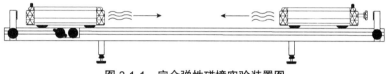

图 3.1-1　完全弹性碰撞实验装置图

（2）质量不相等的小车发生完全弹性碰撞。

在一辆小车（A）上加两个质量块，使这辆小车的质量大约是另一辆小车（B）的三倍。

情况 1：使小车 A 静止在轨道中央，给小车 B 一个面向小车 A 的初速度。

情况 2：使小车 B 静止在轨道中央，给小车 A 一个面向小车 B 的初速度。

情况 3：将两辆小车分别放在轨道的两端，给每辆小车一个相向的大致相同的速度。

情况 4：开始时两辆小车同在轨道一端，给第一辆小车一个较小的速度，给第二辆小车一个较大的速度，并使第二辆小车追上第一辆小车（分别使两辆小车作为第一辆）。

（3）小车发生完全非弹性碰撞。

放置两辆小车，使它们的搭钩和软毛毯条彼此相对，将小车的柱塞杆完全推进去，使它不会影响碰撞。

用相同质量和不同质量的小车组，重复（1）（2）中的实验步骤。

［数据处理］

分别求出两辆小车碰撞前后的速度，验证动量守恒定律（包括完全弹性碰撞和完全非弹性碰撞）。

［思考题］

1. 当相同质量和相同速度的小车碰撞并且粘在一起时，它们停止不动，每辆小车的动量发生什么变化？动量还守恒吗？
2. 当相同质量和相同速度的小车碰撞并且彼此弹开时，小车组最终的总动量是多少？

3.1.2 斜面上的振动

［实验目的］

1. 研究物体在弹簧的作用下进行简谐振动时位移、速度、加速度的数量和相位关系，学习实验曲线的分析方法。
2. 测量不同倾斜角的斜面上弹簧和质量系统的振动周期。

［实验仪器］

小车、质量块、导轨、天平、运动传感器、弹簧、支架。

［实验原理］

简谐运动的运动方程为

$$x = A\cos(\omega t + \varphi_0) \tag{3.1-2}$$

将式（3.1-2）两边分别对 t 求一阶和二阶导数，得到速度和加速度的表达式为

$$v = -A\omega\sin(\omega t + \varphi_0)， \quad a = -A\omega^2\cos(\omega t + \varphi_0) \tag{3.1-3}$$

式中，φ_0 为振动的初相位，ω 为圆频率。有

$$\omega = \sqrt{\frac{k}{m}} \tag{3.1-4}$$

式中，k 为弹簧的劲度系数，m 为振子的质量。

根据胡克定律可知，作用力 F 与弹簧形变量 ΔL 的关系为

$$F = k\Delta L = mg\sin\theta$$

式中，θ 为斜面的倾斜角。弹簧的振动周期为

$$T = \frac{2\pi}{\omega} = 2\pi\sqrt{\frac{m}{k}} \tag{3.1-5}$$

［实验内容］

1. 将运动传感器放置在导轨的一端，在导轨的另一端连接弹簧。把导轨固定在支架上，使导轨以一定的角度倾斜。注意不要使导轨的倾斜角太大，以免弹簧承受的拉力过大。
2. 用天平测出小车的质量，将小车挂在弹簧的另一端，轻轻地放在导轨上，如图 3.1-2

所示。

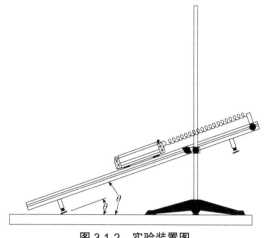

图 3.1-2　实验装置图

3. 设置好数据工作室。

4. 单击数据工作室界面上的"开始"按钮，用图表的形式记录数据。给小车一个作用力，使弹簧拉伸，测量结束后单击"结束"按钮。注意不要使弹簧拉伸量过长，以免靠传感器太近，影响测量。

5. 用数据工作室记录小车在作简谐运动时的位移、速度和加速度，将所得的数据导出并保存。

[数据处理]

1. 列表分析弹簧作简谐振动时位移、速度、加速度的关系并说明原因。分析实验数据与理论数据之间的差异，并粗略评价实验仪器的精度。

2. 在支架的测角器导轨上测量倾斜角 θ，用米尺测量弹簧挂重前后的长度，得到弹簧的伸长量 $\Delta L = L - L_0$，并测出小车的质量，通过式（3.1-5）计算振动周期 T。

视频-PACSO 系统的原理及应用

[思考题]

1. 改变倾斜角时，振动周期会变化吗？
2. 改变倾斜角时，平衡位置会变化吗？
3. 如果倾斜角是 90°，振动周期应该是多少？

PPT-PACSO 系统的原理及应用

[附录] 数据工作室和科学工作室的使用

PASCO 系统主要分为四部分：数据工作室（DataStudio）、科学工作室（ScienceWorkshop）、传感器和具体的实验设备。该系统可以完成物理、化学、医学等多个学科的实验，本书主要介绍 PASCO 系统在普通物理实验中的应用。系统使用的传感器精度远远达不到真正的科学研究对测量工具的要求，因此该系统只在教学实验中使用。下面介绍数据工作室和科学工作室的使用方法。

1. 数据工作室（DataStudio）

PASCO 系统由四部分构成，数据工作室是该系统的软件部分，其他三部分都属于硬件。实验过程中反映出来的物理现象通过传感器的采集，以模拟信号的形式传送给科学工作室，科学工作室将传感器传送来的模拟信号转换成数字信号，经过简单处理后，再传输给计算机。计算机利用数据工作室将数据作进一步处理，按使用者的要求以合适的形式将实验结果输出。为了顺利地得到结果，实验之前要对数据工作室进行设置，下面具体介绍数据工作室的使用方法。

双击计算机桌面上的 DataStudio 图标，启动数据工作室。单击"设置"按钮，启动实验设定窗口，在此窗口中选取传感器并设定实验条件。如果系统没有立即辨别出所使用的界面，则从"选择接口或其他数据源"窗口中选择与实验相匹配的界面，如图 3.1-3 所示。

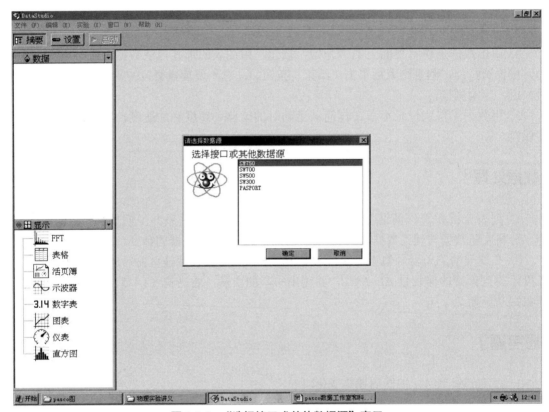

图 3.1-3　"选择接口或其他数据源"窗口

传感器设置界面如图 3.1-4 所示，将传感器连接到对应的通道上。

数据工作室具有多个用于协助配置实验的工具，利用摘要面板和关联功能可以进一步定义实验参数。传感器设置界面左侧的摘要栏列出了"数据"及"显示"面板，如果要显示数据，传感器或数据必须与某个显示类型相连。从摘要面板顶部将想要显示的数据拖动到想要显示的类型上，就可以为该目标数据建立传感器连接，如图 3.1-5 所示。

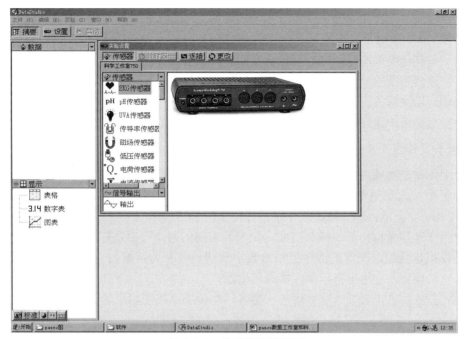

图 3.1-4　传感器设置界面

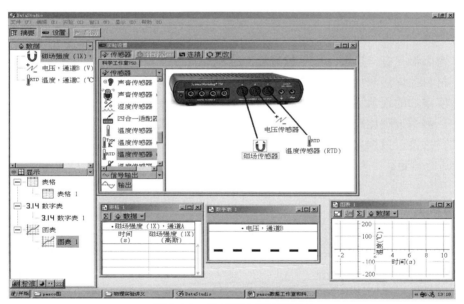

图 3.1-5　传感器连接设置界面

数据工作室共有下面几种显示类型。

（1）图表用于绘制传感器数据相对于时间的曲线。如果要用另一个变量作为横坐标，则将该变量从数据栏（在摘要面板内）拖动到图表的时间坐标轴（x 坐标轴）上即可。

（2）表格用成对的列表示坐标数值。

（3）数字表显示测量数据的即时数值。

（4）仪表以图形仪表的形式显示数据。

（5）棒形图显示总数并合并成"棒形条"，"棒形条"的面积与特定数据范围内的频率或观测到的特定测量次数成正比。

（6）FFT（快速傅里叶变换）显示了数据的频谱分解，较高的取样频率会得到更精细的数据频谱。与其他类型不同，FFT 不存储数据，只显示数据的"时间切片"快照。

（7）示波器用于绘制相对于时间的图表，与 FFT 相似，只显示"时间切片"快照，数据不会被存储。示波器适合于高取样频率的实验。

（8）活页簿用于建立科学活动或作为实验报告工具。

2. 科学工作室（ScienceWorkshop）

科学工作室是实验的接口设备，它建立了传感器和数据工作室的连接，并完成对数据的前期处理工作。本实验使用的科学工作室是 750 型号（ScienceWorkshop 750），它的背部有电源线（220V 交流电）和与数据工作室进行连接的 SCSI 接口。

科学工作室的面板由三组接头组成。位于最右侧的两个接口是标准电源输出，中间的三个接口是模拟量通道，左侧的四个接口是数字量通道（分为两组）。另外，面板的最左侧还有一个发光二极管，它用于指示是否接通了电源。

要顺利完成实验，必须选取合适的传感器，将传感器接到相应的接口上。

3.2　固体线膨胀系数的测定

很多物体都具有"热胀冷缩"的特性，这个特性在工程设计、精密仪器设计、材料的焊接和加工中都必须加以考虑。在一维情况下，固体材料受热后长度增加的现象称为线膨胀。传统的测量方法主要是光杠杆法和螺旋测微法，测量过程比较烦琐，测量误差也比较大。本实验利用温度传感器、转动传感器、数据采集接口器和计算机等构成实验系统，对材料的线膨胀系数进行测定。

视频-PACSO
固体线膨胀系
数的测量

［实验目的］

1. 了解物体"热胀冷缩"的程度和特性，绘制材料的"伸长量—时间"曲线和"温度—时间"曲线。
2. 学习实时测量固体线膨胀系数的技术。

PPT-PACSO
固体线膨胀系
数的测量

［实验仪器］

计算机、科学工作室、转动传感器、热敏电阻传感器、待测金属棒等。

［实验原理］

在相同条件下，不同材料线膨胀的程度相同，通常用线膨胀系数来表示材料的这种性质和差别。测定材料的线膨胀系数实际上是测量某一温度范围内材料的微小伸长量。

实验表明，在一定温度范围内，原长度为 L 的固体受热后，其相对伸长量 $\Delta L/L$ 正比于温度的变化量 ΔT，即

$$\frac{\Delta L}{L} = \alpha\Delta T \qquad (3.2\text{-}1)$$

式中，α 称为固体的线膨胀系数，不同材料具有不同的线膨胀系数。一般情况下，在温度变化不大时，对于一种确定的固体材料，可认为线膨胀系数是一个常数。

对于杆状或棒状的固体材料，由式（3.2-1）可知，温度变化 ΔT 时，测量出材料的伸长量 ΔL，则该材料在温度变化范围内的线膨胀系数为

$$\alpha = \frac{\Delta L}{L\Delta T} \qquad (3.2\text{-}2)$$

式中，α 表示固体材料在温度变化范围内，温度每升高 1℃的相对伸长量，单位是 1/℃。严格地讲，式（3.2-2）求出的 α 是温度变化 ΔT 范围内的平均线膨胀系数。

实验中用热敏电阻传感器测量待测金属棒的温度 T，用转动传感器测量棒状物体的伸长量 ΔL，根据式（3.2-2）可求得待测金属棒的线膨胀系数。

［实验内容］

1. 测量待测金属棒在室温下的长度 L。
2. 安装实验装置，如图 3.2-1，安装过程中要注意以下几点。
（1）将待测金属棒进气端口的卡口嵌入底座的凹槽内，以固定待测金属棒。
（2）用弹簧卡住待测金属棒，确保待测金属棒和转动传感器的转轴紧密接触。

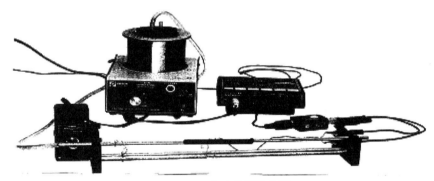

图 3.2-1　实验装置示意图

（3）将热敏电阻传感器和待测金属棒紧密接触，并用保温膜将它们包好。
（4）在水蒸气锅内加入适量的水，严禁无水空烧。
（5）水蒸气锅的密封盖上有两个出气孔，将其中一个用橡皮塞堵住，用橡皮管将另一个连接到待测金属棒的进气端口，用于加热待测金属棒。
（6）用玻璃皿连接待测金属棒的出气端口，防止水溢出到桌面上，并注意不要弯折出气软管，避免出气通道被堵塞。
3. 将转动传感器和热敏电阻传感器的输入插头分别接入数据采集器的相应通道内。
4. 设置传感器的工作参数。双击热敏电阻传感器，单击"测量"，选择"温度"，设置

测量范围为 0～100℃。双击转动传感器，单击"测量"，选择"角位置（弧度）"。

5. 打开"图形显示"窗口，单击图标，在同一个图表中建立两个坐标系。其中一个坐标系的纵坐标设为温度 T，用于显示温度随时间变化的曲线。另一个坐标系的纵坐标设为角位置 θ，用于显示待测金属棒的伸长量随时间变化的曲线，$r\theta$ 为待测金属棒的伸长量 ΔL，r 为转动传感器转轴的半径。

6. 打开两个"数字显示"窗口，分别用于显示温度和金属棒伸长量的具体值。

7. 接通水蒸气锅的电源，待水沸腾后，单击"启动"按钮开始采集测量数据，把水蒸气锅出气端口的橡皮管接到金属棒的进气端口上，加热待测金属棒。

8. 根据"数字显示"窗口测得的待测金属棒的温度 T 和伸长量 ΔL（$\Delta L = r\theta$），由式（3.2-2）求出待测金属棒的线膨胀系数。

9. 重复上述实验步骤，测出其他待测金属样品的线膨胀系数。

［思考题］

1. 材料相同，但粗细、长度不同的两根铜棒，它们的线膨胀系数是否相同？
2. 影响本实验测量精确度的主要因素有哪些？

3.3　PASCO 基础光学实验

视频-PASCO 基础光学
实验—实验原理

PPT-PASCO 基础光学
实验—实验原理

视频-PASCO 基础光学
实验—实验测量

PPT-PASCO 基础光学
实验—实验测量

自从科学家托马斯·杨、菲涅尔等在实验中观察到光的干涉和衍射现象后，人们开始相信光是一种波。麦克斯韦方程组出现后，人们不但相信光是一种波，而且坚信光的本质是电磁波。下面以单缝衍射和双缝干涉实验为例向大家介绍本系列实验的操作方法，同学们可以根据自己的兴趣组合多种干涉和衍射实验，展现光的波动性。

3.3.1　光的单缝衍射

［实验目的］

1. 研究单缝衍射图案，了解光的波动性。
2. 测量单缝衍射的光强分布，验证衍射条纹的暗纹位置是否与理论一致。
3. 初步掌握如何使用计算机控制实时测量系统。

［实验仪器］

二极管激光器、单缝圆盘、基座和支撑杆（用于放置衍射屏）、衍射屏、光传感器、转动传感器、线性运动附件、计算机。

［实验原理］

当光线通过一个单缝出现衍射条纹时，衍射条纹极小值与角度 θ 的关系为

$$a\sin\theta = \pm m\lambda \quad (m = 1, 2, 3, \cdots) \tag{3.3-1}$$

式中，a 是单缝宽度，θ 是条纹中心到第 m 级极小值的张角，λ 为光波波长，m 为条纹级次（$m=1$ 为第一级极小值，$m=2$ 为第二级极小值，以此类推）。

单缝衍射的光强分布如图 3.3-1 所示。由于张角通常很小，所以 $\sin\theta \approx \tan\theta$，又有 $\tan\theta = y / D$，其中 y 为条纹中心到第 m 级极小值的距离，D 是单缝到衍射屏的距离。由衍射方程可得单缝的宽度为

$$a = \frac{m\lambda D}{y} \quad (m = 1, 2, 3, \cdots) \tag{3.3-2}$$

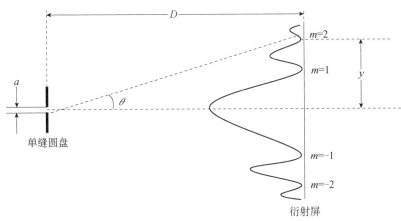

图 3.3-1　单缝衍射的光强分布

［实验内容］

1. 把激光器安装在光具座的右端，并将单缝圆盘及支架置于激光器前 3cm 处。
2. 将光传感器置于线性运动附件末端的夹子上，使光传感器和该附件相互垂直。
3. 把线性运动附件插入转动传感器的插槽内，并将它们置于光具座另一端的支架上。
4. 打开激光器，调节激光器与衍射屏的位置，使激光器通过单缝在屏上得到清晰的衍射图样。
5. 调节光传感器与衍射图样的高度，使它们等高，并在线性运动附件运动时保持水平。
6. 将光传感器和转动传感器接到科学工作室上（前者接入模拟通道，后者接入数字通道）。
7. 启动数据工作室，按所使用的传感器设置科学工作室。将光传感器的采样频率设置为 50Hz，测量项目选择"光强"；转动传感器的测量方式选择"位置"。以图表的形式输出

数据，并将图表的纵坐标设置为"光强"，将横坐标设置为"位置"。

8. 选择 0.16mm 宽（以观察到清晰的衍射图样为准）的单缝，并调整激光的位置，使激光刚好通过单缝的中心。单击数据工作室的"开始"按钮，缓慢、平稳地移动线性运动附件，使衍射图样的明条纹依次通过光传感器的采光口。测量完成后，单击"结束"按钮，将所得的数据导出，分析各级明条纹宽度变化的规律。

9. 用导轨上的米尺测量单缝到衍射屏的距离 D。

［数据处理］

1. 分别测量第一级极小值条纹和第二级极小值条纹到条纹中心的距离，并将数据填入表 3.3-1 中。

表 3.3-1　第一级极小值条纹和第二级极小值条纹到条纹中心的距离

单缝到衍射屏之间的距离 $D=$_____mm；$\lambda=630$nm

测量	第一级（$m=1$）	第二级（$m=2$）
y（mm）		
a（mm）		
偏差		

2. 改变单缝宽度（0.02～0.08mm），并列表记录数据。

［思考题］

当单缝宽度增大时，两极小值条纹之间的距离将增大还是减小？

3.3.2　光的双缝干涉

［实验目的］

1. 研究双缝干涉图案，了解光的波动性。
2. 测量干涉条纹的光强分布，验证干涉条纹的极大值位置与理论的一致性。
3. 初步掌握如何使用计算机控制实时测量系统。

［实验仪器］

二极管激光器、双缝圆盘、基座和支撑杆（用于放置衍射屏）、衍射屏、光传感器、转动传感器、线性运动附件、计算机。

［实验原理］

当双缝间距远小于双缝到衍射屏的距离 D 时，从缝的边缘发出的光线基本平行，如图

3.3-2 所示。当光线通过双缝相互作用产生干涉条纹时，有下列关系

$$d\sin\theta = m\lambda \tag{3.3-1}$$

式中，d 是双缝间距，θ 是条纹中心极大值到第 m 级极大值的张角，λ 为光波波长，m 为条纹级次。

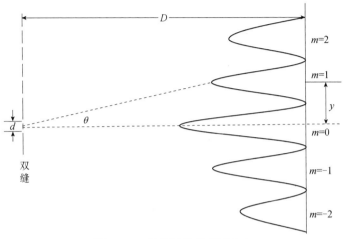

图 3.3-2　双缝干涉的光强分布

由于张角通常很小，所以 $\sin\theta \approx \tan\theta$，又有 $\tan\theta = y/D$，由干涉方程可得双缝间距为

$$d = \frac{m\lambda D}{y} \quad (m = 1, 2, 3, \cdots) \tag{3.3-2}$$

在本实验中，利用光传感器测量干涉花样光强极大值的强度，由线性运动附件的转动传感器测量干涉花样光强极大值的相对位置。通过科学工作室记录和显示光强极大值的强度和相对位置，并绘制其强度随位置变化的曲线。

［实验内容］

1. 把激光器安装在光具座的一端，将双缝圆盘置于激光器前 3cm 处。

2. 打开激光器，调节激光器与衍射屏的位置，使激光通过双缝得到清晰的干涉图样。

3. 调节光传感器与衍射屏的高度，使它们等高，将采光圆盘转到合适的位置（使细缝对着光传感器的接收口）。

4. 将光传感器和转动传感器接到科学工作室上（前者接入模拟通道，后者接入数字通道）。启动数据工作室，设置科学工作室（将光传感器的采样频率改为 200Hz）。

5. 选择缝宽为 0.04mm、缝间距为 0.25mm 的双缝（以观察到清晰的干涉图样为准），调整激光的位置，使激光刚好通过双缝的中心。单击数据工作室的"开始"按钮，缓慢、平稳地移动线性运动附件，使干涉图样的明条纹依次通过光传感器的采光口，测量完成后，单击"结束"按钮。将所得的数据从显示窗口导出，分析各级极大值条纹宽度及间距变化的规律。

［数据处理］

1. 分别记录第一级极大值条纹和第二级极大值条纹到条纹中心的距离，将数据填入表

3.3-2 中。

表 3.3-2　第一级极大值条纹和第二级极大值条纹到条纹中心的距离

双缝到屏之间的距离 $D=$_____mm；$\lambda=650nm$

测量	第一级（$m=1$）	第二级（$m=2$）
y（mm）		
d（mm）		
偏差		

2. 改变双缝宽度为 0.04mm、间距为 0.50mm，测量并记录数据。

［思考题］

1. 当双缝间距增大时，两个极大值条纹之间的距离将增大、减小，还是不变？

2. 当双缝的宽度增大时，两个极大值条纹之间的距离将增大、减小，还是不变？

习题-PASCO
基础光学实验

3.4　电介质介电常数的测定

物质在外电场中会引起极化现象。位移极化是指物质内无极性分子和原子的正负电荷中心沿着外场方向发生分离。转向极化（又称为弛豫极化）是指物质中原本排列杂乱的电偶极子（极性分子和原子）沿着外场方向排列。位移极化完成的时间极短，转向极化需要较长时间，且与温度有关。

［实验目的］

视频-电介质介电
常数的测量—实验
原理、测量

PPT-电介质介电
常数的测量—实验
原理、测量

1. 利用交流电桥研究平行板电容器的特性。
2. 测定空气介质的相对介电常数。
3. 测定不同电介质的相对介电常数。

［实验仪器］

1. FB-GDC2 型介电常数测定仪。
2. 测量架。有两块圆形极板，下电极固定，上电极由测量架所装的螺旋测微计带动上下移动，构成可调平行板电容器，可从尺上读出极板间距。
3. 游标卡尺、螺旋测微计。

［实验原理］

电介质是一种不导电的绝缘介质，在电场作用下会产生极化现象，从而在介质表面上感应出束缚电荷，这样就减弱了外电场的作用。例如，在充电的平行板电容器中，若两金属板的自由电荷密度分别为 $+\sigma_0$ 和 $-\sigma_0$，极板面积为 S，极板间距为 d，且 $S > d^2$，则电容器内部产生的电容量为

$$C_0 = \varepsilon_0 \frac{S}{d} \tag{3.4-1}$$

式中，ε_0 为真空介电常数。系统的电容量为

$$C = \varepsilon_r \varepsilon_0 \frac{S}{d} \tag{3.4-2}$$

式中，ε_r 称为电介质的相对介电常数，是一个无量纲的量。对于不同的电介质，ε_r 的值不同，因此它表征了介质的特性。式（3.4-2）指出，电容器中充满均匀电介质后，其电容量 C 为真空容量的 ε_r 倍，故 ε_r 又称为电容率（电容器的电容增加的倍数）。

若分别测定电容器在填充介质前、后的电容量（C_0、C），则相对介电常数为

$$\varepsilon_r = C / C_0 \tag{3.4-3}$$

［实验内容］

FB-GDC2 型介电常数测定仪如图 3.4-1 所示，按照以下步骤进行实验。

1. 开启后面板上的电源开关。

2. 将面板上的 5 个按钮全部设置为弹起状态（按钮指示灯全亮），将仪器状态设置为"介电常数（电容）"测定。

图 3.4-1　FB-GDC2 型介电常数测定仪

3. 调零。将专用短线连接到介电常数测定仪的"C/L 测量"接线柱（线的另一端悬空）上，长按"调零"按钮，直至液晶显示屏上出现"OK"，显示的数值应小于 1pF。

4. 用专用短线连接介电常数测定仪和测量架。

［数据处理］

1. 测定空气介质的相对介电常数

（1）测量圆形极板的面积 S，从螺旋测微计上读出极板间距 d，计算 C_0。

（2）对比计算值与实际测量值，算出空气介质的相对介电常数 ε_r。

2. 测定可调平行板电容器的电容量

调节两极板的间距分别为 3mm、4mm、5mm、…、15mm，读取对应的电容量 C，将数

据填入表 3.4-1 中，并画出电容量和间距的关系图。

表 3.4-1　可调平行板电容器的电容量

d（mm）	3	4	5	6	7	8	9	10	11	12	13	14	15
C（pF）													

3. 测定不同电介质的相对介电常数

（1）在两极板间正确放入不同的电介质圆板，旋转螺旋测微计的旋钮，使上极板压紧电介质圆板（直到听到"嗒嗒"声），记录电介质圆板的厚度 d，测定 C。

（2）旋松螺旋测微计，取出电介质圆板，测定 C_0，根据式（3.4-3）算出该电介质的相对介电常数。

（3）在两极板间正确放入另一种电介质圆板，测定该电介质的相对介电常数。

3.5　密立根油滴实验

视频-密立根油滴
实验—实验原理

PPT-密立根油滴
实验—实验原理

视频-密立根油滴
实验—实验测量

PPT-密立根油滴
实验—实验测量

美国物理学家密立根在前人研究电荷基本量的基础上，于 1909 年设计出了油滴实验。该实验证明了电荷的不连续性（即任何带电体所带的电荷都是某一最小电荷的整数倍），并精确测定了基本电荷量的数值 $e=(1.600\pm0.002)\times10^{-19}$C。该实验构思巧妙、方法简单、结论准确，是近代物理学史上一个十分重要的实验。

［实验目的］

1. 掌握密立根油滴实验的设计思想、实验方法和实验技巧。
2. 测定基本电荷量 e 的大小。

［实验仪器］

OM99 CCD 微机密立根油滴仪。

［实验原理］

测定油滴的带电量一般有以下两种方法。

（1）平衡测量法。使带电油滴在电场中受到电场力的作用，电场力与油滴的重力平衡，据此可以测定油滴所带的电量。

（2）动态测量法。测出带电油滴在电场中受电场力作用上升的速度 v_E 和受重力作用下落的速度 v_g，据此确定油滴的带电量。

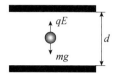

图 3.5-1　密立根油滴实验的原理图

本实验采用平衡测量法来测定油滴所带的电量。

密立根油滴实验的原理图如图 3.5-1 所示，两块水平放置的平行带电板之间有一质量为 m、带电量为 q 的油滴，油滴同时受重力 mg 和电场力 qE 的作用，当两力达到平衡时有

$$mg = qE = q\frac{U}{d} \tag{3.5-1}$$

若 d 已知，调节两极板间的电压 U，同时设法测出油滴的质量 m，则油滴所带的电量 q 就可以求出。油滴的质量 m 很小，用常规的方法难以测量，需要用特殊方法测量。

油滴表面存在张力，呈小球状，油滴质量为

$$m = \frac{4}{3}\pi r^3 \rho \tag{3.5-2}$$

式中，ρ 是油滴密度，r 是油滴半径。

油滴在重力作用下运动时，受到空气黏滞阻力 f 的作用，当运动速度达到某一数值时，阻力与重力平衡，此时有

$$f = 6\pi r\eta v = mg \tag{3.5-3}$$

考虑到油滴的线度与室温下气体分子的平均自由程（$10^{-8}\,\text{m}$）的影响，式（3.5-3）应修正为

$$f = \frac{6\pi r\eta v}{1 + \dfrac{b}{pr}} \tag{3.5-4}$$

式中，η 是空气的黏滞系数，b 是修正系数（$b = 8.22\times10^{-3}\,\text{m}\cdot\text{Pa}$），$p$ 为大气压强。据此可得油滴质量为

$$m = \frac{4}{3}\pi \left[\frac{9\eta v}{2\rho g\left(1+\dfrac{b}{pr}\right)}\right]^{3/2}\rho \tag{3.5-5}$$

式中，油滴匀速下降时的速度 $v = \dfrac{l}{t}$，l 为平行极板未加电压时油滴下降的距离，t 为下降时间。油滴的带电量为

$$q = \frac{18\pi}{\sqrt{2\rho g}}\left[\frac{\eta l}{t\left(1+\dfrac{b}{pr}\right)}\right]^{3/2}\frac{d}{U} \tag{3.5-6}$$

由式（3.5-1）可知，若改变油滴所带电量 q，要使油滴达到平衡，只要改变电压 U 即可。实验时可以发现，使油滴达到平衡的电压是某些特定的数值 U_n，满足方程

$$q = mg\frac{d}{U_n} = ne \quad (n = 1, 2, 3, \cdots) \tag{3.5-7}$$

式中，e 是基本电荷量。式（3.5-7）证明了电荷是不连续的，具有量子性。

[实验内容]

1. 仪器的调试与使用

将监视器阻抗选择开关拨在 75Ω 处，连接各导线，保证接触良好。转动仪器底座上的调平手轮，直至调平。调节显微镜的焦距时，只需要将显微镜前端和底座前端对齐，待喷油后向前微调即可，注意调整范围不要过大。

打开油滴仪和监视器电源的开关，约 5s 后仪器自动进入测量状态，屏幕上显示出标准分划刻度线及平衡电压 U 和运动时间 t 的值。若想直接进入测量状态，按下"计时/停"按钮即可。

喷雾器的油不可装得太满，否则会堵塞电极的落油孔，或者喷出的是很多"油"，而不是"油雾"。做完实验要及时擦掉极板及油雾室内的积油。

2. 测量练习

正式测量前必须进行测量练习，这是做好实验的重要环节。测量练习主要练习如何选择合适的油滴、控制油滴的运动、测量油滴运动的时间等。

首先要选择合适的油滴。大油滴的质量大、电荷多、十分明亮，但匀速下降的时间很短，给数据测量带来困难。如果油滴过小，布朗运动明显，也会引起较大的测量误差。因此，一般选择目视直径为 0.5～1mm 的油滴。

喷油滴后，使极板的平衡电压为 200～300V，寻找运动缓慢、明亮的油滴。将选中的油滴移至某条刻度线上，仔细调节平衡电压，反复调试，当油滴不再移动时才能确定平衡。

测量油滴上升或下降所需的时间时，要使油滴到达刻度线的相同位置，眼睛要平视，反复演练，使测出的各次时间的离散性最小。

3. 正式测量

本实验采用平衡测量法测量油滴所带的电量，实验过程中要测量的物理量有两个：平衡电压 U；未加电场（电压）时油滴匀速下降 l 所需的时间 t。

（1）平衡电压 U 的测量。将选择好的油滴置于分划板上某条横线附近，仔细调节平衡电压的大小使油滴达到平衡，此时的电压值即为要测量的平衡电压。

（2）运动时间 t 的测量。为减少误差，油滴下降的距离 l 应在平行板的中间部分，取 $l = 1.5mm$ 较合适，即上下各空一格。将已平衡的油滴移到"起跑线"上，再使油滴开始匀速下降，计时器同时开始计时，待油滴到达"终点"时迅速停止计时。对选中的某颗油滴进行 3～5 次测量，每次测量都要重新调整平衡电压，若油滴逐渐变得模糊，只要微调显微镜即可。用同样的方法选择 5～10 颗油滴进行测量，最后求出电子电荷量的平均值 $\bar{e}$。

[数据处理]

在本实验中，$r = \sqrt{\dfrac{9\eta l}{2\rho g t}}$，油滴密度 $\rho = 981\,\mathrm{kg\cdot m^{-3}}$，重力加速度 $g = 9.80\,\mathrm{m\cdot s^{-2}}$，空气黏滞系数 $\eta = 1.83\times10^{-5}\,\mathrm{Pa\cdot s}$，油滴匀速下降的距离 $l = 1.50\times10^{-3}\,\mathrm{m}$，修正常数 $b = 8.22\times$

$10^{-3}\,\mathrm{m\cdot Pa}$，大气压强 $p=1.01\times10^{5}\,\mathrm{Pa}$，两平行极板的距离 $d=5.00\times10^{-3}\,\mathrm{m}$，则油滴的电量为

$$q=\frac{1.43\times10^{-14}}{[t(1+0.02\sqrt{t})]^{3/2}}\frac{1}{U}$$

为了证明电荷的不连续性以及所有电荷量都是基本电荷量 e 的整数倍，用实验测得的每个电荷量 q 除以标准基本电荷量 $e=1.602\times10^{-19}\,\mathrm{C}$，得到某个接近整数的数值，这个整数就是油滴所带的基本电荷量的倍数 n。

本实验的数据处理可由计算机进行，将实验数据输入，经处理生成实验报告，然后打印输出实验结果。

［思考题］

习题-密立根
油滴实验

1. 如何选择最合适的油滴下降距离 l？
2. 如何选择合适的待测油滴？
3. 对油滴进行跟踪测量时，当油滴逐渐变得模糊时，应如何处理？

［附录］OM99 CCD 微机密立根油滴仪的使用方法

本实验采用 OM99 CCD 微机密立根油滴仪，油滴仪主要由油滴盒、电路箱、CCD 显微镜和监视器等组成。

油滴盒的结构如图 3.5-2 所示。油滴盒外有防风罩，罩上放有一个可取下的油雾室，杯底中心有一个落油孔及一个挡片，挡片用来开关落油孔。上电极板中心有一个 0.4mm 的油雾孔，胶木圆环上有显微镜观察孔和照明孔。电极板上方有一个可以左右拨动的压簧，若要取出上极板，将压簧拨向一边即可。照明灯安装在照明座中间的位置，照明座上方有一个安全开关，取下油雾杯时，平行电极自动断电。

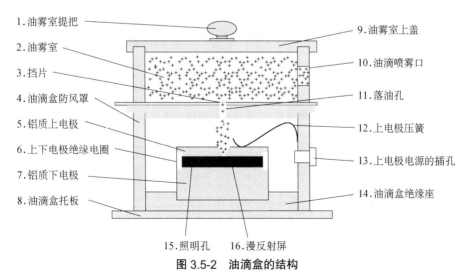

图 3.5-2　油滴盒的结构

电路箱内装有高压产生电路和测量显示电路。测量显示电路产生的电子分划板刻度与 CCD 显微镜的行扫描严格同步，相当于将刻度线"画"在 CCD 器件上。监视器有两种标

准分划板 A、B，分划板 A 为 8×3 结构，每格边长为 0.25mm；分划板 B 为 15×15 结构，每格边长为 0.08mm。长按"计时/停"按钮大于 5s 即可切换分划板。监视器的图像质量可以通过面板上的 4 个调节旋钮来调节。

　　油滴仪的面板结构如图 3.5-3 所示。K_1、K_2 是控制平行极板电压的三挡开关，K_1 控制极板的电压极性，K_2 控制极板上的电压大小。当 K_2 处于中间"平衡"位置时，可用电位器 W 调节平衡电压；当 K_2 处于"提升"位置时，可自动在平衡电压的基础上增加 200～300V 的提升电压；当 K_2 处于"0V"位置时，极板电压为 0。本仪器 K_2 的"平衡""0V"挡与计时器的"计时/停"联动。在 K_2 由"平衡"挡打向"0V"挡时，油滴开始匀速下落，同时开始计时；油滴下落到预定位置时，迅速将 K_2 由"0V"挡打向"平衡"挡，油滴停止下落，同时停止计时，此时屏幕右上角显示油滴的实际运动距离及对应的时间。油滴运动时会受到空气阻力的作用，开始是变速运动，然后进入匀速运动。变速时间较短，小于 0.01s，这与计时器的精度相当，故可以认为油滴的运动是匀速运动。当突然加上平衡电压时，运动的油滴会立即停止运动。

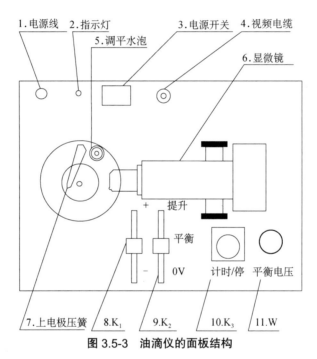

图 3.5-3　油滴仪的面板结构

　　油滴仪的计时器采用"计时/停"方式，按一下开关，在清零的同时开始计数，再按一下，停止计数，并保存数据。

3.6　弗兰克-赫兹实验

　　1913 年，丹麦物理学家玻尔提出了一个氢原子模型，并指出原子存在能级。根据玻尔的原子理论，原子光谱中的谱线表示原子从某个较高能态向另一个较低能态跃迁时的辐射。

　　1914 年，德国物理学家弗兰克和赫兹对勒纳用来测量电离电位的实验装置进行了改进，他们同样采取慢电子（几个到几十个电子伏特）与单元素气体原子碰撞的办法，但着重观察碰撞后电子发生什么变化（勒纳则观察碰撞后离子流的情况）。通过实验发现，电子和原子碰撞时会交换一定的能量，且可以使原子从低能级激发到高能级。该实验直接证明了原子发生跃变时吸收和发射的能量是分立的、不连续的，证明了原子能级的存在，从而证明了玻尔理论的正确性，由此获得了 1925 年诺贝尔物理学奖。

视频-夫兰克赫
兹实验—实验
原理、测量

　　弗兰克-赫兹实验至今仍是探索原子结构的重要手段之一，用"拒斥电压"筛去小能量电子的方法已成为广泛应用的实验技术。

PPT-夫兰克赫
兹实验—实验
原理、测量

［实验目的］

　　通过测定氩原子等元素的第一激发电位，证明原子能级的存在。

［实验仪器］

　　弗兰克-赫兹实验仪、弗兰克-赫兹管、BNC 同轴电缆线、PASCO 无线电压传感器。

［实验原理］

　　玻尔原子模型指出，原子只能停留在一些稳定状态（简称为定态），原子在这些状态时，不发射或吸收能量。各定态有一定的能量，其数值是彼此分隔的。原子的能量不论通过什么方式发生改变，它只能从一个定态跃迁到另一个定态。原子从一个定态跃迁到另一个定态而发射或吸收辐射时，辐射频率是一定的。如果分别用 E_m 和 E_n 代表两个定态的能量，则辐射的频率 v 与定态能量的关系为

$$hv = E_m - E_n \tag{3.6-1}$$

式中，普朗克常数 $h = 6.63 \times 10^{-34} \, \text{J} \cdot \text{s}$。

　　为了使原子从低能级向高能级跃迁，可以使具有一定能量的电子与原子碰撞进行能量交换。设初速度为零的电子在电位差为 U_0 的加速电场作用下获得能量 eU_0，当具有这种能量的电子与稀薄气体的原子发生碰撞时，就会发生能量交换。如果用 E_1 代表氩原子的基态能量，用 E_2 代表氩原子的第一激发态能量，那么当氩原子吸收的从电子传递来的能量恰好为

$$eU_0 = E_2 - E_1 \tag{3.6-2}$$

时，氩原子就会从基态跃迁到第一激发态，相应的电位差称为氩的第一激发电位（或氩的中肯电位）。测定出这个电位差 U_0，就可以根据式（3.6-2）求出氩原子基态和第一激发态之间的能量差（其他元素气体原子的第一激发电位亦可依此法求得）。

　　弗兰克-赫兹实验原理图如图 3.6-1 所示。在充氩的弗兰克-赫兹管中，电子由热阴极发出，阴极 K 和第一栅极 G_1 之间的加速电压主要用于消除阴极电子散射的影响，阴极 K 和栅极 G_2 之间的加速电压 U_{G_2K} 使电子加速，在阳极 A 和第二栅极 G_2 之间加有反向拒斥电压 U_{G_2A}。

弗兰克-赫兹管内的电位分布图如图 3.6-2 所示，当电子通过 G_2K 空间进入 G_2A 空间时，如果电子有较大的能量（$\geqslant eU_{G_2A}$），就能冲过反向拒斥电场到达阳极，形成板极电流，被微电流计检出。如果电子在 G_2K 空间与氩原子碰撞，把一部分能量传给氩原子而使后者激发，电子本身所剩余的能量很小，以致通过第二栅极后不足以克服拒斥电场而折回第二栅极，这时，通过微电流计的电流减小。

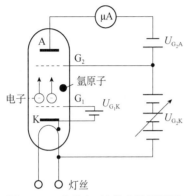

图 3.6-1　弗兰克-赫兹实验原理图

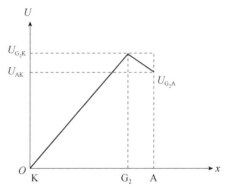

图 3.6-2　弗兰克-赫兹管内的电位分布图

实验时，使 U_{G_2K} 逐渐增加并仔细观察微电流计指示的电流，如果原子能级确实存在，而且基态和第一激发态之间有确定的能量差，就能观察到图 3.6-3 所示的 I_A—U_{G_2K} 曲线。

图 3.6-3 所示的曲线反映了氩原子在 G_2K 空间与电子进行能量交换的情况。当 G_2K 空间的电压逐渐增加时，电子在 G_2K 空间被加速而获得越来越大的能量。在起始阶段，电压较低，电子的能量较少，即

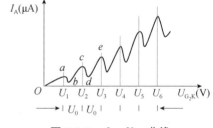

图 3.6-3　I_A—U_{G_2K} 曲线

使在运动过程中与氩原子碰撞也只有微小的能量交换（弹性碰撞）。穿过第二栅极的电子形成的板极电流 I_A 将随第二栅极电压 U_{G_2K} 的增加而增大（图 3.6-3 中的 Oa 段）。当 G_2K 空间的电压达到氩原子的第一激发电位 U_0 时，电子在第二栅极附近与氩原子碰撞，将自己从加速电场中获得的全部能量交给氩原子，并使氩原子从基态激发到第一激发态。电子把全部能量给了氩原子，即使穿过了第二栅极也不能克服反向拒斥电场而折回第二栅极（被筛选掉），所以板极电流将显著减小（图 3.6-3 中的 ab 段）。

随着第二栅极电压不断增加，电子的能量也随之增加，在与氩原子碰撞后留下足够的能量，可以克服反向拒斥电场而到达阳极 A，这时板极电流又开始上升（图 3.6-3 中的 bc 段）。直到 G_2K 空间的电压达到两倍氩原子的第一激发电位时，电子在 G_2K 空间又会因二次碰撞而失去能量，造成第二次板极电流的下降（图 3.6-3 中的 cd 段）。同理，当 G_2K 空间的电压满足

$$U_{G_2K} = nU_0 \tag{3.6-3}$$

时，板极电流 I_A 会下降，形成规则起伏变化的 I_A—U_{G_2K} 曲线。板极电流 I_A 达到峰值时，对应的加速电压差为 $U_{n+1} - U_n$，即两相邻峰值之间的加速电压差是氩原子的第一激发电位 U_0。

本实验通过实际测量来证实原子能级的存在，并测出氩原子的第一激发电位。

原子处于激发态时是不稳定的。实验中被慢电子轰击到第一激发态的原子要跃迁回基态时，有 eU_0 的能量被辐射出来。反跃迁时原子以放出光量子的形式向外辐射能量，这种光辐射的能量为

$$eU_0 = hv = h\frac{c}{\lambda} \tag{3.6-4}$$

对于氩原子来说

$$\lambda = h\frac{c}{eU_0} = (6.63 \times 10^{-34} \times 3.0 \times 10^8) / (1.602 \times 10^{-19} \times 11.5) = 108.1 \text{nm}$$

如果弗兰克-赫兹管中充以其他元素，用该方法也可以得到它们的第一激发电位，如表 3.6-1 所示。

表 3.6-1　几种元素的第一激发电位

元素	钠（Na）	钾（K）	锂（Li）	镁（Mg）	汞（Hg）	氦（He）	氖（Ne）
U_0（V）	2.12	1.63	1.84	3.2	4.9	21.2	18.6
λ（nm）	589.8 589.6	766.4 769.9	670.78	475.1	250.0	584.3	640.2

[实验内容]

1. 实验准备

（1）按要求连接导线。

（2）将所有电压调节旋钮逆时针旋转到底，然后打开电源开关。

（3）将电流幅度选择开关设置为 10^{-10}A 挡。

（4）将电压显示选择开关设置为"FILAMENT"挡，调节电压为"FILAMENT 0-6.3V"，参考弗兰克-赫兹管机箱上的出厂参数设置实验参数。

（5）将 U_{G_1K} 调节为 5V。

（6）将 U_{G_2K} 调节为 12V。

（7）将电压显示选择开关设置为"U_{G_2K}"挡，将 U_{G_2K} 调节为 0V。

（8）将设备预热 15min。

进行实验准备时要注意以下几点。

（1）开启电源前，请将所有电压调节旋钮逆时针旋转到底。

（2）如果需要改变 U_{G_1K}、U_{G_2K} 等实验参数，请先调节 U_{G_2K} 为 0。

（3）实验完成后，请把各个实验参数的电压调节为"0"，以增加氩管的使用寿命。

2. 实验步骤

（1）缓慢、均匀地增加 U_{G_2K}（0～85V），按步长 1V 或 0.5V 增加，将数据记录在表 3.6-2 中（若电流表显示的数值太小，可以适当增加灯丝电压 U_F 或者改变量程挡位为 10^{-11}A）。

为保证实验数据的唯一性，U_{G_2K} 必须从小到大单向调节，而且在电压加载后，应该立即记录当时的电流数据，不可在过程中反复。记录最后一组数据后，要立即将 U_{G_2K} 快速归零。

表 3.6-2　电流数据记录表

U_{G_2K}（V）	1	2	3	4	5	...	...	85
I（×10^{-10}A）								

（2）读出峰值电流和对应的U_{G_2K}，记录在表 3.6-3 中。

表 3.6-3　峰值电流和对应的U_{G_2K}

		U_1（V）	U_2（V）	U_3（V）	U_4（V）	U_5（V）	U_6（V）
峰值	U_{G_2K}（V）						
	I（×10^{-10}A）						

［数据处理］

1. 绘制I_A—U_{G_2K}曲线。
2. 得出电流峰、谷值对应的电压。
3. 获得氩原子的第一激发电位（U_0），将数据填在表 3.6-4 中。

表 3.6-4　数据记录表

$U_F=$＿＿＿＿＿V；$U_A=$＿＿＿＿＿V

次数 n	$I_{A(n)}$（×10^{-10}A）	$U_{G_2K(n)}$（V）	$U_0=[U_{G_2K(n+3)}-U_{G_2K(n)}]/3$（V）	$\overline{U_0}$（V）
1				
2				
3				
4				
5				
6				

4. 计算普朗克常数$h=\dfrac{\lambda e U_0}{c}$（$\lambda$=108.1nm，$e$=1.602×$10^{-19}$C，$c$=3.0×$10^8$m/s）。

5. 计算相对误差。

［思考题］

1. 为什么I_A—U_{G_2K}呈周期性变化？
2. 为什么先读I_A，再读U_{G_2K}的值？

习题-夫兰克
赫兹实验

［附录］

1. 弗兰克–赫兹实验仪（BEX–8502A）的面板

弗兰克–赫兹实验仪（BEX–8502A）的面板如图 3.6-4 所示，各功能如下。

（1）电压表：显示输出端口的电压值。

（2）电流表：显示输入信号的电流值。

（3）电流输入端口：输入电流信号。

（4）电源开关：开启或关闭设备电源。

（5）电压调节旋钮：调节输出电压的大小。

（6）电压输出端口：输出工作电压。

（7）电压显示选择开关：选择显示不同的电压大小。

（8）电流幅度选择开关：设置放大电流的幅度。

（9）数据接口：连接数据处理设备（PASCO 850/550 通用接口）。

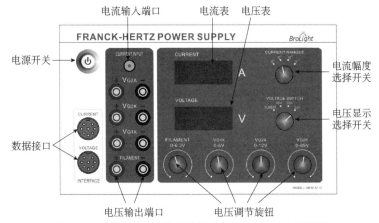

图 3.6-4　弗兰克-赫兹实验仪（BEX-8502A）的面板

　　在连接导线之前，请确认所有电源开关都处于关闭状态，所有电压调节旋钮都逆时针旋转到底。

　　弗兰克-赫兹管的工作电源有高压，在工作状态下禁止用身体的任何部位去触摸。

2. 弗兰克-赫兹实验接线图

弗兰克-赫兹实验接线图如图 3.6-5 所示。

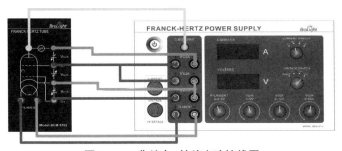

图 3.6-5　弗兰克-赫兹实验接线图

3.7　光电效应测普朗克常数

　　光电效应是指一定频率的光照射在金属表面时电子从金属表面逸出的现象，光电效应实

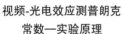

| 视频-光电效应测普朗克常数—实验原理 | PPT-光电效应测普朗克常数—实验原理 | 视频-光电效应测普朗克常数—实验测量 | PPT-光电效应测普朗克常数—实验测量 |

验对于认识光的本质及早期量子理论的发展具有里程碑式的意义。1887 年赫兹在用两套电极做电磁波的发射与接收实验时，发现当紫外光照射接收电极的负极时，接收电极间更容易放电。斯托列托夫发现负电极在光的照射下会放出带负电的粒子，形成光电流，光电流的大小与入射光强度成正比，光电流在照射开始时立即产生。赫兹的助手勒纳德从 1889 年开始从事光电效应的研究工作，1900 年，他通过在阴、阳极间加反向电压的方法研究电子逸出金属表面的最大速度，发现光源和阴极材料都对截止电压有影响，但光的强度对截止电压无影响，电子逸出金属表面的最大速度与光强无关。这是勒纳德的新发现，获得了 1905 年诺贝尔物理学奖。

1900 年，普朗克在研究黑体辐射问题时，提出了一个符合实验结果的经验公式。为了从理论上推导这一公式，他假定黑体内的能量由不连续的能量子构成，能量子的能量为 $h\nu$。能量子假说具有划时代的意义，但无论是普朗克本人还是同时代的物理学家都没有充分认识到这一点。爱因斯坦以他惊人的洞察力，最先认识到能量子假说的伟大意义并予以发展。1905 年，爱因斯坦在其著名论文《关于光的产生和转化的一个试探性观点》中写道："在我看来，如果假定光的能量在空间中的分布是不连续的，就可以更好地理解黑体辐射、光致发光、光电效应以及其他光的产生和转化现象。根据这一假设，光源发射出的光在传播过程中不是连续分布在越来越大的空间中，而是由数目有限的局限于空间各点的光量子组成，这些光量子在运动中不再分散，只能整体被吸收或产生。"作为例证，爱因斯坦得出了著名的光电效应方程，解释了光电效应的实验结果。

光量子理论被创立后，在固体比热、辐射理论、原子光谱等方面获得了巨大成功，人们逐步认识到光具有波粒二象性。光子的能量（$E=h\nu$）与频率有关，当光传播时，显示出光的波动性，产生干涉、衍射、偏振等现象；当光和物体发生作用时，它的粒子性又突显出来。后来，科学家发现波粒二象性是一切微观物体的固有属性，并发展了量子力学来描述和解释微观物体的运动规律，使人们对客观世界的认识前进了一大步。

［实验目的］

1. 了解光电效应的规律，加深对光的量子性的理解。
2. 测定普朗克常数 h。

［实验仪器］

光电效应实验仪、示波器。

[实验原理]

光电效应实验示意图如图 3.7-1 所示，GD 是光电管，K 是阴极，A 是阳极。R 是滑线变阻器，调节 R 可以得到实验所需的加速电位差 U_{AK}。光电管的 A、K 之间可获得从 $-U$ 到 0 再到 $+U$ 连续变化的电压。实验时用的单色光是从低压汞灯光谱中用干涉滤色片过滤得到的，其波长分别为 365nm、405nm、436nm、546nm、577nm。

光电效应的基本实验规律有以下几点。

（1）同一频率不同光强时光电管的伏安特性曲线如图 3.7-2 所示，对于一定的频率，存在电压 U_0，当 $U_{AK} \leqslant U_0$ 时，电流为零。这个相对于阴极负值的阳极电压 U_0 称为截止电压。

（2）当 $U_{AK} \geqslant U_0$ 后，I 迅速增加，然后趋于饱和，饱和光电流 I_H 的大小与入射光的强度 P 成正比。

（3）对于不同频率的光，截止电压的值不同，如图 3.7-3 所示。

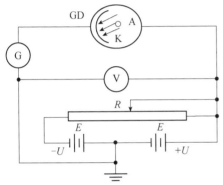

图 3.7-1　光电效应实验示意图

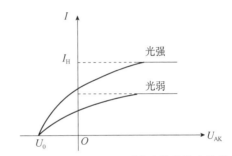

图 3.7-2　同一频率不同光强时光电管的伏安特性曲线

（4）截止电压与频率的关系如图 3.7-4 所示，U_0 与 ν 成正比。当入射光频率低于某极限值 ν_0（ν_0 随不同金属而异）时，不论光的强度和照射时间如何改变，都没有光电流产生。

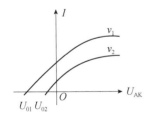

图 3.7-3　不同频率的光的截止电压

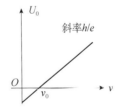

图 3.7-4　截止电压与频率的关系

（5）光电效应是瞬时效应。即使入射光的强度非常微弱，只要频率大于 ν_0，照射后立即有光电子产生。

按照爱因斯坦的光量子理论，光并不像电磁波理论那样分布在波阵面上，而是集中在被称为光子的微粒上，但这种微粒仍然保持着频率（或波长）的概念，频率为 ν 的光子具有的能量为 $E = h\nu$（h 为普朗克常数）。光子照射金属表面时，被金属中的电子全部吸收。电子把能量的一部分用来克服金属表面对它的吸引力，剩下的一部分变为电子离开金属表面后的动能。按照能量守恒原理，爱因斯坦提出了著名的光电效应方程，即

$$hv = \frac{1}{2}mv_0{}^2 + A \tag{3.7-1}$$

式中，A 为金属的逸出功，$\frac{1}{2}mv_0{}^2$ 为光电子获得的初始动能。由式（3.7-1）可知，入射到金属表面的光频率越高，逸出的电子动能越大，阳极电压比阴极电压低时也会有电子落入阳极形成光电流，直至阳极电压低于截止电压，此时有

$$eU_0 = \frac{1}{2}mv_0{}^2 \tag{3.7-2}$$

阳极电压高于截止电压时，随着阳极电压的升高，阳极对阴极发射的电子的收集作用增强，光电流随之上升；当阳极电压高到一定程度时，把阴极发射的电子几乎全收集到阳极，再增加 U_{AK} 时，I 不再变化，光电流出现饱和，饱和光电流 I_H 的大小与入射光的强度成正比。

光子的能量 $hv_0 < A$ 时，电子不能脱离金属，因而没有光电流产生。产生光电效应的最低频率（截止频率）$v_0 = \frac{A}{h}$。将式（3.7-2）代入式（3.7-1），可得

$$eU_0 = hv - A \tag{3.7-3}$$

即截止电压 U_0 是频率 v 的线性函数，直线斜率 $k = \frac{h}{e}$，只要用实验得出不同的频率对应的截止电压，求出直线斜率，就可算出普朗克常数 h。

还需要说明的是：理论上，某频率的光照射下阴极电流为零时对应的 U_{AK}，其绝对值应为该频率对应的截止电压。实际上，由于光电管中阳极反向电流、暗电流、本底电流以及极间接触电位差的影响，实测电流并非阴极电流，实测电流为零时对应的 U_{AK} 也并非截止电压。在光电管的制作过程中，阳极往往被污染，入射光照射阳极或入射光从阴极反射到阳极之后会造成阳极发射光电子。U_{AK} 为负值时，阳极发射的电子向阴极迁移构成了阳极反向电流。暗电流和本底电流分别是热激发产生的光电流和杂散光照射光电管产生的光电流，可以在光电管制作或测量过程中采取适当措施减小它们的影响。极间接触电位差与入射光频率无关，只影响 U_0 的准确性，不影响 U_0—v 直线的斜率，对测定 h 无影响。

本实验中的电流放大器灵敏度高、稳定性好，光电管阳极的反向电流、暗电流也较小。在测量各谱线的截止电压 U_0 时，可采用零电流法，即直接将各谱线照射下电流为零时的电压 U_{AK} 的绝对值作为截止电压 U_0。此法的前提是阳极反向电流、暗电流和本底电流都很小。用零电流法测得的截止电压与真实值相差较小，各谱线的截止电压都相差 ΔU，对 U_0—v 曲线的斜率无影响，对 h 的测量不会产生大的影响。

［实验内容］

1. 测试准备

（1）按要求连接导线，盖上汞灯遮光罩。打开电源开关，预热 20min。
（2）调整汞灯与光电管的距离为 300～350mm。
（3）设置电压输出范围为-2～0V，设置电流量程为 10^{-13}A。
（4）将信号选择按钮设置为校准状态，调节电流调零旋钮使电流表显示"0"，再按下信

号选择按钮使其处于测量状态。

2. 测量截止电压，计算普朗克常数

（1）将光电暗盒前面的转盘轻轻拉出，把 4mm 的光阑对准白色刻线，使定位销复位。

（2）把装滤色片的转盘放在挡光位，即指示"0"对准上面的白点，在此状态下测量光电管的暗电流。

（3）把 365nm 的滤色片转到通光口，把电压表显示的 U_{AK} 调节为−2.200V，打开汞灯遮光罩，电流表显示的电流值应为负值。

（4）逐步升高工作电压（使负电压的绝对值减小），当电压到达某一数值且光电管输出电流为零时，记录对应的工作电压 U_{AK}，该电压即为 365nm 单色光的截止电压。

（5）依次换上 405nm、436nm、546nm、577nm 的滤色片，重复以上测量步骤，记录实验数据。

3. 测量光电管的伏安特性曲线

按下电压选择按钮，将电压输出范围设置为−2～30V，将电流幅度选择开关转换至 10^{-10}A 挡，并重新调零。

（1）观察同一光阑、同一距离条件下的 5 条伏安特性曲线。记录所测得的 U_{AK} 及 I，在坐标纸上绘制伏安特性曲线。

（2）观察同一距离、不同光阑（不同光通量）的伏安特性曲线。在 U_{AK} 为 30V 时，测量并记录光阑分别为 2mm、4mm、8mm 时对应的电流值，验证光电管的饱和光电流是否与入射光强成正比。

（3）观察同一光阑下不同距离（不同光强）的伏安特性曲线。在 U_{AK} 为 30V 时，测量并记录光电管与入射光在不同距离（例如 300mm、350mm、400mm 等）时对应的电流值，验证光电管的饱和电流是否与入射光强成正比。

［数据处理］

1. 分别测出滤色片波长为 365nm、405nm、436nm、546nm、577nm 时的截止电压，将数据记录在表 3.7-1 中。

表 3.7-1　截止电压（4mm 光阑）数据记录表

	1	2	3	4	5
波长 λ（nm）	365	405	436	546	577
频率 $\nu=c/\lambda$（$\times10^{14}$Hz）	8.214	7.408	6.879	5.490	5.196
截止电压 U_0（V）					

（1）画出截止电压与频率的关系曲线。

（2）找到最佳线性拟合后的斜率 k。

（3）$h=ek=$ _____ 。

（4）计算误差 $\triangle h=|(h-h_0)/h_0|\times100\%=$ _____ 。

2. 根据测得的数据，将数据记录在表 3.7-2 中，画出不同条件下光电管的伏安特性曲线，并分析伏安特性曲线图。

表 3.7-2　不同条件下的 U_{AK} 和 I（4mm 光阑）

U_{AK}（V）								
I（$\times10^{-10}$A）								
U_{AK}（V）								
I（$\times10^{-10}$A）								
U_{AK}（V）								
I（$\times10^{-10}$A）								
U_{AK}（V）								
I（$\times10^{-10}$A）								
U_{AK}（V）								
I（$\times10^{-10}$A）								

[思考题]

如何在实验中较好地完成截止电压的选取？

[附录] 光电效应实验仪

习题-光电效应
测普朗克常数

光电效应实验仪的面板如图 3.7-5 所示，各部分的说明如下。

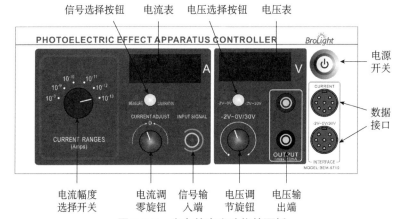

图 3.7-5　光电效应实验仪的面板

（1）电源开关：开启或者关闭设备电源。
（2）电压表：显示输出端口的电压值。
（3）电流表：显示输入信号的电流值。
（4）电压选择按钮：设置电压输出范围。
（5）信号选择按钮：设置信号为"测量"或"调零"状态。
（6）电流幅度选择开关：设置放大电流的幅度。
（7）电压调节旋钮：调节输出电压的大小。
（8）电流调零旋钮：通过微电流放大器放大电流调零。

（9）电压输出端：输出工作电压。

（10）信号输入端：输入电流信号。

（11）数据接口：连接数据处理设备。

在连接导线之前，要保证所有电源开关都处于关闭状态，所有电压调节旋钮都逆时针旋转到底。

连接导线的步骤如下。

（1）用 BNC 同轴电缆线连接实验仪的信号输入端接口与光电管盒后板上的"K"接口。

（2）用红黑导线连接实验仪的电压输出端和光电管盒后板的红黑接线端。

3.8 玻璃折射率的测定

视频-玻璃折射率的测量—实验原理、测量

光是电磁波，其电矢量在某一平面内振动的光称为线偏振光。若电矢量的振动方向和大小都随时间作无规则变化，且各方向的取向概率相同，这种光称为自然光。介于偏振光与自然光之间的是部分偏振光，其特点是光的电矢量在某一确定方向上较强。

PPT-玻璃折射率的测量—实验原理、测量

能使自然光变成偏振光的器件称为起偏器，用来检验偏振光的器件称为检偏器。实际上，能起偏的器件就可以检偏。

各种偏振器只允许通过某一振动方向的光波，该方向称为透光轴方向。当起偏器和检偏器的透光轴相互平行时，通过的光强最大（最亮）；当二者的透光轴相互正交时，光波无法通过（最暗，此时称为消光）。

光的偏振现象证明了光波是横波。本实验通过观察光的偏振现象，了解产生和检验偏振光的方法及其基本规律。

［实验目的］

1. 观察光的偏振现象。

2. 通过对布儒斯特角的观测，测定玻璃的折射率。

［实验仪器］

分光计、偏振片、平面玻璃、白炽灯或钠光灯。

［实验原理］

1. 偏振光的基本概念

光是电磁波，光波的电矢量、磁矢量和光的传播方向三者相互垂直，如图 3.8-1 所示。电磁波对物质的作用主要是电场，故在光学中把电场强度称为光矢量。如果在光的传播方向上，光矢量始终在同一平面内振动，这种光称为平面偏振光或线偏振光。光矢量的振动方向

与传播方向构成的面称为振动面。

由于一般光源发光机制的无序性，在垂直于光波传播方向的平面内，如果光波的电矢量分布就方向和大小来说是均等对称的，这种光称为自然光。在发光过程中，有些光的振动面在某个特定方向上出现的概率最小，这种光称为部分偏振光，如图 3.8-2 所示。还有一些光，其振动面的取向和电矢量的大小随时间作有规律的变化，电矢量末端在垂直于传播方向的平面上的轨迹呈椭圆或圆，这种光称为椭圆偏振光或圆偏振光。

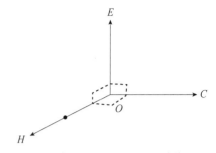

图 3.8-1　电矢量、磁矢量和光的传播方向

2. 获得线偏振光的常用方法

当光在传播过程中遇到介质发生反射、折射、双折射或通过二色性物质时会发生偏振现象，使光线的电矢量分布对其传播方向不再对称。将自然光变为偏振光的过程称为起偏，起偏的装置称为起偏器，常用的起偏装置有以下几种。

（1）反射时的偏振——布儒斯特定律

当自然光在两种介质的界面上发生反射或折射时，反射光和折射光都成为部分偏振光。当一束平行的自然光从折射率为 n_1 的介质照射到折射率为 n_2 的非金属（例如玻璃、水、陶瓷等）表面时，如果入射角满足以下关系

$$\tan\theta_B = \frac{n_2}{n_1} \qquad (3.8\text{-}1)$$

则界面上反射的光为线偏振光，其振动面垂直于入射面，而折射光为部分偏振光。反射和折射时的偏振如图 3.8-3 所示，θ_B 称为布儒斯特角。光由空气射向玻璃（$n_2 = 1.5$）时，$\theta_B \approx 56.3°$。

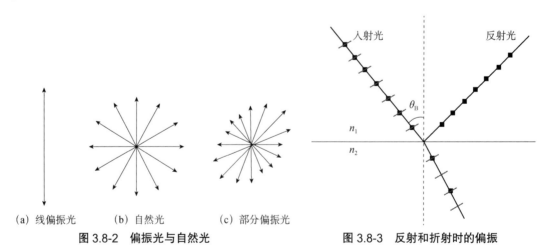

　（a）线偏振光　　　（b）自然光　　　（c）部分偏振光

图 3.8-2　偏振光与自然光

图 3.8-3　反射和折射时的偏振

（2）偏振片

乙烯醇胶膜内部含有刷状结构的链状分子。胶膜被拉伸时，这些链状分子被拉直并在拉伸方向上平行排列。由于吸收作用，拉伸过的胶膜只允许振动方向平行于分子排列方向（此方向称为偏振片的透光轴）的光通过，利用它可制成偏振片。

自然光经介质的反射、折射或吸收后都可能产生偏振光。最常用的起偏介质是某些有机化合物晶体利用很强的二色性制成的偏振片，还有一些利用晶体的双折射现象制成的尼科尔棱镜。

[实验内容]

根据实验原理以及所提供的仪器，自行设计实验方案，内容应包括以下两部分。

1. 利用分光计观察光在玻璃表面反射并起偏的现象，从而测出布儒斯特角，估算玻璃的折射率。请拟定观察和测量的具体方案和步骤，并记录实验中出现的物理现象。

2. 利用偏振片鉴别自然光和偏振光，并写好观察记录。

[数据处理]

测量本实验的布儒斯特角，将数据填入表 3.8-1 中，求出 n_2 并计算误差。

表 3.8-1　布儒斯特角数据记录表

	游标读数		望远镜偏转角		布儒斯特角
	$\theta_右$	$\theta_左$	$\varphi = \lvert \theta_初 - \theta_末 \rvert / 2$		$\theta_B = [180° - (\varphi_右 + \varphi_左)/2]/2$
			$\varphi_右$	$\varphi_左$	
初状态					
末状态					

理想状态下 $\tan\theta_B = \dfrac{n_2}{n_1}$ （光由空气射向玻璃时 $n_2 = 1.5$、$n_1 = 1.0$），本实验中

$\tan\theta_B = \dfrac{n_2}{n_1} = $＿＿＿＿＿，$n_2 = $＿＿＿＿＿，误差 $E = $＿＿＿＿＿。

[思考题]

1. 如何在实验中区别自然光、偏振光和部分偏振光？
2. 如何在实验中判定入射角恰好是布儒斯特角？

3.9　太阳能电池特性的研究

太阳能是一种清洁、"绿色"的能源，太阳能的利用是二十一世纪新能源开发的重点课题，世界各国都十分重视对太阳能电池的研究。目前太阳能电池大量用于民用领域如太阳能汽车、太阳能游艇、太阳能收音机、太阳能计算机、太阳能电站等。本实验主要探讨太阳能电池的基本特性，研究太阳能电池的电学性质和光学性质。

[实验目的]

1. 研究无光照条件下太阳能电池正向偏压时的伏安特性。

2. 研究太阳能电池在光照下的输出伏安特性，并求它的短路电流 I_{sc}、开路电压 U_{oc}、最大输出功率 P_m 及填充因子 FF。

3. 研究太阳能电池的光照特性，测量短路电流 I_{sc}、开路电压 U_{oc} 和相对光强度 J/J_0 之间的关系。

[实验仪器]

太阳能电池实验装置如图 3.9-1 所示，主要部件包括光具座及滑块、盒装太阳能电池、直流稳压电源、白炽灯光源、光功率计（带 3V 直流稳压电源）、导线若干、遮光罩、单刀双掷开关等。

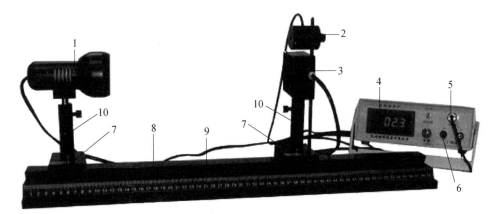

1—白炽灯光源；2—光功率计探头；3—盒装太阳能电池；4—光功率计数显窗口；5—光功率计信号输入接口；
6—直流稳压电源（3V）输出插座；7—滑块；8—光具座（导轨）；9—毫米刻度尺；10—光学支架

图 3.9-1　太阳能电池实验装置

[实验原理]

太阳能电池在没有光照时可视为一个二极管，其正向偏压 U 与通过电流 I 的关系为

$$I = I_0(e^{\beta U} - 1) \tag{3.9-1}$$

式中，I_0 和 β 是常数。

由半导体理论可知，二极管主要由能隙为 $E_C - E_V$ 的半导体构成，电子和空穴在电场的作用下产生电流，如图 3.9-2 所示。

E_C 为半导体导带，E_V 为半导体价带。当入射光子的能量大于能隙时，光子会被半导体吸收，产生电子和空穴，电子和空穴受到二极管内电场的影响而产生光电流。

太阳能电池的理论模型由理想电流源（光照产生光电流的电流源）、理想二极管、并联电阻 R_{sh} 等组成，如图 3.9-3 所示。I_{ph} 为太阳能电池在光照下的等效电源输出电流，I_d 为光照时通过太阳能电池内部二极管的电流。由基尔霍夫定律得

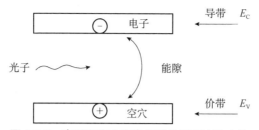

图 3.9-2　电子和空穴在电场的作用下产生电流

$$IR_{s} + U - (I_{ph} - I_{d} - I)R_{sh} = 0 \tag{3.9-2}$$

式中，I 为太阳能电池的输出电流，U 为输出电压。由式（3.9-2）可得

$$I\left(1 + \frac{R_{s}}{R_{sh}}\right) = I_{ph} - \frac{U}{R_{sh}} - I_{d} \tag{3.9-3}$$

当 $R_{sh} = \infty$、$R_{s} = 0$ 时，太阳能电池可简化为图 3.9-4 所示的电路，这时有

$$I = I_{ph} - I_{d} = I_{ph} - I_{0}(e^{\beta U} - 1)$$

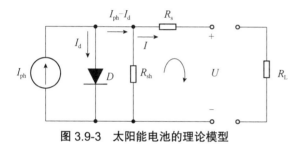

图 3.9-3　太阳能电池的理论模型　　　　　图 3.9-4　太阳能电池的简化电路

短路时，$U = 0$，$I_{ph} = I_{sc}$；开路时，$I = 0$，$I_{sc} - I_{0}(e^{\beta U_{oc}} - 1) = 0$，所以

$$U_{oc} = \frac{1}{\beta}\ln\left[\frac{I_{sc}}{I_{0}} + 1\right] \tag{3.9-4}$$

式（3.9-4）是太阳能电池的开路电压 U_{oc} 和短路电流 I_{sc} 的关系式。

填充因子 FF 是代表太阳能电池性能优劣的一个重要参数，其定义为

$$FF = P_{m} / (I_{sc}U_{oc}) \tag{3.9-5}$$

式中，P_{m} 为最大输出功率，填充因子越大，太阳能电池的性能越好。优质太阳能电池的 FF 可达 0.8 以上。

［实验内容］

1. 全暗时太阳能电池的伏安特性测量电路如图 3.9-5 所示，改变电阻箱的阻值，用万用表测出各种阻值下太阳能电池和电阻箱两端的电压，求出电压和电流关系的经验公式。

2. 在不加偏压时，用白色光源照射，测量太阳能电池的输出特性（此时光源到太阳能电池的距离为 20cm）。

（1）画出测量实验线路图。

（2）测量太阳能电池在不同负载电阻下，I 与 U 的关系。

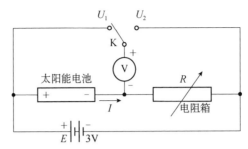

图 3.9-5 全暗时太阳能电池的伏安特性测量电路

3. 测量太阳能电池的光照特性。在暗箱中（用遮光罩挡光）将离白炽灯光源 15cm 处的光强作为标准光照强度，用光功率计测量该处的光照强度 J_0；改变太阳能电池到光源的距离 x，用光功率计测量 x 处的光照强度 J。测量太阳能电池接收到不同的相对光强 J/J_0 时，相应的 I_{sc} 和 U_{oc}。短路电流 I_{sc} 可以直接用万用表的直流电流挡测量，开路电压 U_{oc} 则可以直接用万用表的直流电压挡测量。

[数据处理]

1. 在全暗条件下，测量太阳能电池正向偏压时的伏安特性，将数据填入表 3.9-1 中，用实验测得的数据画出 I—U 曲线并求常数 β 和 I_0。

表 3.9-1 全暗条件下太阳能电池正向偏压时的伏安特性

$R(k\Omega)$	$U_1(V)$	$U_2(V)$	$I(\mu A)$	$\ln I$
50				
40				
30				
20				
10				
5				
2				
0				

由式（3.9-1）可知，当 U 较大时，$e^{\beta U} \gg 1$，即 $\ln I = \beta U + \ln I_0$。

2. 在恒定光照下，测量太阳能电池无正向偏压时的伏安特性，将数据记录到表 3.9-2 中，计算电池的输出电流和输出功率。

表 3.9-2 恒定光照下太阳能电池无正向偏压时的伏安特性

R（Ω）	U_1（V）	I（mA）	P（mW）	R（Ω）	U_1（V）	I（mA）	P（mW）
200				4400			
300				4600			
600				4800			
800				5000			
1000				5500			
1200				6000			

（续表）

R（Ω）	U_1（V）	I（mA）	P（mW）	R（Ω）	U_1（V）	I（mA）	P（mW）
1400				6500			
1600				7000			
1800				7500			
2000				8000			
2200				8500			
2400				9000			
2600				10000			
2800				20000			
3000				30000			
3200				40000			
3400				50000			
3600				60000			
3800				70000			
4000				80000			
4200				90000			

（1）画出 I—U 曲线图。

（2）利用外推法求短路电流 I_{sc} 和开路电压 U_{oc}。

（3）求太阳能电池的最大输出功率及最大输出功率对应的负载电阻。

（4）计算填充因子 $FF = P_m / (I_{sc} U_{oc})$。

3. 测量太阳能电池 I_{sc} 和 U_{oc} 与相对光强 J / J_0 的关系。

（1）先测出距离光源 15cm 处的光照强度 J_0，再测定不同光源距离时的光强强度 J 以及相应位置的 I_{sc} 和 U_{oc}，把测量结果记录到表 3.9-3 中。

表 3.9-3　太阳能电池 I_{sc} 和 U_{oc} 与相对光强 J/J_0 的关系

光源距离 x（cm）	J（mW）	J/J_0	I_{sc}（mA）	U_{oc}（V）
15				
18				
21				
24				
27				
30				
31				
32				
33				
34				
35				

（2）绘制 I_{sc} 和相对光强 J / J_0 的关系曲线。

（3）绘制 U_{oc} 和相对光强 J / J_0 的关系曲线。

［思考题］

1. 如果实验时光源的光强发生变化，对测量结果有无影响？

2. 硅光电池输出相对于入射光照射有无滞后效应？

3.10 多普勒效应综合实验

对于机械波、声波、光波和电磁波而言，当波源、观察者、传播介质之间发生相对运动时，观察者接收到的波频率和发出的波频率不相同，这种现象称为多普勒效应。

多普勒效应在核物理、天文学、工程技术、交通管理、医疗诊断等方面有十分广泛的应用，例如用于卫星测速、光谱仪、多普勒雷达、多普勒彩色超声诊断仪等。

〔实验目的〕

1. 了解声波的多普勒效应。
2. 测量超声接收器的运动速度与接收频率的关系，验证多普勒效应。
3. 掌握用时差法测量声波传播速度的操作步骤。

〔实验仪器〕

FB718A 型多普勒效应实验仪、JK-40 智能运动控制仪、测试架、数字示波器。

〔实验原理〕

1. 声波的多普勒效应

根据声波的多普勒效应，当声源与接收器之间有相对运动时，接收器接收到的频率 f 为

$$f = \frac{f_0\left(u + v_1 \cos \alpha_1\right)}{u - v_2 \cos \alpha_2} \tag{3.10-1}$$

式中，f_0 是声源发射频率，u 是声速，v_1 是接收器的运动速度，α_1 是声源与接收器的连线和接收器运动方向的夹角，v_2 是声源的运动速度，α_2 是声源与接收器的连线和声源运动方向的夹角。

若声源保持不动，运动物体上的接收器沿着声源与接收器的连线方向以速度 v 运动，则由式（3.10-1）可得接收器接收到的频率为

$$f = f_0\left(1 + \frac{v}{u}\right) \tag{3.10-2}$$

当接收器向着声源运动时，v 取正，反之取负。

若 f_0 保持不变，测出物体的运动速度和接收器接收到的频率，作 f—v 曲线可直观验证多普勒效应。由式（3.10-2）可知，f—v 曲线的斜率 $k=f_0/u$，由此可计算出声速 $u=f_0/k$。

声速的理论值公式为

$$u = 331.45\sqrt{1 + \frac{T}{273.16}} \quad (\text{或} u \approx 331.45 + 0.61T) \tag{3.10-3}$$

其中，T 为室温，单位为℃。

由式（3.10-2）可解出

$$v = u\left(\frac{f}{f_0} - 1\right) \tag{3.10-4}$$

若已知声速 u 及声源发射频率 f_0，通过测量接收器接收到的频率 f，由式（3.10-4）计算出接收器的运动速度，即可得出物体在运动过程中的速度变化情况，进而对物体的运动状况及规律进行研究。

2. 用时差法（脉冲波）测量声速的原理

连续波经脉冲调制后由发射换能器发射至被测介质中，声波在介质中传播，经过时间 t 后，到达距离 L 处的接收换能器。由运动定律可知，声波在介质中传播的速度为

$$u = \frac{L}{t} \tag{3.10-5}$$

通过测量发射平面和接收平面之间的距离 L 和时间 t，就可以计算出声波在当前介质中的传播速度。

[实验内容]

1. 预调节实验仪

整套仪器由 FB718A 型多普勒效应实验仪、JK-40 智能运动控制仪和测试架三部分组成。FB718A 型多普勒效应实验仪由信号发生器和接收器、功率放大器、微处理器、液晶显示器等组成。JK-40 智能运动控制仪由步进电动机、电动机控制模块、单片机系统等组成，用于控制载有接收换能器的小车的运动方式。测试架由底座、发射换能器、导轨、步进电动机、同步带、反射板等组成，如图 3.10-1 所示。

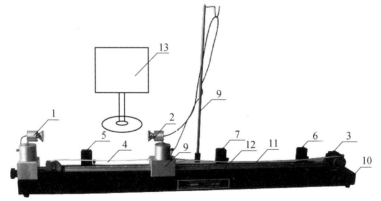

1—发射换能器；2—接收换能器；3—步进电动机；4—同步带；5—左限位光电门；6—右限位光电门；7—测速光电门；8—接收线支架；9—小车；10—底座；11—标尺；12—导轨；13—反射板

图 3.10-1　测试架的结构

按以下步骤预调节实验仪。

（1）把 FB718A 型多普勒效应实验仪、JK-40 智能运动控制仪、测试架用专用连接线连接起来。打开多普勒效应实验仪的工作电源，待仪器预热 15min 后，开始做实验。

（2）按下多普勒效应实验仪上的"预置"键，液晶屏显示仪器出厂时的预置值，若与实际环境不符，可修改这三个参数（用"左移""右移"键选定修改位，用"上调""下调"键对选定位的参数进行修改）。采集点数的允许设置范围是 20～192，采集时间间隔的允许设置范围是 50～100cm。参数修改完毕后，按"确认"键保存修改结果。按"确认"键后，液晶屏显示的是超声探头的共振频率，共振频率约为 37.2±0.2kHz。

2. 观察并验证多普勒效应

（1）按下多普勒效应实验仪上的"功能"键，在屏幕上显示主菜单，选择工作方式为"通过光电门平均速度"。

（2）打开智能运动控制仪的电源开关，设置运动方式，对应于多普勒效应实验仪上的"通过光电门平均速度"。智能运动控制仪的屏幕上会显示出厂预置速度，该参数可以用面板上的"预置↑"和"预置↓"键进行重置，参数的允许设置范围为 0.08～0.70m/s。

（3）把速度调节为 0.10m/s，按下"执行"键，使小车在智能运动控制仪的控制下，从导轨的一端以 0.10m/s 的速度匀速运动到另一端，多普勒效应实验仪的屏幕上立即显示实验结果。各显示值分别是小车经过中间光电门的平均速度、接收到的声波频率以及多普勒频移数据。多普勒频移数据的"−"号表示接收传感器的运动方向是远离发射传感器。按下"返回"键，仪器回到"请输入工作方式"状态。

（4）改变速度的设置值，在不同速度下进行多次测量，记录实验数据。

在实验过程中要注意以下两点。

（1）修改多普勒效应实验仪的参数并按下"确认"键后，数据即保持在仪器内供实验使用，但如果断电或按下"复位"键，数据重置及存储的实验结果都将丢失，仪器将自动恢复到出厂设置状态。

（2）实验前应将接收换能器移到导轨端部，但不能超过限位光电门。

3. 用时差法测量声速

（1）在多普勒效应实验仪的主菜单中选择"工作方式 3"—"声速测量"（此时无数据存储功能）。

（2）关闭智能运动控制仪的工作电源。

（3）用手推动小车，将小车指针对准刻度尺的 8.0cm 处，记录多普勒效应实验仪显示的时差值初读数（此时接收传感器和发射传感器之间的距离大约为 8.0cm）。

（4）分别将小车调至 9.0cm、10.0cm、…、17.0cm 处，记录小车在各位置对应的时间差。

（5）将测量到的时差值记录下来。

4. 用反射法测量声速（选做内容）

用反射法测量声速时，反射板要远离换能器，并调整两个换能器之间的距离、换能器和反射板之间的夹角 θ 以及垂直距离 L，如图 3.10-2 所示。利用数字示波器观察波形，调节示波器使接收波形的某一个波的波峰位于示波器屏幕中的某一刻度（x 坐标），然后向前或向后水平调节反射板的位置，使之移动距离 ΔL，记下此时示波器中的波在时间轴上移动的时间 Δt，从而得出声速 u，如图 3.10-3 所示。由此计算出声速为

$$u = \frac{\Delta x}{\Delta t} = \frac{2\Delta L}{\Delta t \cdot \sin\theta} \tag{3.10-6}$$

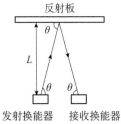

图 3.10-2　用反射法测量声速示意图

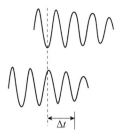

图 3.10-3　接收波形

[数据处理]

1. 完成表 3.10-1，验证多普勒效应。

表 3.10-1　验证多普勒效应数据记录表

实验环境温度：_____℃；f_0=_____Hz

次数	小车运动速度（m/s）	接收到的声波频率（Hz）	多普勒频移（Hz）	多普勒频移理论值（Hz）	相对误差
1	0.10				
2	0.15				
3	0.20				
4	0.25				
5	0.30				
6	0.35				
7	0.40				
8	0.45				
9	0.50				
10	0.55				

（1）根据式（3.10-2）计算实验条件下的多普勒频移理论值。

（2）画 f—v 曲线图，求声速。

（3）根据式（3.10-3）计算实验条件下声速的理论值。

（4）计算多普勒频移和声速的相对误差。

2. 完成表 3.10-2，用对应的时差值计算声速。

表 3.10-2　测量声速实验数据记录表

实验环境温度：_____℃

测量次数	小车位置 x_i（cm）	时差读数值 t_i（μs）	$x_{i+5}-x_i$（cm）	$t_{i+5}-t_i$（μs）	空气中的声速 u_i（m/s）
1	8.0				
2	9.0				
3	10.0				
4	11.0				
5	12.0				
6	13.0				

测量次数	小车位置 x_i（cm）	时差读数值 t_i（μs）	$x_{i+5}-x_i$（cm）	$t_{i+5}-t_i$（μs）	空气中的声速 u_i（m/s）
7	14.0				
8	15.0				
9	16.0				
10	17.0				

（1）时差法测量声速的实验平均值 $\overline{u}=\dfrac{1}{n}\sum_{i=1}^{n}u_i=$ _____ m/s 。

（2）声速相对误差 $E=\left|\dfrac{\overline{u}-u_0}{u_0}\right|\times100\%=$ _____ % 。

3. 请自行设计数据记录表，通过式（3.10-6）计算声速，并计算声速的相对误差。

[思考题]

举例说明多普勒效应在生活中的应用。

3.11　理想真空二极管综合实验

　　在二十世纪上半叶，物理学在工程技术上最引人注目的应用之一是无线电电子学。无线电电子学的基础是热电子发射，而英国物理学家理查逊提出的热电子发射定律对无线电电子学的发展有深远的影响。理查逊认为，在热导体内部的自由电子，只要动能足够大，足以克服导体中正电荷的吸引而到达表面，这些自由电子就可能从导体表面逸出。他成功地确定了金属电子的动能随温度的增加而增加的关系，并以他的名字命名为"理查逊定律"，获得了1928 年诺贝尔物理学奖。1926 年，费米和狄拉克根据泡利不相容原理提出了费米-狄拉克量子统计规律，随后泡利和索末菲在 1927 年～1928 年将它用于研究金属电子运动，并推出了理查逊第二个公式。

　　研究真空二极管的电子逸出特性是一项很有意义的工作，很多电子器件都与电子发射有关，例如二极管、三极管、X 射线管、电子显像管、磁控管、速调管等。要使这些器件能够高效率、长寿命地工作，关键在于设计合理的电子发射机构。

视频-理想真空二极管
综合实验—仪器操作

PPT-金属电子逸出
功—实验原理、测量

3.11.1　金属电子逸出功的测定

[实验目的]

1. 了解费米-狄拉克分布规律。
2. 理解热电子发射规律并掌握电子逸出功的测量方法。

3. 用理查逊直线法分析阴极材料（钨）的电子逸出功。

[实验仪器]

金属电子逸出功实验仪、可调直流（恒压恒流）电源、理想真空二极管盒、螺线管线圈、连接导线等。

[实验原理]

1. 电子逸出功

电子逸出功是金属内部的电子为摆脱周围正离子对它的束缚而逸出金属表面所需要的能量。根据固体物理中的金属电子理论，金属中的电子具有一定的能量，并遵从费米–狄拉克分布规律。在 $T=0$ 时，所有电子的能量都不能超过费米能量（W_f），即高于 W_f 的能级上没有电子。但是，当温度升高时，有一部分电子获得能量而处在高于 W_f 的能级上。由于金属表面与真空之间有高度为 W_a 的位能势垒，金属中的电子可以看作在深度为 W_a 的势阱内

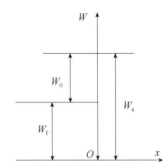

图 3.11-1　电子逸出功与 W_f 和 W_a 的关系

运动的电子气体。如图 3.11-1 所示，电子要从金属表面逸出，必须从外界获得的能量为

$$W_0 = W_a - W_f \tag{3.11-1}$$

式中，W_0 是金属电子的逸出功（Work Function），其单位常用电子伏特（eV）表示，它表征了处于绝对零度下的金属中具有最大能量的电子逸出金属表面需要的能量。

2. 热电子发射规律

在温度 $T \neq 0$ 时，金属内部的部分电子会获得大于逸出功的能量，从金属表面逃逸并形成热电子发射电流。金属中的电子能量遵从费米–狄拉克分布规律，速度在 $v \sim v + dv$ 之间的电子数为

$$dn = 2\left(\frac{m}{h}\right)^2 \frac{1}{e^{(W-W_f)/kT}} dv \tag{3.11-2}$$

式中，m 为电子质量，h 为普朗克常数，k 为玻尔兹曼常数。能从金属表面逸出的电子的能量必须大于势阱深度 W_a，因此 $W-W_f > W_a - W_f = W_0$，而 $W_0 \gg kT$。设电子的动能为 $mv^2/2$，则式（3.11-2）可以近似写为

$$dn = 2\left(\frac{m}{h}\right)^3 e^{W_f/kT} \cdot e^{-mv^2/2kT} dv \tag{3.11-3}$$

设电子垂直于金属表面沿 x 方向离开金属，则电子沿 x 方向的动能 $mv_x^2/2$ 必须大于逸出功 W_a，而沿 y 和 z 方向的速度包含了所有可能。于是，沿 x 方向发射的电子数为

$$dn = 2\left(\frac{m}{h}\right)^3 e^{W_f/kT} \cdot e^{-mv_x^2/2kT} dv_x \int_{-\infty}^{\infty} e^{-mv_y^2/2kT} dv_y \int_{-\infty}^{\infty} e^{-mv_z^2/2kT} dv_z \tag{3.11-4}$$

令
$$\eta = \sqrt{\frac{m}{2kT}} v_y$$

则有
$$\int_{-\infty}^{\infty} e^{-mv_y^2/2kT} dv_y = \sqrt{\frac{2kT}{m}} \int_{-\infty}^{\infty} e^{-\eta^2} d\eta = \sqrt{\frac{2\pi kT}{m}}$$

同理可得
$$\int_{-\infty}^{\infty} e^{-mv_z^2/2kT} dv_z = \sqrt{\frac{2kT}{m}} \int_{-\infty}^{\infty} e^{-\eta^2} d\eta = \sqrt{\frac{2\pi kT}{m}}$$

则式（3.11-4）可以简化为
$$dn = \frac{4\pi m^2 kT}{h^3} e^{W_f/kT} \cdot e^{-mv_x^2/2kT} dv_x \tag{3.11-5}$$

在 Δt 时间内，距离表面小于 $v_x \Delta t$ 且速度为 v_x 的电子都能达到金属表面，因此到达表面积 S 的电子总数为 $dN = Sv_x \Delta t dn$。由此可得，速度为 v_x 的电子到达金属表面的电流为
$$dI = \frac{edN}{\Delta t} = eSv_x dn$$

结合式（3.11-5）可得
$$dI = \frac{4\pi eSm^2 kT}{h^3} e^{W_f/kT} e^{-mv_x^2/2kT} v_x dv_x \tag{3.11-6}$$

只有满足 $mv_x^2/2 \geq W_a$（即 $v_x \geq \sqrt{2W_a/m}$）的电子才能形成热电流，因此总发射电流为
$$I_s = 4\pi eS \frac{m^2 kT}{h^3} e^{W_f/kT} \cdot \int_{\sqrt{2W_a/m}}^{\infty} e^{-mv_x^2/2kT} v_x dv_x = 4\pi eSm \frac{(kT)^2}{h^3} e^{-e\varphi/kT}$$

令
$$A = 4\pi emk^2/h^3 \tag{3.11-7}$$
则总发射电流可改写为
$$I_s = AST^2 e^{-e\varphi/kT} \tag{3.11-8}$$

发射电流密度可改写为
$$j_s = AT^2 e^{-e\varphi/kT} \tag{3.11-9}$$

式（3.11-8）即为理查逊—杜西曼公式，I_s 为热电子发射的电流强度，单位为安培（A）；A 为与阴极表面的化学纯度有关的常数，单位为 $A \cdot m^{-2} \cdot K^{-2}$；$S$ 为阴极的有效发射面积，单位为 m^2；T 为发射热电子的阴极的绝对温度，单位为 K；k 为玻尔兹曼常数，$k=1.38 \times 10^{-23} J \cdot K^{-1}$。

3. 各物理量的测量与处理

（1）A 和 S 的处理

尽管式（3.11-8）中的普适常数 A 可写为式（3.11-7）的形式，但金属表面的化学纯度和处理方法都将直接影响 A 的测量值。如果金属表面粗糙，计算所得的电子发射面积与实际的有效发射面积 S 有差异。因此，物理量 A 和 S 难以直接测量。

若将式（3.11-8）两边除以 T^2 再取对数，可得
$$\lg \frac{I_s}{T^2} = \lg AS - \frac{e\varphi}{2.30kT} = \lg AS - 5.04 \times 10^3 \varphi \frac{1}{T} \tag{3.11-10}$$

尽管 A 和 S 难以测定，但它们对于选定材料的阴极是确定的常数，故 $\lg \frac{I_s}{T^2}$ 与 $\frac{1}{T}$ 成线性关系。如果以 $\lg \frac{I_s}{T^2}$ 为纵坐标，以 $\frac{1}{T}$ 为横坐标画图，由所得直线的斜率即可求出电子的逸出电

势 φ，从而求出电子的逸出功 $e\varphi$，此方法称为理查逊直线法。其好处是不必求出 A 和 S 的具体数值，直接从 I_s 和 T 就可以得出 φ 的值，A 和 S 的影响只是使 $\lg \dfrac{I_s}{T^2} - \dfrac{1}{T}$ 直线产生平移。类似的处理方法在实验和科研中很有用处。

（2）发射电流 I_s 的测量

只要阴极材料有热电子发射，就可以从阳极上收集到发射电流 I_s。发射出来的热电子会在阴极与阳极之间形成空间电荷分布，这些空间电荷会阻碍后续热电子到达阳极，从而影响发射电流的测量。为了消除空间电荷的集聚，使从阴极发射出来的热电子连续不断地飞向阳极，必须在阴极与阳极之间外加一个加速电场 E_a。

在热电子发射过程中，外电场 E_a 降低了逸出功而增加了发射电流。因此，在 E_a 作用下测量的发射电流并不是真正的 I_s，而是 I_a（$I_a > I_s$）。为了获得真正的 I_s（即零场发射电流），必须对实验数据进行相应处理。

在金属表面附近施加外电场时，金属表面外侧的势垒将发生变化，从而减小电子逸出功，使热电子发射电流密度增大，这种现象称为肖脱基效应。在外电场作用下，金属表面势垒的减小值为 $\Delta W_0 = \dfrac{1}{2}\sqrt{\dfrac{e^3 E_a}{\varepsilon_0 \pi}}$，外电场 E_a 作用下的逸出功为 $W_0' = W_0 - \Delta W_0$，或

$$e\varphi' = e\varphi - \frac{1}{2}\sqrt{\frac{e^3 E_a}{\varepsilon_0 \pi}}$$

外电场 E_a 作用下热电子的发射电流为

$$I_a = I_s e^{0.439\sqrt{E_a}/T} \tag{3.11-11}$$

对式（3.11-11）两边取对数可得

$$\lg I_a = \lg I_s + \frac{0.439}{2.30T}\sqrt{E_a} \tag{3.11-12}$$

若把阳极看作圆柱形，并与阴极共轴，则有

$$E_a = \frac{U_a - U_a'}{r_1 \ln(r_2 / r_1)}$$

式中，r_1 和 r_2 分别为阴极和阳极的半径，U_a 为阳极电压，U_a' 为接触电位差。在一般情况下，$U_a \gg U_a'$，从而有 $U_a - U_a' \approx U_a$，因此式（3.11-12）可以写成

$$\lg I_a = \lg I_s + \frac{0.439}{2.30T}\frac{\sqrt{U_a}}{\sqrt{r_1 \ln \dfrac{r_2}{r_1}}} \tag{3.11-13}$$

由式（3.11-13）可知，在特定温度下，$\lg I_a$ 和 $\sqrt{U_a}$ 为线性关系。由直线的截距可求出零场发射电流 I_s 的对数值 $\lg I_s$。

（3）阴极温度 T 的测量

阴极温度 T 出现在式（3.11-8）的指数项中，它的误差对实验结果的影响很大，因此，实验中准确地测量阴极温度非常重要。有多种测量阴极温度的方法，但常通过测量阴极加热电流 I_f 来确定阴极温度 T。

4. 实验技术和方法

实验线路示意图如图 3.11-2 所示。为了测量钨的电子逸出功，将钨丝作为理想二极管材料，将阳极做成与阴极共轴的圆柱，把阴极发射面限制在温度均匀的一定长度内。为了避免阴极的冷端效应（两端温度较低）和电场不均匀等边缘效应，在阳极两端各加装一个保护（补偿）电极，它们与阳极同电位但与阳极绝缘。在测量设计上，保护电极的电流不包含在被测热电子发射电流中。在阳极上开一小孔（辐射孔），通过它可以观察到阴极，以便测量阴极温度。

在本实验的温度范围内，阴极温度 T 与灯丝电流 I_f 的关系如图 3.11-3 所示，利用 $T=920.0+1600I_f$ 可求得对应的阴极温度 T。为了保证温度稳定，要求使用恒流源对灯丝供电。

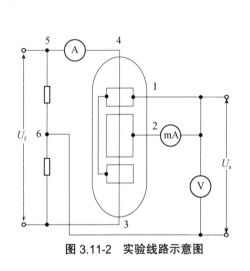

图 3.11-2　实验线路示意图

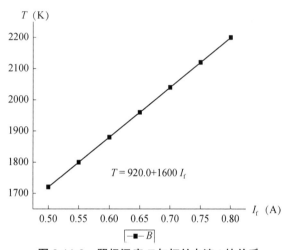

图 3.11-3　阴极温度 T 与灯丝电流 I_f 的关系

［实验内容］

1. 按要求连接实验电路。

2. 将所有电压、电流旋钮逆时针旋转到底，打开电源开关。

3. 灯丝电流范围为 550～750mA，每隔 50mA 测量一次，对应的灯丝温度按 $T=920.0+1600I_f$ 求得。

4. 对每一个灯丝电流 I_f，测量阳极电压 U_a 分别为 16V、25V、36V、49V、64V、81V、100V、121V 和 144V 时的阳极电流 I_a，记录到表 3.11-1 中。

5. 根据表 3.11-1 中的数据画 $\lg I_a$ — $\sqrt{U_a}$ 曲线，求出直线截距，即可得到在不同灯丝温度下 I_s 的对数值。

6. 将在不同温度 T 下算得的 $\lg \dfrac{I_s}{T^2}$ 和 $\dfrac{1}{T}$ 值填入表 3.11-2 中，以 $\dfrac{1}{T}$ 为横坐标，以 $\lg \dfrac{I_s}{T^2}$ 为纵坐标，画出 $\lg \dfrac{I_s}{T^2}$ — $\dfrac{1}{T}$ 直线。

7. 由直线斜率求出钨的电子逸出功及实验误差。

注意：每次调节灯丝电流后，需要预热 5min，以便使灯丝温度保持稳定。

表 3.11-1　不同阳极电压和灯丝温度下的阳极电流

I_f（mA）	T（K）	U_a（V）	16	25	36	49	64	81	100	121	144
		$U_a^{1/2}$（$V^{\frac{1}{2}}$）	4	5	6	7	8	9	10	11	12
550	1800	I_a（μA）									
		$\lg I_a$									
600	1880	I_a（μA）									
		$\lg I_a$									
650	1960	I_a（μA）									
		$\lg I_a$									
700	2040	I_a（μA）									
		$\lg I_a$									
750	2120	I_a（μA）									
		$\lg I_a$									

表 3.11-2　在不同温度下算得的 $\lg \dfrac{I_s}{T^2}$ 和 $\dfrac{1}{T}$

T（K）	1800	1880	1960	2040	2120
$\lg I_s$					
$\lg T$					
$\lg I_s - 2\lg T$					
$\dfrac{1}{T}$（10^{-4}/K）					

直线斜率 $m = \dfrac{\Delta\left(\lg \dfrac{I_s}{T^2}\right)}{\Delta\left(\dfrac{1}{T}\right)} = \underline{\qquad\qquad} = \underline{\qquad\qquad}$。

逸出电势 $\varphi = \dfrac{m}{-5.04\times10^3} = \underline{\qquad}$ V；逸出功（功函数）$e\varphi = \underline{\qquad\qquad}$ eV。

与逸出功（功函数）公认值 $e\varphi$-4.54eV 相比，相对误差 $E_r = \underline{\qquad\qquad}$%。

3.11.2　电子在径向电场和轴向磁场中的运动（磁控法测量电子荷质比）

［实验目的］

1. 进一步了解运动电荷在电场和磁场共同作用下的运动规律。
2. 了解电子束的磁控原理并定量分析磁控条件。
3. 学习一种测定电子荷质比的方法。

PPT-磁控法测量电子荷
质比—实验原理、测量

[实验原理]

本实验装置的电路原理图如图 3.11-4 所示。

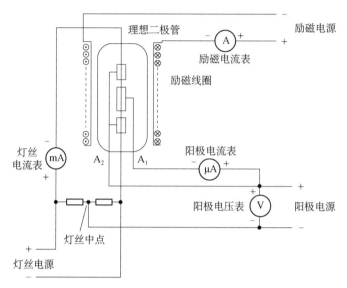

图 3.11-4　实验装置的电路原理图

本实验装置的核心部件是理想二极管和套在理想二极管外的励磁线圈。在理想二极管中，阴极和阳极是同轴圆柱系统，当阳极上加有正电压时，从阴极发射出的电子流受电场的作用作径向运动，如图 3.11-5(a)所示。如果在理想二极管外套一个通电励磁线圈，则原来沿径向运动的电子在轴向磁场作用下，运动轨迹将发生弯曲，如图 3.11-5(b)所示。若进一步增强磁场（加大线圈的励磁电流）使电子运动轨迹如图 3.11-5(c)所示，这时电子运动到阳极附近，电子所受到的洛仑兹力减去电场力后的合力恰好等于电子沿阳极内壁圆周运动的向心力，因此电子流沿阳极内壁作圆周运动，此时称为"临界状态"。若进一步增强磁场，电子运动的半径就会减小，电子根本无法靠近阳极，造成阳极电流"断流"，如图 3.11-5(d)所示。

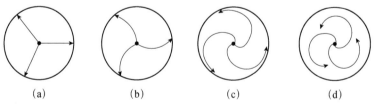

(a)　　　　　(b)　　　　　(c)　　　　　(d)

图 3.11-5　磁场增强时电子运动轨迹的变化

在实际情况中，从阴极发射出的电子有一个能量分布范围，不同能量的电子速度不同，在磁场中的运动半径也不同。在轴向磁场逐步增强的过程中，速率较小的电子作圆周运动的半径较小，首先进入临界状态，之后速率较大的电子依次进入临界状态。

另外，理想二极管在制造时不能保证阴极和阳极完全同轴，阴极各部分发出的电子与阳极的距离也不尽相同，所以随着轴向磁场的增强，阳极电流有一个逐步降低的过程。只有当外界磁场很强、绝大多数电子的圆周运动半径都很小时，阳极电流才几乎"断流"，这种利用磁场控制阳极电流的过程称为"磁控"。

在一定的阳极加速电压下，阳极电流与励磁电流的关系如图 3.11-6 所示。阳极电流在图 3.11-6 中的 1～2 段几乎不发生改变，对应图 3.11-5 中的(a)和(b)；图 3.11-6 中 2～3 段弯曲的曲率最大，对应图 3.11-5(c)的情况；从 3 以后，随着 I_s 增加，I_a 逐步减小，到达 5 附近时 I_a 几乎降为 0。在图 3.11-6 的 I_a—I_s 曲线上沿 1～2 和 3～4 两段的直线部分画两条延长线，相交于图中的 Q 点，此点称为阳极电流变化的临界点。

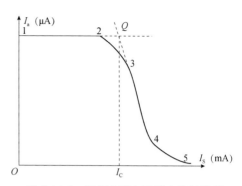

图 3.11-6　阳极电流与励磁电流的关系

在单电子情况下，从阴极发射出的质量为 m 的电子的动能应由阳极加速电场能 eU_a 和灯丝加热后电子"热运动"所具有的能量 A 构成，所以有

$$\frac{1}{2}mv^2 = eU_a + A \tag{3.11-14}$$

电子在磁场 B 的作用下作半径为 R 的圆周运动，应满足

$$m\frac{v^2}{R} = eVB - eE \tag{3.11-15}$$

式中，E 为阳极附近径向电场的场强。

螺线管线圈中的磁感应强度 B 与励磁电流 I_s 成正比，即

$$B \propto I_s \quad \text{或} \quad B = k'I_s \tag{3.11-16}$$

由式（3.11-14）、式（3.11-15）和式（3.11-16）可得

$$\frac{U_a + E/e}{I_s^2} = \frac{e}{m} \cdot \frac{R^2}{2} \cdot k'^2 \tag{3.11-17}$$

设阳极内半径为 a，阴极（灯丝）半径忽略不计，则当多数电子都处于临界状态时，与临界点 Q 对应的励磁线圈的电流 I_s 称为临界电流 I_C，此时 $R = a/2$，阳极电压 U_a 与 I_C 的关系可写为

$$\frac{U_a + E/e}{I_C^2} = \frac{e}{m} \cdot \frac{a^2}{8} \cdot k'^2 \quad \text{或} \quad \frac{U_a + E/e}{I_C^2} = k \tag{3.11-18}$$

式中，k 为常数（$k = \frac{e}{m} \cdot \frac{a^2}{8} \cdot k'^2$）。显然，$U_a$ 与 I_C^2 成线性关系。

用同一个理想二极管改变 U_a，就有不同的阳极电流变化曲线，因而有不同的 I_C 值与之对应，如图 3.11-7 所示。将测得的 U_a—I_C^2 数据组用图解法或最小二乘法求出斜率 k，如果 U_a—I_C^2 为线性关系，则上述电子束在径向电场和轴向磁场中的运动规律即可得到验证。

根据励磁线圈的内半径 r_1、外半径 r_2、半长度 l、电流和匝数的积 NI 等可求出励磁线圈中心处产生的磁感应强度为

$$B_0 = \frac{\mu_0 NI}{2(r_2 - r_1)} \ln \frac{r_2 + \sqrt{r_2^2 + l^2}}{r_1 + \sqrt{r_1^2 + l^2}} \tag{3.11-19}$$

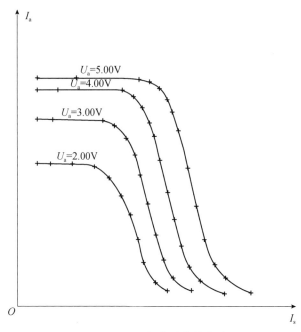

图 3.11-7　阳极电流变化曲线

电子的比荷（即荷质比）为

$$\frac{e}{m} = \frac{8k}{a^2 \left(\dfrac{\mu_0 N}{2(r_2 - r_1)} \ln \dfrac{r_2 + \sqrt{r_2^2 + l^2}}{r_1 + \sqrt{r_1^2 + l^2}} \right)^2} \tag{3.11-20}$$

式中，k 为图解法测得的 U_a—I_C^2 直线的斜率，μ_0 为真空中的磁导率，N 为励磁线圈的匝数，l 为励磁线圈的半长度，r_1、r_2 为励磁线圈的内半径和外半径，a 为真空二极管阳极的内半径。

［实验内容］

1. 按电路原理图连接理想二极管和仪器，灯丝电流 I_f 的范围为 0～800mA，将励磁线圈与 0～1.0A 电流源连接，将阳极电压与 0～12V 电压源连接。

2. 把灯丝电流调节为 700mA，并始终保持不变。依次把阳极电压调为 5.00V、4.00V、3.00V、2.00V，把励磁电流 I_s 由最小开始缓慢地增大。随着励磁电流 I_s 的逐步变化，分别记录阳极电流 I_a 随励磁电流 I_s 变化的数据，直到阳极电流接近零。

3. 将阳极电流 I_a 随励磁电流 I_s 变化的数据填入表 3.11-3 中，根据数据绘制不同阳极电压下的 I_a—I_s 曲线（为使曲线画得平滑、准确，每条曲线剧烈变化的地方要有 10 个以上测量点，最好通过数据采集传感器来采集实验数据）。然后按照图 3.11-6 中的方法在各条曲线上找出临界点 Q，并在图上求出与 Q 点对应的临界电流 I_C。

4. 将各条曲线的 I_C 确定好后，将 U_a 和 I_C^2 的关系填入表 3.11-4 中，作 U_a—I_C^2 关系图，并计算斜率 k，如图 3.11-8 所示。

表 3.11-3　不同阳极电压下的励磁电流和阳极电流

阳极电压 U_a=5.00V	励磁电流 I_s（mA）	0	0.1	0.15	0.2	⋯
	阳极电流 I_a（μA）					
阳极电压 U_a=4.00V	励磁电流 I_s（mA）					
	阳极电流 I_a（μA）					
阳极电压 U_a=3.00V	励磁电流 I_s（mA）					
	阳极电流 I_a（μA）					
阳极电压 U_a=2.00V	励磁电流 I_s（mA）					
	阳极电流 I_a（μA）					

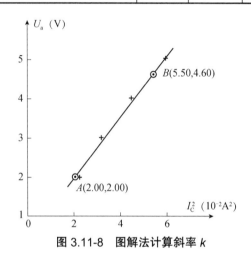

图 3.11-8　图解法计算斜率 k

表 3.11-4　图解法求 U_a、I_C 和 I_C^2

U_a（V）	2.00	3.00	4.00	5.00
I_C（A）				
I_C^2（A²）				

5.（选做）根据理想二极管的阳极内半径、斜率 k 和励磁线圈的有关参数计算电子的荷质比 e/m。

根据记录的数据绘制 I_a — I_s 曲线和 U_a — I_C^2 曲线，在 U_a — I_C^2 曲线中得到斜率 k 为_____，荷质比 e/m=_____。

其中，μ_0=4π×10⁻⁷H/m，N=560 匝，l=20mm，r_1=22mm，r_2=28mm，a=4.5mm。

在本实验中，要计算电子的荷质比，必须先计算套在理想二极管外的励磁线圈产生的磁场。若测得线圈的内半径 r_1、外半径 r_2、半长度 l、电流和匝数的积 NI，可以证明线圈中心处的磁感应强度为

$$B_0 = \frac{\mu_0 NI}{2(r_2 - r_1)} \ln \frac{r_2 + \sqrt{r_2^2 + l^2}}{r_1 + \sqrt{r_1^2 + l^2}}$$

3.11.3　费米–狄拉克分布的研究

［实验目的］

PPT-费米-狄拉克分布的
研究—实验原理、测量

1. 了解真空中电子能量遵从费米–狄拉克分布的原理。
2. 验证真空中电子能量遵从费米–狄拉克分布的规律。
3. 学习用磁控法进行电子运动能量筛选的方法。

［实验原理］

1. 真空中电子能量遵从费米–狄拉克分布的原理

金属内部电子的能量遵从费米–狄拉克分布，费米能量分布图如图 3.11-9 所示，分布函数为

$$g(\varepsilon) = \frac{1}{\exp[(\varepsilon - \varepsilon_f)/kT]+1} \tag{3.11-21}$$

式中，ε 是电子的能量，ε_f 是费米能级，k 是玻尔兹曼常量，T 是绝对温度。对式（3.11-21）两边求导得

$$g'(\varepsilon) = \frac{\mathrm{d}g(\varepsilon)}{\mathrm{d}\varepsilon} = \frac{-\exp[(\varepsilon - \varepsilon_f)/kT]}{kT\{\exp[(\varepsilon - \varepsilon_f)/kT]+1\}^2} \tag{3.11-22}$$

电子数变化率与能量分布图如图 3.11-10 所示。由于无法直接测量金属内部电子能量的分布，实验中只能对真空中热电子发射的电子动能分布进行测量。电子刚脱离金属表面到真空中时的动能应从原有的能量中减去从金属表面逸出时的逸出功 A，即真空中电子的动能 ε_K 为

$$\varepsilon_K = \varepsilon - A \tag{3.11-23}$$

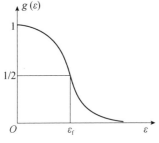

图 3.11-9　费米能量分布图

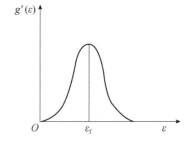

图 3.11-10　电子数变化率与能量分布图

另外，当电子逸出到金属表面附近时，在真空与金属表面接触处存在电子气形成的偶电层，这个偶电层的势垒值等于该温度下的费米能级 ε_f。鉴于以上两方面，我们可得出：真空中热电子刚脱离金属表面时的动能分布规律应遵从修正后的费米分布函数，即

$$g(\varepsilon_K) = \frac{1}{\exp[(\varepsilon_K - \varepsilon_f)/kT]+1} \tag{3.11-24}$$

对式（3.11-24）两边求导，得

$$g'(\varepsilon_K) = \frac{\mathrm{d}g(\varepsilon_K)}{\mathrm{d}\varepsilon_K} = \frac{-\exp[(\varepsilon_K - \varepsilon_f)/kT]}{kT\{\exp[(\varepsilon_K - \varepsilon_f)/kT]+1\}^2} \tag{3.11-25}$$

由式（3.11-24）和式（3.11-25）可看出，真空中热电子发射的动能分布规律与金属内部电子能量的分布规律具有相同的形式，都遵从费米-狄拉克分布。

2. 用磁控法进行电子运动能量筛选

在本实验中，理想真空二极管的阳极不加电压，所以灯丝加热后从金属表面逸出的电子不受外电场的作用，保持着从金属表面逸出的初动能沿半径方向飞向二极管的阳极。若在理想二极管外套一个通电螺线管线圈，对理想二极管外加一个轴向磁场，实验接线图如图 3.11-11 所示。原来沿半径方向运动的电子在轴向磁场的作用下作圆周运动，如图 3.11-12 所示。

设电子以速度 v 在磁感应强度为 B 的轴向磁场中作圆周运动，则其运动半径 R 应为

$$R = \frac{mv}{eB} \tag{3.11-26}$$

式（3.11-26）表明，当磁场一定时，运动速度较快的电子的旋转半径也较大，运动速度较小的电子的旋转半径也较小，这就为用磁控法进行电子运动能量筛选提供了可能。

假设理想二极管的阳极内半径为 a，通电螺线管中的励磁电流为 I_s，若从灯丝发射出的电子作圆周运动的轨迹恰好与阳极的内壁相切，则有

$$R = \frac{a}{2}, \quad B = \frac{2mv}{ea} \tag{3.11-27}$$

螺线管线圈中的磁感应强度为

$$B = kI_s \tag{3.11-28}$$

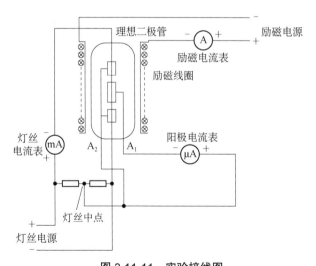

图 3.11-11　实验接线图 　　　　　　图 3.11-12　电子在轴向磁场中的运动轨迹

式中，k 为比例系数。电子的速度为

$$v = \sqrt{\frac{2\varepsilon_K}{m}} \tag{3.11-29}$$

把式（3.11-28）和式（3.11-29）代入式（3.11-27），有

$$\varepsilon_{\mathrm{K}} = \frac{e^2 a^2 k^2}{8} I_{\mathrm{s}}^2 = k' I_{\mathrm{s}}^2 \tag{3.11-30}$$

式中，$k' = \dfrac{e^2 a^2 k^2}{8}$ 为另一个常数，运动轨迹恰好与阳极内壁相切的电子运动的动能 ε_{K} 与励磁线圈的电流的平方 I_{s}^2 成正比。对式（3.11-30）两边取微变量，有

$$\Delta \varepsilon_{\mathrm{K}} = k' \Delta (I_{\mathrm{s}}^2) \tag{3.11-31}$$

式（3.11-31）表明，只要选择 I_{s}^2 的一个微小变化区间，就可以筛选出 $\varepsilon_{\mathrm{K}} \sim (\varepsilon_{\mathrm{K}} + \Delta \varepsilon_{\mathrm{K}})$ 能量段的电子，这就是用磁控法进行电子运动能量筛选的原理。

在本实验中，保持灯丝电流稳定不变，阳极电压为零，理想二极管的阳极电流 $I_{\mathrm{P}} = Ne$，N 为单位时间内到达阳极的电子数。设开始时励磁电流为 0，阳极电流 $I_{\mathrm{P}} = I_{\mathrm{P0}}$，单位时间内到达阳极的电子总数为 N_0。在励磁电流不为 0 的情况下，受磁控影响，有一部分运动能量较小的电子已被筛选掉，因此阳极电流有所下降，阳极电流变为 $I_{\mathrm{P}} = I_{\mathrm{P}i}$，单位时间内到达阳极的电子数变为 N_i，于是有

$$\begin{aligned} I_{\mathrm{P0}} &= N_0 e \\ I_{\mathrm{P}i} &= N_i e \end{aligned} \tag{3.11-32}$$

把式（3.11-32）上下相除，得

$$I_{\mathrm{P}i} / I_{\mathrm{P0}} = N_i / N_0 \tag{3.11-33}$$

对式（3.11-33）两边取微变量，得

$$\Delta I_{\mathrm{P}i} / I_{\mathrm{P0}} = \Delta N_i / N_0 \tag{3.11-34}$$

由此可见，测出了阳极电流的变化量，就可知道阳极获得的电子数的变化量。若以 $I_{\mathrm{P}i} / I_{\mathrm{P0}}$ 为纵坐标，以 I_{s}^2 为横坐标，不同 I_{s}^2 情况下的曲线应该和图 3.11-9 相似。而以 $\Delta I_{\mathrm{P}i} / I_{\mathrm{P0}}$ 为纵坐标，以 I_{s}^2 为横坐标，不同 I_{s}^2 情况下的曲线应该和图 3.11-10 相似。

［实验内容］

1. 按实验接线图连接理想二极管和仪器，将灯丝电流与 0～800mA 电流源连接，将阳极电流连接到阳极电流输入端口上，将励磁线圈连接到 0～1.0A 电流源上，将阳极电压连接 0～12V 电压源上。

2. 把仪器电源打开，将灯丝电流调节为 750mA，将阳极电压调节为 0V，保持不变。

3. 把励磁线圈的励磁电流从小到大逐步改变，先初步观察理想二极管阳极电流从大变小的过程，测出阳极电流从最大到零的过程中励磁电流 I_{s} 和 I_{s}^2 的变化范围。

4. 根据 I_{s}^2 的变化范围，将此范围划分成 20 个相等的间隔，确定等间距的测量点，测出各 I_{s}^2 对应的阳极电流 $I_{\mathrm{P}i}$。

5. 根据 $I_{\mathrm{s}}^2 = 0$ 时测得的初始阳极电流 I_{P0} 和不同 I_{s}^2 对应的 $I_{\mathrm{P}i}$，计算 $I_{\mathrm{P}i} / I_{\mathrm{P0}}$、$I_{\mathrm{P}i} - I_{\mathrm{P}(i+1)}$、$\Delta I_{\mathrm{P}i} / I_{\mathrm{P0}}$。

6. 根据得到的数据画 $(I_{\mathrm{P}i} / I_{\mathrm{P0}})$—$I_{\mathrm{s}}^2$ 曲线和 $(\Delta I_{\mathrm{P}i} / I_{\mathrm{P0}})$—$I_{\mathrm{s}}^2$ 曲线。

[数据处理]

1. 将得到的数据记录在表 3.11-5 中。

表 3.11-5　电流数据记录表

I_s^2						⋯				
I_s						⋯				
I_{Pi}						⋯				
I_{Pi}/I_{P0}						⋯				
$I_{Pi}-I_{P(i+1)}$						⋯				
$\Delta I_{Pi}/I_{P0}$						⋯				

2. 根据得到的数据画 $(I_{Pi}/I_{P0})-I_s^2$ 曲线和 $(\Delta I_{Pi}/I_{P0})-I_s^2$ 曲线，并进行比较。

[思考题]

1. 为什么把图 3.11-9 的曲线中点处的横坐标作为该温度下真空中电子的费米能级 ε_f？
2. 为什么在测真空中电子运动能量的费米分布曲线时，要对 I_s^2 的变化范围等间距划分？

[附录] 实验测量数据及图表示例

实验测量数据及图表示例如图 3.11-13 所示。

IF=750mA					
Is（mA）	Is²(mA²)	Ipi(uA)	△Ipi(uA)	Ipi/Ip0	△Ipi/Ip0
0	0	98.9	0.0	1.000	0.0000
55	3000	98.1	0.8	0.992	0.0081
77	6000	97.0	1.1	0.981	0.0111
95	9000	95.4	1.6	0.965	0.0162
110	12000	93.7	1.7	0.947	0.0172
122	15000	91.6	2.1	0.926	0.0212
134	18000	88.2	3.4	0.892	0.0344
145	21000	81.8	6.4	0.827	0.0647
155	24000	73.3	8.5	0.741	0.0859
164	27000	63.9	9.4	0.646	0.0950
173	30000	54.0	9.9	0.546	0.1001
182	33000	41.9	12.1	0.424	0.1223
190	36000	32.9	9.0	0.333	0.0910
197	39000	25.5	7.4	0.258	0.0748
205	42000	17.8	7.7	0.180	0.0779
212	45000	12.6	5.2	0.127	0.0526
219	48000	8.6	4.0	0.087	0.0404
226	51000	5.5	3.1	0.056	0.0313
232	54000	3.8	1.7	0.038	0.0172
239	57000	2.2	1.6	0.022	0.0162
245	60000	1.4	0.8	0.014	0.0081
251	63000	0.8	0.6	0.008	0.0061
257	66000	0.4	0.4	0.004	0.0040
263	69000	0.1	0.3	0.001	0.0030
268	72000	0.0	0.1	0.000	0.0010
274	75000	0.0	0.0	0.000	0.0000

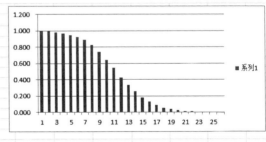

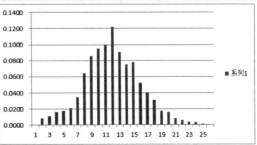

图 3.11-13　实验测量数据及图表示例

3.11.4 理想真空二极管的伏安特性

［实验目的］

1. 理解空间电荷区的概念，了解真空二极管中电子运动的现象。
2. 验证在非饱和状态下阳极电流随阳极电压的二分之三次方变化的规律（二分之三次方定律）。
3. 利用二分之三次方定律测定电子的荷质比。

［实验原理］

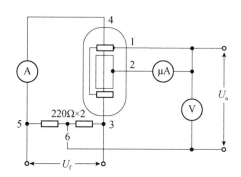

图 3.11-14　线路连接图

线路连接图如图 3.11-14 所示，给阴极灯丝通电加热，并将阳极电源加在阳极和阴极中点之间，使阳极带正电，则被加热的阴极就会向阳极发射电子，形成阳极电流。

当阳极和阴极之间的电压比较小时，从阴极发射出来的电子并不都跑到阳极构成阳极电流，有一部分电子聚集在阴极附近的空间形成"电子云"。带负电荷的电子云改变了阴极附近的电场分布，阻止了阴极电子发射，甚至会把阴极发射出来的电子又挡回阴极去，这种阴极附近聚集电子的区域通常称为空间电荷区（或偶电层）。

空间电荷区限制了阳极电流的增大，但随着阳极电压增大，空间电荷区的电子逐渐被阳极吸收，空间电荷区不断减弱，使阳极电流的增长速率超过阳极电压的增长速率。根据实验研究和理论分析可知，在阳极电流增长的初始阶段和阳极电压较低的情况下，阳极电流 I_a 大约随阳极电压 U_a 的二分之三次方规律增加（这一规律在一些书中被称为"二分之三次方定律"）。在理想二极管中，灯丝与阳极为一对同轴圆柱体的电极，在初始阶段，阳极电流 I_a 与阳极电压 U_a 有以下关系

$$I_a = \frac{8\pi}{9}\varepsilon_0\sqrt{\frac{2e}{m}}\frac{l}{b\beta^2}U_a^{3/2} \tag{3.11-35}$$

式中，ε_0 为真空介电常数；l 为理想二极管主阳极的长度；b 为主阳极的内半径；β 为修正因子，它是阴极（灯丝）半径与阳极半径之比的函数，当比值很小时，$\beta^2 \approx 1$。

由式（3.11-35）可知 $I_a \propto U_a^{3/2}$，实际上这一关系并不准确，因为当阳极电压 $U_a=0$ 时，阳极电流 I_a 并不为零。灯丝加热后从阴极表面逸出的热电子速度不为零，因而形成了阳极电流，所以式（3.11-35）更好的表示方法应该是

$$\Delta I_a = \frac{8\pi}{9}\varepsilon_0\sqrt{\frac{2e}{m}}\frac{l}{b}\Delta(U_a^{3/2}) \tag{3.11-36}$$

在不同灯丝温度下，灯丝发射的电子数量不同，空间电荷区的现象也不同。通常灯丝温度越高，发射的电子越多，阳极电流增长的初始阶段空间电荷区的现象越明显。不同灯丝温度下阳极电流与阳极电压的关系曲线如图 3.11-15 所示。

在本实验中，我们选择在较高的灯丝温度下测量阳极电流与阳极电压的变化情况，并根据测量的数据研究 I_a 和 $U_a^{3/2}$ 的线性关系，再根据 I_a—$U_a^{3/2}$ 曲线求出直线的斜率 k，即可算出电子的荷质比为

$$\frac{e}{m} = \frac{81k^2b^2}{128\pi^2\varepsilon_0^2l^2} \tag{3.11-37}$$

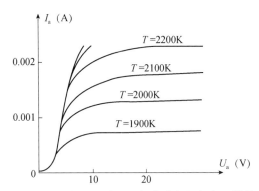

图 3.11-15　不同灯丝温度下阳极电流与阳极电压的关系曲线

［实验内容］

1. 将理想二极管和仪器连接，将灯丝电流 I_f 连接到 0～800mA 电流源上，将阳极电流 I_a 连接到阳极电流输入端口上，将励磁线圈连接到 0～1.0A 电流源上，将阳极电压 U_a 连接到 0～12V 电压源上。

2. 把灯丝电流调为 800mA，以增大空间电荷区的范围。把阳极电压从 0.2V 开始逐步增加，每隔 0.2V 测一次阳极电流，直到 2.2V，并记录实验数据。

3. 对所测数据进行列表处理，再以阳极电流为纵坐标，以阳极电压的二分之三次方为横坐标画图，验证 I_a 和 $U_a^{3/2}$ 之间的线性关系，找出成直线关系的部分，用拟合法算出直线的斜率 k。

4. 求出电子的荷质比 e/m。

［数据处理］

将实验数据填入表 3.11-6 中，按以下步骤处理数据。

表 3.11-6　阳极电流和阳极电压数据记录表

U_a（V）	0.2	0.4	0.6	0.8	1.0	1.2	1.4	1.6	1.8	2.0	2.2
$U_a^{3/2}$（V$^{3/2}$）											
I_a（A）											

1. 画图并计算斜率 k。

2. 计算电子的荷质比 $\dfrac{e}{m} = \dfrac{81k^2b^2}{128\pi^2\varepsilon_0^2l^2} =$ ＿＿＿＿＿＿＿＿＿＿C/kg（其中，b=4.5mm，l=15mm，$\varepsilon_0 = 8.85\times10^{-12}\text{C}^2/\text{N}\cdot\text{m}^2$）。

3. 计算实验误差。

电子荷质比的公认值 $\left(\dfrac{e}{m}\right)_{公认} = 1.76 \times 10^{11}$ C/kg;

相对误差 $E_{\mathrm{r}} = \dfrac{\left| \left(\dfrac{e}{m}\right)_{测} - \left(\dfrac{e}{m}\right)_{公认} \right|}{\left(\dfrac{e}{m}\right)_{公认}} \times 100\% = \underline{\qquad}\%$。

[附录] 实验的主要技术参数

实验的主要技术参数如表 3.11-7 所示。

表 3.11-7　实验的主要技术参数

	技术参数
金属电子逸出功实验仪	阳极电压模块：范围为 0～160V（纹波<1%），电流 $I \leqslant 30\mathrm{mA}$，3.5 位数显，最小精度为 0.1V，带数据采集接口； 阳极电流模块：范围为 0～20mA，4.5 位数显，最小精度为 0.1μA，带数据采集接口； 灯丝电流模块：范围为 0～800mA，3.5 位数显，最小精度为 1mA
可调直流电源	电压范围为 0～12.0V，电流 $I \leqslant 1\mathrm{A}$，3.5 位数显； 最小精度为 0.1V，带数据采集接口； 电流范围为 0～1.0A，3.5 位数显，最小精度为 1mA，带数据采集接口
标准真空二极管	灯丝材料：纯钨； 阳极材料：镍； 灯丝电流：0.50～0.80A； 灯丝直径：75μm； 阳极长度：15mm； 阳极内径：9.0～9.2mm

3.12　传感器综合实验

传感器综合实验仪集被测物体、各种传感器、信号激励源、处理电路和显示器于一体，能完成光、磁、电、温度、位移、振动、转速等的测试。通过这些实验，学生可以掌握非电量检测的基本方法和选用传感器的原则，熟悉各种传感器与检测技术的关系以及在工程中的实际应用，拓宽知识领域，提升实践技能，培养独立解决问题的能力，养成科学的工作作风。本实验以霍尔传感器为例，进行非电量检测方法的学习。

视频-传感器综合实验

PPT-传感器综合实验—
实验原理、测量

3.12.1　直流激励时霍尔传感器的位移特性实验

[实验目的]

了解霍尔传感器的原理与应用。

[实验原理]

霍尔效应从本质上讲是运动的带电粒子在磁场中受洛伦兹力作用而引起的偏转。当带电粒子（电子或空穴）被约束在固体材料中时，这种偏转导致在垂直电流和磁场的方向上产生正负电荷的聚积，从而形成附加的横向电场，即霍尔电场 E_H。如图 3.12-1 所示，若在 x 方向通电流 I_S，在 z 方向上加磁场，则在 y 方向即试样 A—A' 电极两侧就开始聚集异号电荷而产生相应的附加电场，电场的指向取决于试样的导电类型。对于图 3.12-1(a)所示的 N 型样品，霍尔电场方向为逆 y 方向，P 型样品的霍尔电场方向则沿 y 方向，即

$$E_H(y)<0 \Rightarrow (\text{N型})$$
$$E_H(y)>0 \Rightarrow (\text{P型})$$

显然，霍尔电场 E_H 会阻止载流子继续向侧面偏移，当载流子所受的横向电场力 eE_H 与洛伦兹力相等时，样品两侧的电荷达到动态平衡，故有

$$eE_H = evB \qquad\qquad (3.12\text{-}1)$$

其中，E_H 为霍尔电场，v 是载流子在电流方向上的平均漂移速度。

设样品的长为 a，宽为 b，厚度为 d，载流子浓度为 n，则

$$I_S = nevbd \qquad\qquad (3.12\text{-}2)$$

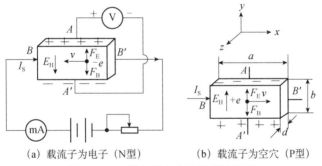

(a) 载流子为电子（N型）　　　　(b) 载流子为空穴（P型）

图 3.12-1　霍尔效应实验原理示意图

由式（3.12-1）和式（3.12-2）可得

$$U_H = E_H b = \frac{1}{ne}\frac{I_S B}{d} = R_H \frac{I_S B}{d} \qquad\qquad (3.12\text{-}3)$$

即霍尔电压 U_H（电极之间的电压）与 $I_S B$ 成正比，与试样厚度 d 成反比。比例系数 $R_H=1/ne$ 称为霍尔系数，是反映材料霍尔效应强弱的重要参数。只要测出 U_H 并知道 I_S、B 和 d，可计算出 R_H 为

$$R_H = \frac{U_H d}{I_S B} \qquad\qquad (3.12\text{-}4)$$

根据霍尔效应，霍尔电压 $U_H=K_H I B$，其中 K_H 为灵敏度系数，由霍尔材料的物理性质决定。当通过霍尔元件的电流 I_S 一定时，霍尔元件在一个梯度磁场中运动，可以用来进行位移测量。

[实验仪器]

霍尔传感器、测微头、分压器、电桥、差动放大器、数显电压表。

[实验内容]

1. 将霍尔传感器安装到传感器固定架上，将传感器引线接到对应的霍尔插座上。按图 3.12-2 接线，将差动放大器的增益调节电位器调到中间位置。

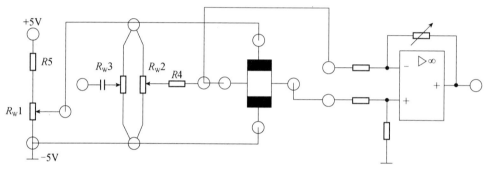

图 3.12-2 接线图

2. 开启电源，将直流数显电压表置为"2V"挡，将测微头的起始位置调到"10mm"处，手动调节测微头的位置，使数显电压表的示数大致为 0。

3. 分别向左、右方向旋转测微头，每隔 0.2mm 记录一个读数，直到读数近似不变，将读数填入表 3.12-1 中。

表 3.12-1 测微头距离和电压数据记录表

x（mm）													
U（mV）													

[数据处理]

画出 U—x 曲线，计算不同线性范围内的灵敏度和非线性误差。

3.12.2 霍尔传感器的测速实验

[实验目的]

了解霍尔元件的应用——测量转速。

[实验原理]

由霍尔效应表达式 $U_H = K_H I B$ 可知，在被测转盘上装上 n 只磁性体，转盘每转一周，霍尔传感器所在的磁场变化 n 次。转盘每转一周，霍尔电压同频率相应变化，通过放大、整形和计数电路就可以测出转盘的转速。

[实验仪器]

霍尔传感器、0～24V 直流电源、转动源、频率/转速表、直流电压表。

[实验内容]

1. 如图 3.12-3 所示，将霍尔传感器安装在传感器支架上，将霍尔元件正对转盘上的磁钢。

2. 将 "+5V" 与 "GND" 接口接到底面板转动源传感器的输出部分。"Uo2" 为霍尔输出端，将 "Uo2" 与频率/转速表（切换到转速挡）连接。

图 3.12-3　霍尔传感器安装示意图

3. 将电源与转动源相连，用电压表测量其电压。

4. 打开实验台电源，调节可调电源的驱动转动源，观察转动源的转速变化。待转速稳定后（稳定时间约 1min），记录相应驱动电压下的转速，也可用示波器观测霍尔元件输出的脉冲波形，将数据填入表 3.12-2 中。

表 3.12-2 转速记录表

驱动电压（V）	6	8	10	12	14	16	18	20
转速（rpm）								

[数据处理]

1. 分析霍尔元件产生脉冲的原理。
2. 根据记录的驱动电压和转速绘制曲线。

3.12.3　铂热敏电阻温度特性测试实验

[实验目的]

了解铂热敏电阻的特性与应用。

[实验仪器]

智能调节仪、铂热敏电阻 Pt100（2 只）、温度源、差动放大器、电压放大器、直流电压表。

〔实验原理〕

利用导体电阻随温度变化的特性，当温度变化时，感温元件的电阻值随温度变化，这样就可以将变化的电阻值通过测量电路转换为电信号，从而得到被测温度。

〔实验内容〕

实验接线图如图 3.12-4 所示，将温度控制为 500℃，在另一个温度传感器插孔中插入另一只铂热敏电阻的温度传感器。

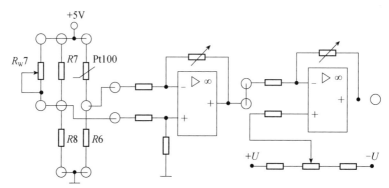

图 3.12-4　实验接线图

1. 将热敏电阻的两个颜色相同的接线端短路，将其接至底面板上温度传感器的"热敏电阻"处。

2. 按照实验接线图接好差动放大器和电压放大器，将电压放大器的输出端接至直流电压表。

3. 打开直流电源开关，将差动放大器的输入端短接，将两个增益电位器都调到中间位置，调节调零电位器，使直流电压表的示值为零。

4. 拿掉短路线，将热敏电阻接入电路。将桥路的中间两端接到差动放大器的输入端，调节电位器，使直流电压表的示值为零，记下电压放大器输出端的电压。

5. 改变温度源的温度，每隔 50℃记录电压 U，直到温度升至 1200℃，将实验结果填入表 3.12-3 中。

表 3.12-3　不同温度下的电压 U

T（℃）												
U（V）												

〔数据处理〕

根据表 3.12-3 的实验数据，画出 $U—T$ 曲线，分析热敏电阻的温度特性曲线，计算其非线性误差。

3.13 表面等离子体共振实验

对表面等离子体共振（Surface Plasmon Resonance，SPR）的研究开始于 20 世纪 60 年代，经过半个多世纪的发展，SPR 技术在化学、生物、环境、食品、医疗和制药等领域得到了越来越广泛的应用，已经成为一种新型的光电检测技术。表面等离子体共振是一种物理光学现象，由入射光波和金属导体表面的自由电子相互作用而产生。当金属的折射率和光疏介质的折射率发生细微变化时，会改变谐振吸收峰的位置。SPR 技术具有抗电磁干扰性强、灵敏度高、分辨率高等特点，适用于微量检测。

为了深刻了解表面等离子体共振的原理，更加直观地认识消逝波，本实验在分光计上实现角度指示型的表面等离子体共振，研究共振角与液体折射率的关系。

［实验目的］

1. 了解消逝波的概念。
2. 观察表面等离子体共振现象，研究共振角与液体折射率的关系。
3. 进一步熟悉分光计的调节和使用方法。

［实验仪器］

表面等离子体共振实验装置如图 3.13-1 所示，主要由分光计转盘、激光二极管、偏振片、硅光电池、光功率计、半圆柱棱镜（内充液体介质）等组成。

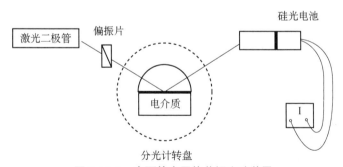

图 3.13-1 表面等离子体共振实验装置

［实验原理］

当光线从光密介质照射到光疏介质中时，如果入射角大于某个特定的角度（临界角），会发生全反射现象。在全反射条件下，光的电场强度在界面处并不立即减小为零，而会渗入光疏介质中产生消逝波。由于消逝波的存在，在界面处发生全反射的光线在光疏介质中产生约半个波长的位移后才返回光密介质。若光疏介质很纯净，不存在对消逝波的吸收或散射，则全反射的光强并不会衰减。反之，若光疏介质中存在能与消逝波产生作用的物质，全反射光的强度将会衰减，这种现象称为衰减全反射。

如果两种介质的界面之间存在厚度为几十纳米的金属薄膜，那么消逝波的偏振分量将会进入金属薄膜，与金属薄膜中的自由电子相互作用，激发出沿金属薄膜表面传播的表面等离子体波。表面等离子体共振的原理示意图如图 3.13-2 所示。

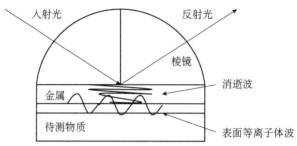

图 3.13-2　表面等离子体共振的原理示意图

如果入射角大于全反射的临界角，则入射光被强烈反射，只有一小部分以消逝波的形式渗入金属薄膜。对于某一特定入射角而言，消逝波平行于界面的分量与表面等离子体波的波矢（或频率）完全相等，两种电磁波强烈地耦合，消逝波在金属薄膜中透过并在金属薄膜与待测物质的界面处发生等离子体共振，导致这部分入射光的能量被表面等离子体波吸收，能量发生转移，反射光强度显著降低。

在共振时，界面处的全反射条件被破坏，呈现衰减全反射现象，从而使全反射的反射光能量突然下降，在反射谱上出现共振吸收峰，即反射率出现最小值。此时入射光的角度或波长称为 SPR 的共振角或共振波长，SPR 传感器测得的相对反射光强曲线如图 3.13-3 所示。

发生共振时，表面等离子体的共振角与待测物质折射率的关系为

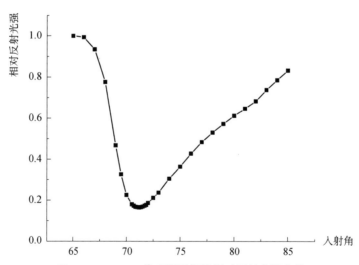

图 3.13-3　SPR 传感器测得的相对反射光强曲线

$$n_0 \sin(\theta_{SP}) = \sqrt{\frac{\mathrm{Re}(\varepsilon_1)n_2^2}{\mathrm{Re}(\varepsilon_1)+n_2^2}} \qquad (3.13\text{-}1)$$

其中，θ_{SP} 为共振角，n_0 为棱镜折射率，n_2 为待测物质的折射率，$\mathrm{Re}(\varepsilon_1)$ 为金属介电常数的

实部。

本实验根据待测物质折射率和共振角之间的关系，在入射光波长固定的情况下，通过改变入射角度，精确地找到待测物质对应的共振角，从而求出其折射率。

［实验内容］

1. 调整分光计

调整分光计，使平行光管部件、望远镜部件与载物台中心轴垂直。

2. 调整 SPR 传感器中心

（1）撤下平行光管的狭缝装置，将 LD 光源装入平行光管内，拧紧固定螺钉。撤下分光计的望远镜，将光电探头装入分光计的望远镜套筒内，拧紧固定螺钉，同时去掉分光计的两个物镜。

（2）将二维水平调节架放到载物台上，固定好调节架，在调节架中心放上准星，如图 3.13-4 所示。首先进行粗调，调节载物台锁紧螺钉使激光光斑对准I处，转动游标盘并观察激光光斑是否一直射在I上，如果不是，则说明激光光线和准星不在一个平面上，分以下两种情况进行调节。

① 如果转动游标盘时激光光斑始终处于准星某一侧，则说明激光光线有偏移。这时需要微调平行光管光轴的水平调节螺钉，使激光光斑射在I上。

② 如果转动游标盘时激光光斑处于准星不同侧，则说明准星不处于分光计中心。这时需要采用渐近法，调节水平调节架的两颗微调螺钉，使激光光斑射在I上。

（3）调节平行光管光轴的高低调节螺钉，使激光光斑射在II上，再转动游标盘，观察激光光斑是否一直射在II上，如果不是，则说明激光光线和准星仍不在一个平面上，调节方法与步骤（2）一致。调节完毕后，继续调节平行光管光轴的高低调节螺钉，使激光光斑射在III上，转动游标盘，观察顶尖III处的光斑是否一直处于最亮状态，如果不是，则需要继续调节，调节方法与步骤（2）一致。

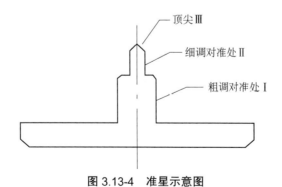

图 3.13-4　准星示意图

（4）当激光光斑一直经过准星时，中心调节完毕。移去准星，放入 SPR 传感器，转动刻度盘使刻度盘的 0° 对准游标盘的 0°，调整 SPR 传感器使激光以 0° 入射，拧紧游标盘的止动螺钉。拧紧转座与刻度盘的止动螺钉，松开游标盘的止动螺钉，使刻度盘始终保持不动。将游标盘转回至刻度盘的 65° 位置处并锁定。

3. 测量共振角

保持刻度盘和游标盘不动，转动支臂，观察光功率计读数，记录其中的最大读数。保持刻度盘不动，转动游标盘 1° 使入射角为 66°，再转动支臂，记录最大读数。以此类推，以每次 0.5° 的规律增加入射角，记录光功率计的最大读数，直至入射角为 88°。

4. 改变待测物质，重复测量 3~5 次

[数据处理]

1. 自拟数据记录表，记录实验测得的数据。
2. 绘制相对反射光强与入射角的关系曲线图。
3. 确定共振角，计算待测物质的折射率。
4. 改变待测物质，重复测量。

[思考题]

请举例说明表面等离子体共振技术在化学、生物、环境、食品、医疗和制药等领域的应用。

3.14　超 声 光 栅

1922 年，法国物理学家莱昂·布里渊（Léon Brillouin）曾预言，高频声波在液体中传播时，如果有可见光通过该液体，将产生衍射效应。这一预言在 10 年后被验证，这种现象被称作声光效应。1935 年，拉曼（Raman）和奈斯（Nath）对这一效应进行研究时发现，在一定条件下，声光效应的衍射光强分布类似于普通的光栅。后来，由于激光技术和超声波技术的发展，声光效应得到了广泛的应用，例如制成了声光调制器和偏转器，可以快速而有效地控制激光束的频率、强度和方向等，在激光技术、光信号处理和集成通信技术等方面有着非常重要的应用。

[实验目的]

1. 了解声光效应的原理。
2. 掌握利用声光效应测定液体中声速的方法。

[实验仪器]

超声光栅实验仪、钠灯、测微目镜、透镜、可以外加的液体（例如矿泉水）。

[实验原理]

在透明介质中，有一束超声波沿着 z 方向传播，另一束平行光垂直于超声波传播方向（y 方向）入射到介质中，当光波从声束区中射出时，就会产生衍射现象。

超声光栅的实验原理图如图 3.14-1 所示，实际上，由于声波是弹性纵波，它的存在会使介质的密度 ρ 在时间和空间上发生周期性变化，即

$$\rho(z,t) = \rho_0 + \Delta\rho \sin\left(\omega_s t - \frac{2\pi}{\lambda}z\right) \tag{3.14-1}$$

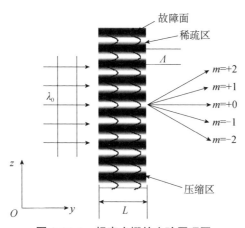

图 3.14-1　超声光栅的实验原理图

式中，z 为沿声波传播方向的空间坐标，ρ 为 t 时刻 z 处的介质密度，ρ_0 为没有超声波存在时的介质密度，ω_s 为超声波的角频率，λ 为超声波波长，$\Delta\rho$ 为密度变化的幅度。介质的折射率随之发生相应变化，即

$$n(z,t) = n_0 + \Delta n \sin\left(\omega_s t - \frac{2\pi}{\lambda}z\right) \tag{3.14-2}$$

式中，n_0 为没有超声波存在时的折射率，Δn 为折射率变化的幅度。

考虑到光在液体中的传播速度远大于声波的传播速度，可以认为液体中由超声波形成的疏密周期性分布在光波通过液体的这段时间内是不变的。因此，液体的折射率仅随位置 z 改变，即

$$n(z) = n_0 - \Delta n \sin\left(\frac{2\pi}{\lambda}z\right) \tag{3.14-3}$$

由于液体的折射率在空间有这样的周期性分布，当光束沿垂直于声波的方向通过液体后，光波波阵面上的不同部位经历了不同的光程，波阵面上各点的相位为

$$\varphi = \varphi_0 + \Delta\varphi = \frac{\omega n_0 L}{c} - \frac{\omega L \Delta n}{c} \sin\left(\frac{2\pi}{\lambda}z\right) \tag{3.14-4}$$

式中，L 为声速宽度，ω 为光波的角频率，c 为光速。

通过液体压缩区的光波波阵面落后于通过稀疏区的波阵面，原来的平面波阵面变褶皱，其褶皱情况由 $n(z)$ 决定，可见载有超声波的液体可以看成一个位相光栅，光栅常数等于超声波波长。声光效应可分为以下两类。

（1）当 $L \leqslant \dfrac{\lambda^2}{2\pi\lambda_0}$（$\lambda_0$ 为真空中的光波波长）时，会产生对称于零级的多级衍射，即拉曼—奈斯衍射，此时和平面光栅的衍射几乎没有区别。满足下式的衍射光均在衍射角 φ 的方向上产生极大光强

$$\sin\varphi = \frac{m\lambda_0}{\lambda} \quad (m=0,\pm1,\pm2,\cdots) \tag{3.14-5}$$

（2）当 $L > \dfrac{\lambda^2}{2\pi\lambda_0}$ 时，声光介质相当于一个体光栅，产生布拉格衍射，其衍射光强只集中在满足布拉格公式的一级衍射方向上，且±1 级不同时存在。实现布拉格衍射需要高频（几十兆赫兹）超声源，实验条件较为复杂。

本实验采用拉曼—奈斯衍射装置，超声光栅的光路图如图 3.14-2 所示。

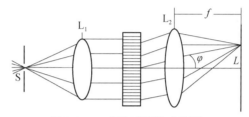

图 3.14-2　超声光栅的光路图

实际上，由于 φ 角很小，可以近似认为

$$\sin\varphi_m = \frac{l_m}{f} \tag{3.14-6}$$

其中，l_m 为衍射零级光谱线至第 m 级光谱线的距离，f 为 L_2 透镜的焦距，所以超声波的波长为

$$\lambda = \frac{m\lambda_0}{l_m}f \tag{3.14-7}$$

超声波在液体中的传播速度为

$$V = \lambda\nu \tag{3.14-8}$$

式中，ν 为超声波频率。

［实验内容］

超声光栅装置如图 3.14-3 所示。

图 3.14-3　超声光栅装置

1. 点亮钠灯，照亮狭缝，并使所有器具同轴等高。

2. 在液槽内充好液体后，连接液槽上的压电陶瓷片和高频功率信号源上，将液槽放置到载物台上，使光路与液槽内超声波的传播方向垂直。

3. 调节高频功率信号源的频率（数字显示）和液槽的方位，直到视场中出现稳定且清晰的左、右各两级以上对称的衍射光谱（最多能调出 ±4 级），再细调频率，使衍射的谱线间距最大且最清晰，记录此时的信号源频率。

4. 用测微目镜对液体的超声光栅现象进行观察，测量各级谱线到相邻一级的距离，注意旋转鼓轮的方向应保持一致，防止产生空程误差（螺距差）。

［数据处理］

1. 将实验数据填入表 3.14-1 中。

表 3.14-1　超声光栅实验数据记录表

超声波频率 $\nu=$ ＿＿＿＿Hz；L2 透镜的焦距 $f=$＿＿＿＿cm

谱线级次 m	测微目镜读数 x	$l_m=(x_m-x_{-m})/2$
+4		
−4		
+3		
−3		
+2		
−2		
+1		
−1		

2. 利用式（3.14-7）和式（3.14-8）计算超声波的波长和速度。

3. 计算声速平均值，并求相对误差（20℃时，$\lambda_{光}=589.3$nm，水中的标准声速约为 1480.0m/s）。

［思考题］

1. 当超声波频率升高时，衍射条纹间距加大，反之则减小，这是为什么？

2. 由驻波理论可知，相邻波腹和相邻波节间的距离都等于半波长，为什么超声波的光栅常数等于超声波的波长？

3. 超声光栅与平面衍射光栅有何异同？

| 第 4 章 |

演 示 实 验

视频-电学演示实验

视频-光学演示实验

视频-力学演示实验

视频-热学演示实验

PPT-电学演示实验

PPT-光学演示实验

PPT-力学演示实验

PPT-热学演示实验

物理演示实验以对实验现象的观察、思考、定性或半定量分析为主，不深究物理理论，不要求对实验结果进行准确的定量分析，以便充分展示演示实验的趣味性并描述物理概念的直观性、易接受性。学生通过观察神奇的物理现象，能加深和巩固对物理概念的理解，并进一步了解自然科学，了解科技进步对人类文明的贡献，激发求知和探索的欲望，提高实验动手能力和科技创新能力，全面培养综合素质。

4.1 傅 科 摆

[操作方法]

1. 将傅科摆拉开一定角度（不超过底盘限定的范围），使其在竖直面内摆动。
2. 调节底盘上的定标尺，使其方向与傅科摆的摆动方向一致。
3. 经过一段时间后（1～2h），观察傅科摆的摆动面与定标尺方向的夹角（10°～20°）。

[原理提示]

傅科摆是法国物理学家傅科于 1851 年制成的，他在巴黎万神庙的圆拱屋顶上悬挂了一个长约 67m 的大单摆，发现在摆动的过程中，摆动平面不断地作顺时针方向的偏转，从而证明地球在不断地自转，如图 4.1-1 所示。

在地球的两极，傅科摆在摆动平面内每 24h 转一圈；而在赤道上，傅科摆没有旋转的现象。在两极与赤道之间的区域，傅科摆的旋转速度介于两者之间。傅科摆在不同地点的旋转速度不同，说明地球表面不同地点的自转线速度不同，因此，傅科摆可以用于确定所处位置的纬度。

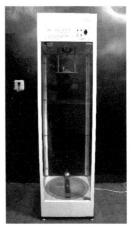

图 4.1-1　傅科摆

4.2　科里奥利力

［操作方法］

"科里奥利力"实验仪器如图 4.2-1 所示。

1. 当圆盘静止时，质量为 m 的小球沿轨道下滑，其轨迹沿着圆盘的直径，不发生偏离。

2. 如果使圆盘以一定的角速度转动，同时释放小球，当小球落到圆盘上时，小球的运动轨迹将偏离直径。

图 4.2-1　"科里奥利力"实验仪器

［原理提示］

小球在一个转动的圆盘上运动时，以圆盘为参照物，小球会受到惯性力，其中一部分是与小球的相对速度有关的横向惯性力，称为科里奥利力，其表达式为

$$F = 2mv\omega$$

式中，m 为小球的质量，v 为小球相对于圆盘的速度，ω 为圆盘旋转的角速度。

4.3　弹性碰撞球

［操作方法］

"弹性碰撞球"实验仪器如图 4.3-1 所示。

1. 调整固定摆球的螺钉，尽量使摆球的中心处于同一直线上。
2. 拉起最左侧或最右侧的摆球，使之撞击其他摆球，观察现象。
3. 依次同时拉起一侧的两个摆球、三个摆球、四个摆球，让其撞击其他摆球，观察现象。

图 4.3-1　"弹性碰撞球"实验仪器

[原理提示]

在理想情况下，完全弹性碰撞的物理过程遵守动量守恒定律和能量守恒定律。设两个摆球 A、B 的质量均为 m，A 被拉起后，回到最低点处的速度为 v_0，发生碰撞后两球的速度分别为 v_1、v_2，则根据动量守恒定律有 $mv_0 = mv_1 + mv_2$，根据能量守恒定律有 $mv_0^2/2 = mv_1^2/2 + mv_2^2/2$，两式联立解得 $v_1 = 0$、$v_2 = v_0$。发生弹性碰撞后，被碰撞的摆球具有与碰撞摆球同样大小的速度，而碰撞摆球则停止。

[注意事项]

摆球的摆幅不要太大，否则效果反而不好。

4.4　飞　机　升　力

[操作方法]

"飞行升力"实验仪器如图 4.4-1 所示。

1. 打开电源开关（位于底座后方），观察小球的运动情况。

2. 用手挡住出风口，观察小球的运动情况。

3. 实验结束，关闭电源。

［原理提示］

飞机机翼的翼剖面又叫作翼型，翼型的前端圆钝、后端尖锐，上表面拱起、下表面较平，呈鱼形。前端点叫作前缘，后端点叫作后缘。当气流迎面流过机翼时，一股气流被分成上下两股，在后缘又合成一股。

机翼上表面拱起，使上方气流的通道变窄。根据气流的连续性原理和伯努利定理，机翼上方的流速比机翼下方的流速大，因而机翼上方的压强比机翼下方的压强小。也就是说，机翼下表面受到的向上的压力比机翼上表面受到的向下的压力大，这个压力差就是机翼产生的升力。

图 4.4-1　"飞行升力"
实验仪器

［注意事项］

如果小球不能上浮，可适当调整机翼的位置，使风口正对机翼的上方。

4.5　滚柱式转动惯量

［操作方法］

"滚柱式转动惯量"实验仪器如图 4.5-1 所示。

1. 将质量相同但质量分布不同的两个圆柱体并行置于弧形轨道一端的挡板上方，抬起挡板，将两个圆柱体同时释放，观察它们的滚动状态。

2. 用质量不同但质量分布相同的两个圆柱体重复以上操作。

［原理提示］

1. 质量相同的圆柱体，质量分布离轴越远，转动惯量越大。由转动定律 $M=J\beta$ 可知，力矩相同时，转动惯量越大，转动角加速度越小。

2. 由转动定律 $M=J\beta$ 可知，质量不同但质量分布相同的两个圆柱体的力矩虽不相同，转动惯量也不同，但其中的 m 项可以抵消，使转动角加速度相同。

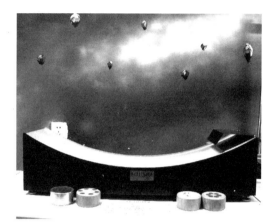

图 4.5-1　"滚柱式转动惯量"实验仪器

［注意事项］

1. 放置两圆柱体时应尽量使其置于轨道最高处的中间位置，以免摔到地上变形损坏。
2. 实验完毕后，切勿将圆柱体放在弧形轨道上，以免轨道变形。

4.6　茹可夫斯基凳

［操作方法］

茹可夫斯基凳如图 4.6-1 所示。
1. 实验者坐到凳子上，系好安全带，握紧哑铃并置于胸前。
2. 另一位同学转动凳子，实验者做伸缩手臂的动作，观察伸缩手臂对转动速度的影响。

［原理提示］

绕定轴转动的刚体对转轴的合外力矩为零时，刚体的角动量守恒。在茹可夫斯基凳实验中，人和凳的转速随着人手臂的伸缩而改变，人的双臂用力并不产生对转轴的外力矩，系统的角动量保持守恒。人在伸缩双臂改变转动惯量时，系统的角速度必然发生变化。

图 4.6-1　茹可夫斯基凳

［注意事项］

1. 实验者必须系好安全带，周围同学不要靠得太近。
2. 实验时间不宜太长，以免身体不适，下凳时要注意平衡。

4.7　直升机角动量

［操作方法］

"直升机角动量"实验仪器如图 4.7-1 所示。

1. 打开左侧电源开关，调节螺旋桨转速，观察到机身和螺旋桨沿着相反的方向旋转起来，增大（或减小）螺旋桨转速，机身的转速也随之增大（或减小）。

2. 将两个换向开关反向，打开电源开关，增大尾翼螺旋桨的转速，可观察到机身转速变慢，继续加大尾翼螺旋桨的转速直至机身不再旋转。

3. 减小尾翼螺旋桨的转速直至停转，减小螺旋桨转速直至机身和螺旋桨都停转。

4. 关闭电源开关。

图 4.7-1　"直升机角动量"实验仪器

［原理提示］

在本实验中，机身、螺旋桨和尾翼螺旋桨构成的转动系统没有对转轴的合外力矩。由角动量守恒定律可知，转动系统对竖直轴的角动量保持不变。当通电使机身上的螺旋桨旋转时，螺旋桨便对竖直轴产生了角动量，机身必须向反方向转动，使其对竖直轴的角动量与螺旋桨产生的角动量等值反向，以保持系统的总角动量不变。转动尾翼螺旋桨时，尾翼推动大气产生补偿力矩，该力矩能克服机身的反转，使机身保持不动。

4.8　角动量守恒转台

［操作方法］

"角动量守恒转台"实验仪器如图 4.8-1 所示。

1. 实验者手握转轮站在转台上，拨动转轮，使转轮转动起来。

2. 将转轮举过头顶并使之处于水平转动的状态，观察人与转台的转动方向。

3. 将举轮的手臂下垂，仍使转轮处于水平转动的状态。改变转轮的转动方向，观察人与转台的转动方向。

4. 重复上述操作，并注意转轮与转台的转速之间的关系。

图 4.8-1　"角动量守恒转台"实验仪器

[原理提示]

绕定轴转动的刚体对转轴的合外力矩为零时，刚体对转轴的角动量守恒。本实验中，实验者站在转台上，人、转轮和转台构成的转动系统没有对转轴的外力矩，系统对转轴的角动量守恒。当转轮转动时，转轮便对转轴产生了角动量，所以转台必须向反方向转动，使其对转轴的角动量与转轮对转轴的角动量相反，以保持系统的总角动量不变。

4.9　昆　特　管

[操作方法]

昆特管如图 4.9-1 所示。

1. 打开信号源，将信号源电压调至 2V 左右。

2. 将信号频率调至某一参考值（173Hz、253Hz、364Hz）附近，调节频率直至管内形成驻波，此时能看到激起的片状煤油"浪花"（若现象不明显可适当增大电压）。

3. 依次观察在各参考频率下管内出现驻波的情况。

4. 依次观察在不同电压下驻波振幅的变化。

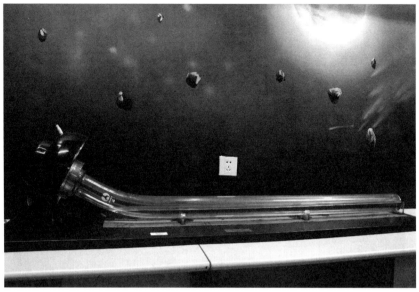

图 4.9-1　昆特管

［原理提示］

在声波传播过程中，入射波和反射波叠加形成驻波。在驻波的波腹处，煤油被激起，形成"浪花"。在驻波中，波节点始终保持静止，波腹的振幅最大，其他点以不同的振幅振动。所有波节点把介质划分为长度为 1/2 波长的许多段，每段中各点的振幅不同，但相位相同，而相邻段的相位则相反。

4.10　共振演示

［操作方法］

"共振演示"实验仪器如图 4.10-1 所示。

1. 开机前，将信号频率和电压调节至最小。

2. 开机后，将信号频率调至某一参考值（13.5Hz、15.8Hz、27Hz、33.3Hz）附近，逐渐加大频率，同时逐渐增大电压，可观察到共振现象。

3. 重复步骤 2，进行观察。

4. 实验完毕后，将频率和电压调至最小，关闭电源。

［原理提示］

系统的驱动力由振源带动载物台振动加到振子上，使振子作强迫振动。当振源频率与台面上某物体的固有频率接近时，可观察到该物体发生共振现象，且振动位移非常明显。

[注意事项]

1. 不同振子共振所需的信号源电压不同，调节频率时要适当调节电压。
2. 一定要从小到大缓慢调节信号源电压，出现共振现象即可，切勿使电压过大。

图 4.10-1   "共振演示"实验仪器

4.11　拍　的　合　成

[操作方法]

1. 打开示波器，调整扫描线使其位于屏幕中央。打开信号源 1，将频率调为 400Hz 左右。调节输出电压，使波幅约为屏幕高度的 1/3，观察正弦信号波形。

2. 关闭信号源 1，打开信号源 2，将频率调为 440Hz 左右。调节输出电压，使波幅约为屏幕高度的 1/3，观察正弦信号波形。

3. 再次打开信号源 1，可看到合成信号的波形（振幅周期变化的波形）。调节频率，使频率差变大或变小，观察到拍频也随之变大或变小。

4. 观察完毕后，关闭示波器和信号源的电源。

[原理提示]

同一方向上不同频率的两个简谐运动的合成运动方程为

$$x_1 = A\cos\omega_1 t$$

$$x_2 = A\cos\omega_2 t$$

$$x = x_1 + x_2 = 2A\cos\left(\frac{\omega_2 - \omega_1}{2}t\right)\cos\left(\frac{\omega_1 + \omega_2}{2}t\right)$$

这个合成运动不再是简谐运动，当 ω_1、ω_2 较大而 $\omega_2-\omega_1$ 较小时，就形成了拍，合振幅变化的频率即拍频。

4.12　看得见的声波

［操作方法］

"看得见的声波"实验仪器如图 4.12-1 所示，转动转轮，拨动琴弦，观察声波的形状。

［原理提示］

本实验将弦的振动转化为可视的波来揭示声音的性质。转动转轮，再拨动琴弦，改变光带移动的速率，当二者一致时，就能清晰地看到琴弦振动的波形，这个波形与它所发出的声波对应。

图 4.12-1　"看得见的声波"实验仪器

［讨论与思考］

改变转轮的速度，会影响看到的声波形状吗？

4.13　记忆合金水车

［操作方法］

"记忆合金水车"实验仪器如图 4.13-1 所示。
1. 使加热水槽中的水位高于 2/3，打开加热开关，将水槽的加热温度设定为 80℃左右。
2. 将记忆合金花、记忆合金弹簧依次放入水槽中，观察形态的变化。
3. 将记忆合金水车放入热水中，可以看到转轮转动。

［原理提示］

记忆合金是指在一定温度下能恢复其原来形状的合金材料。本实验用记忆合金材料制造了几种部件，并进行一些有趣的实验，使实验者看到一些平常见不到的现象，例如弹簧的热胀冷缩和冷胀热缩，以及记忆合金花在热水中开放、在冷水中萎缩等。记忆合金水车主要由一个转轮组成，在转轮上偏心布置一系列记忆合金弹簧。在温度高于记忆合金跃变温度

图 4.13-1　"记忆合金水车"实验仪器

（约 85℃）的水中，记忆合金产生相变，记忆合金弹簧在热水中缩短、在空气中伸长，使偏心布置的记忆合金弹簧对转轮中心的力矩不为零。在此力矩作用下，转轮转动起来。

［注意事项］

1. 将记忆合金部件放入或拿出水槽时要注意避免烫伤。
2. 演示完毕后，要将记忆合金部件从水中取出，千万不要置于水中不管。

4.14　斯特林热机

［操作方法］

高温斯特林热机如图 4.14-1 所示，将组装完成的斯特林引擎放在热源上（低温斯特林热机用电热水锅加热，高温斯特林热机用酒精灯加热），稍等一会，待热传导至引擎下方，此时稍微转动飞轮，引擎即开始运作。接下来靠着热水提供的能量，飞轮持续转动。

［原理提示］

斯特林热机其实是由两个等温过程及两个等体积过程组成的热力学循环，如图 4.14-2 所示，a 至 b 为等温压缩，工作气体的温度不变，但压力增大；b 至 c 为等体积加热，从热水中获得热能；c 至 d 为等温膨胀，工作气体的温度不变，但压力减小；d 至 a 为等体积冷却，将热能排至环境。值得注意的是，在 T_1 和 T_2 固定的情况下，其效率与卡诺循环的效率（$\eta=1-T_1/T_2$）相同。

图 4.14-1　高温斯特林热机

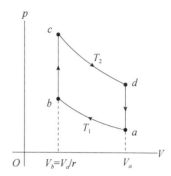

图 4.14-2　斯特林热机循环曲线

4.15　双向翻转伽尔顿板

［操作方法］

双向翻转伽尔顿板如图 4.15-1 所示。

1. 翻转伽尔顿板，使颗粒集中到一侧；关闭挡板，再翻转伽尔顿板使颗粒到水平位置。

2. 轻轻打开挡板，让颗粒逐一落下，观察其下落位置的随机性。

3. 全打开挡板，让大量颗粒同时下落，观察最终的分布情况。

4. 多次重复实验，比较颗粒的分布情况。

图 4.15-1　双向翻转伽尔顿板

［原理提示］

本实验的目的是演示大量偶然事件的统计规律和涨落现象。

单个随机事件的结果是无法预测的，例如分子运动的速度和方向。描述随机事件只能用概率统计的方法，即考察大量随机事件的统计规律性。伽尔顿板演示了大量粒子随机运动的统计规律和涨落现象。单个颗粒落入哪个槽中是随机的，大量颗粒的分布却会呈现出规律性。某一槽中颗粒的数量反映了颗粒落入其中的概率，与分子运动速率进行类比，对应于处在某速率区间内的分子数。做重复实验时，特定槽中每次落入的颗粒数量大致相同，但又存在偏差，这就是涨落现象。

4.16　神奇的辉光球

［操作方法］

辉光球如图 4.16-1 所示。

1. 打开电源开关，使辉光球发光。

2. 用指尖触碰辉光球，可以观察到辉光在手指周围变得更明亮，产生的弧线随着手的移动而游动扭曲，随着手指的移动"起舞"。

图 4.16-1　辉光球

［原理提示］

辉光球发光是低压气体（也叫稀疏气体）在高频强电场中的放电现象。玻璃球中央有一个黑色球状电极，球的底部有一块振荡电路板。通电后，振荡电路产生高频电压电场，球内的低压气体受到高频电场的电离作用而光芒四射。辉光球工作时，球中央的电极周围形成一个类似于点电荷的场。当用手（人与大地相连）触碰球时，球周围的电场、电势分布不再均匀，故辉光在手指周围变得更明亮。

4.17　神奇的辉光盘

［操作方法］

辉光盘如图 4.17-1 所示。

1. 打开辉光盘的电源开关，观察辉光放电现象和放电轨迹。
2. 用手触摸盘面，观察盘面图案的变化情况。

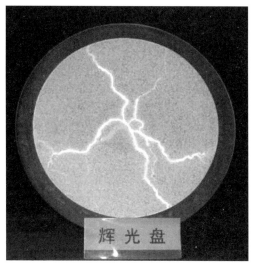

图 4.17-1　辉光盘

[原理提示]

　　辉光盘由许多直径为 2～3mm 的小气泡构成，小气泡中充有低压气体。辉光盘不同区域的小气泡中充有不同的低压气体，用于在辉光放电时发出不同颜色的光，形成彩色的放电辉光。辉光盘的中心有一个电压高达数千伏的高频高压电极。

　　由于宇宙射线和紫外线的作用，气体中的少量中性分子被电离，以正、负离子的形式（即等离子体状态）存在于气体中。辉光盘通电后，中心的电极电压高达数千伏，气体中的正、负离子在强电场作用下进行快速定向移动，这些离子与其他气体分子碰撞产生新的离子使离子数大大增加。由于电场很强而气体又比较稀薄，离子可获得足够的动能去"打碎"其他中性分子，形成新的离子。离子、电子和分子撞击时，会引起原子中的电子能级跃迁并激发与能级有关的辉光，即辉光放电。

4.18　手触电池

[操作方法]

　　"手触电池"实验仪器如图 4.18-1 所示。
1. 合上实验仪器的开关。
2. 将两只手分别放到两块手形金属板上。
3. 观察电表指针的偏转情况。
4. 实验完毕后，把开关打开。

图 4.18-1 "手触电池"实验仪器

[原理提示]

不同金属的电子逸出功不同，两种不同的金属相互接触时会产生接触电势差，其大小与电子逸出功及温度有关。在本实验中，不同材质的金属和手接触时，具有不同的接触电势差，因此整个电路也有电势差。

4.19 静 电 高 压

[操作方法]

"静电高压"实验仪器如图 4.19-1 所示。

1. 用放电杆对金属球放电后，人站在绝缘台上，一只手接触金属球（在实验过程中，手不要离开金属球；如果离开，则不要再重新接触金属球）。

2. 打开钥匙开关，按下"合闸"按钮，升高电压，观察演示效果。

3. 反向旋转电压控制旋钮，使电压降为零，按下"分闸"按钮，关闭钥匙开关。

4. 实验结束后，走下绝缘台（两脚同时落地），并用放电杆对金属球放电（放电杆应缓慢靠近金属球）。

图 4.19-1 "静电高压"实验仪器

[原理提示]

人用手接触高压电极时，头发会因"触电"而竖起来，但人却能安然无恙，这种现象是因为同种电荷相互排斥。人用手接触高压电极而带电，头发和头皮之间带了同种电荷而相互排斥，使头发远离头皮并竖立起来。

［注意事项］

1. 实验者之外的人员不要离仪器过近（保持 2m 以上距离），不要用手指或金属物体触碰金属球。

2. 如果出现意外，应立刻切断实验室总电源。

4.20　雅各布天梯

［操作方法］

"雅各布天梯"实验仪器如图 4.20-1 所示。

1. 启动高压电源，观察实验现象。

2. 实验结束后，定时器会自动关闭电源。

［原理提示］

雅各布天梯是演示高压放电现象的一种装置。电极间具有几万伏的高压，在电极相距最近的底部，场强较大，空气首先被击穿，产生大量正、负离子，同时产生光和热，即电弧放电。在离子存在的空间中，电极较容易被击穿，离子随热空气上升，使得电弧持续上升，直到电极提供的能量不足以补充声、光、热等能量损耗。此时

图 4.20-1　"雅各布天梯"实验仪器

高压再次将电极底部的空气击穿，发生第二轮电弧放电，周而复始，形成了实验中的现象。

4.21　三相旋转磁场

［操作方法］

1. 打开仪器的电源开关，给三对线圈通以 380V 的交流电，将一个钢球放入磁场中心，观察其转动情况。

2. 放入另一个钢球，观察两个钢球的转动情况。

3. 实验结束后，定时器会自动关闭电源。

［原理提示］

定子有三个线圈绕组，接通电源后，绕组中有对称的三相电流流过（"对称"是指各相

电流的幅值相等，相位差为 120°）。三对线圈通以交流电后产生旋转磁场，金属球在旋转磁场中发生电磁感应，产生涡流。

4.22　电　磁　炮

［操作方法］

"电磁炮"实验仪器如图 4.22-1 所示。

1. 接通实验仪器的电源，给线圈提供交流电。
2. 把小炮弹从后端塞进炮膛，按下发射开关，小炮弹会飞出去，打中接收靶。

图 4.22-1　"电磁炮"实验仪器

［原理提示］

当炮筒中的线圈通入瞬时强电流时，穿过闭合线圈的磁通量会发生变化，置于线圈中的金属炮弹会产生感应电流。感应电流的磁场与通电线圈的磁场相互作用，使金属炮弹远离线圈，从而飞速射出。

［注意事项］

实验过程中不要靠近接收靶。实验用的电磁炮只是简单的模拟装置，精度不够，小炮弹高速打在接收靶上时会发生反射，靠得太近容易被误伤。

4.23　亥姆霍兹线圈

［操作方法］

"亥姆霍兹线圈"实验仪器如图 4.23-1 所示。

1. 打开仪器的开关，调节 LED 显示屏。

2. 打开直流电源，向同方向闭合两个电键（使两个线圈通以相同方向的电流），转动手柄使位于线圈轴线上的霍尔元件由导轨的一端缓慢移向另一端，观察两个同向载流圆线圈合成的磁场分布情况。

3. 改变其中一个线圈的电流方向，重复步骤 2，观察两个反向载流圆线圈合成的磁场分布情况。把霍尔元件移动到两个线圈之间，找到合磁场为零的位置。

4. 断开一个线圈的电流，重复步骤 2，观察一个载流圆线圈的磁场分布情况。

5. 实验结束后，打开电键，关闭显示屏和直流电源。

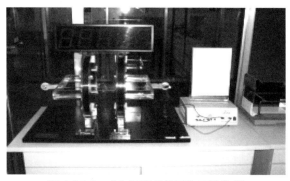

图 4.23-1　"亥姆霍兹线圈"实验仪器

[原理提示]

亥姆霍兹线圈是由两个相同的线圈同轴放置组成的，其中心间距等于线圈的半径。将两个线圈通以同向电流时，磁场叠加增强，并在一定区域内形成近似均匀的磁场。通以反向电流时，磁场减弱，出现磁场为零的区域。

给霍尔元件通以恒定电流时，会在磁场中感应出霍尔电压，霍尔电压的高低与霍尔元件所处的磁感应强度成正比，因而可以用霍尔元件测量磁场。本实验中的 LED 显示屏显示的就是霍尔电压的数值，它的变化规律与磁场强度的变化规律一致。

4.24　汤姆逊电磁铁

[操作方法]

"汤姆逊电磁铁"实验仪器如图 4.24-1 所示。

1. 先让衔铁靠近由铜和康铜围成的电磁铁芯，此时衔铁不能被吸引。

2. 在右侧水槽中加入冷水，将温差电偶的弯曲端插入水中。点燃左侧的酒精灯，对温差电偶的另一端进行加热。

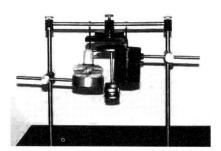

图 4.24-1　"汤姆逊电磁铁"实验仪器

3. 4～5min 后，让衔铁再次靠近铁芯，衔铁被吸住。依次增加砝码，最大可放 3 个砝码而不会拉脱衔铁。

4. 实验完毕后，取下所有砝码，熄灭酒精灯。

［原理提示］

两种不同的金属构成闭合回路时，如果两个连接点分别处在不同温度下，闭合回路中会产生温差电动势并有电流通过，这种现象叫作温差电现象。

本实验使用铜和康铜两种金属演示温差电现象，用酒精灯和冷水形成温差，温差电流产生磁效应。

4.25　能量转换轮

［操作方法］

"能量转换轮"实验仪器如图 4.25-1 所示。

1. 打开实验仪器箱体面板上的开关，使转轮右侧的铁芯中产生变化的磁场。

2. 轻轻转动转轮（转轮内装有许多永磁铁），经过磁场的作用，会发现转轮越转越快。

3. 观察转轮左侧的线圈中发光二极管的发光情况。

4. 实验完毕后，关掉电源。

［原理提示］

给电磁铁通电后，电能经电磁铁转换成磁能，即产生交变磁场，转轮内的磁铁在该磁场的作用下带动转轮旋转，磁

图 4.25-1　"能量转换轮"实验仪器

能又转换成机械能。转轮的旋转使永久磁铁的固定磁场运动起来，在左侧的闭合线圈中产生感应电流，能量又被转换成电能，并通过发光二极管变为光能。根据能量转换与守恒定律，自然界的各种能量之间可以相互转化，但总能量保持不变，本实验也遵循这一定律。

4.26　光 学 分 形

［操作方法］

"光学分形"实验仪器如图 4.26-1 所示，打开电源即可观察到由多个相同图案构成的半

球形图像。

图 4.26-1　"光学分形"实验仪器

[原理提示]

　　分形是一种具有自相似特性的现象、图像或物理过程。在分形中，所有组成部分都在特征和整体上相似。除了自相似特性，分形的另一个普遍特征是具有无限的细致性，即无论放大多少倍，图像的复杂性丝毫不会减少。但是，每次放大的图形却并不和原来的图形完全相似，即分形并不要求具有完全的自相似特性。

　　本实验利用互成一定角度的多个反射镜对同一个图案进行多次反射，构成一个复杂图形，体现了分形的基本概念。

4.27　光　学　幻　影

[操作方法]

　　"光学幻影"实验仪器如图 4.27-1 所示。

　　1. 打开仪器的电源开关，使幻影仪的出射窗口中呈现幻影（一朵悬在空中、转动着的红花）。伸手触摸红花，发现并没有实物。

　　2. 远离或靠近幻影仪的出射窗口，观察幻影的变化。

　　3. 观察完毕后，关掉照明灯。

[原理提示]

　　本实验利用凹面镜成像原理，将实物投射成幻影，飘浮在空中，十分醒目，引人入胜，光路图如图 4.27-2 所示。

图 4.27-1 "光学幻影"实验仪器

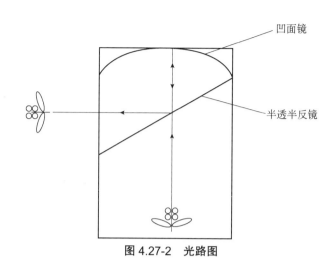

图 4.27-2 光路图

凹面镜

半透半反镜

4.28 电 子 火 焰

[操作方法]

"电子火焰"实验仪器如图 4.28-1 所示。
1. 将实验仪器上的挡板拉开，打开电源开关（右侧）。
2. 可以观察到视窗内似有熊熊火焰在燃烧。

图 4.28-1 "电子火焰"实验仪器

[原理提示]

在"木炭"上跳动着一束束栩栩如生的火焰，可谓"假作真时真亦假"。电子仿真技术使跳动的火焰非常逼真，且火焰大小可以随意调节。

仪器下部是由半透明材料制成的炭火造型，中间有一条透光缝，缝的下部有一根横轴，轴的四周镶满不同方向的小反光片。光源的光照到反光片上时，随着轴的转动，光被随机地反射出来，让观察者感到有火焰存在。

4.29　视 觉 暂 留

［操作方法］

　　"视觉暂留"实验仪器如图 4.29-1 所示。

　　1. 打开电动机开关，待电动机转动平稳后，打开频闪灯开关，适当调节频率旋钮，直到看到白色的台阶稳定不动，红色的弯杆在台阶上"跳动"。

　　2. 实验结束后，分别关闭频闪灯和电动机的开关。

图 4.29-1　"视觉暂留"实验仪器

［原理提示］

　　本实验利用人眼的视觉惰性即视觉暂留现象，结合频闪灯的特殊作用，演示了电影成像的原理。

　　未打开频闪灯时，台阶和弯杆随转盘转动，看不出一定的规律。打开频闪灯后，调节频率使频闪灯闪亮的时间间隔与两相邻台阶经过同一位置的时间间隔相同或成整数倍，由于眼睛的视觉暂留现象，观察者会感觉台阶已经静止，但弯杆却在不断运动，形成了弯杆"爬"台阶的动画场面。

4.30　梦 幻 点 阵

［操作方法］

"梦幻点阵"实验仪器如图 4.30-1 所示。

1. 打开电源开关，观察字幕的图像。
2. 观察完毕后，关闭仪器。

图 4.30-1　 "梦幻点阵"实验仪器

［原理提示］

　　梦幻点阵是旋转字幕球，基于帧扫描和人眼的视觉暂留现象。视觉暂留现象说明，当外界引起视觉的图像消失一段时间后，人脑中的图像会保留一段时间。

　　本实验中电动机的转速为 50r/s，图像变换的周期比人眼的视觉暂留时间快得多，故实验者能从扫描的球带中看到稳定的静态画面或变化的动态画面。人眼的视觉反应时间即图像出现到人脑中显现图像的时间，比视觉暂留的时间短得多。由于人眼视觉的这些特点，重复放映的多帧画面在人的头脑中可显现为稳定的画面。每幅画面的形成是靠发光二极管阵列扫描来实现的，画面的纵向变化是靠单片机控制阵列中的各个发光二极管点亮和熄灭来实现的，横向变化是靠电动机带动阵列的高速扫描来实现的。

4.31　留影板演示仪

［操作方法］

"留影板演示仪"实验仪器如图 4.31-1 所示。

1. 将景物（小鹿剪影或手）放入前方底部的开口中。
2. 按下仪器右侧的红色按钮，闪光灯发出闪光进行曝光。
3. 取出景物，通过观察窗观察底板上留下的剪影。

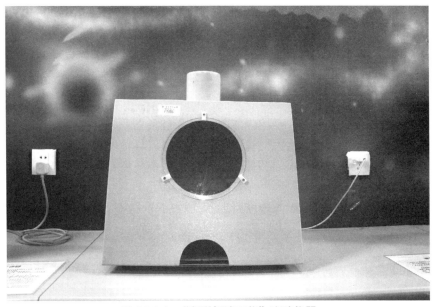

图 4.31-1　"留影板演示仪"实验仪器

［原理提示］

本实验演示的是荧光材料即长余辉材料的特性。长余辉材料的特点是在受到激发时能存储能量，然后缓慢释放。

留影板演示仪的底板上涂敷有荧光材料。实验中进行曝光时，被景物遮挡的部分未受到激发，而没被遮挡的部分受到激发，存储能量，曝光结束后持续以光的形式缓慢释放能量，因而未被遮挡的部分会发出绿色的光，形成了剪影效果。

［注意事项］

1. 曝光时光线很强，切勿直视观察窗。
2. 每次曝光后要等 30s 左右再进行下一次曝光。

4.32　神秘的普氏摆

［操作方法］

"神秘的普氏摆"实验仪器如图 4.32-1 所示。

1. 拉开摆球，使其在两排金属杆之间的一个平面内摆动。

2. 站在普氏摆正前方，观察球摆动的轨迹。

3. 戴上光衰减镜观察摆球的轨迹，发现摆球按椭圆轨迹摆动。

4. 将光衰减镜反转 180°，再次观察，发现摆球改变了摆动方向。

［原理提示］

人之所以能看到立体的景物，是因为双眼可以各自独立看景物。两眼的间距导致左眼与右眼的图像有差异，这种差异称为视差。人的大脑很巧妙地将两眼的图像合成，在大脑中产生有空间感的视觉效果。

本实验所用的光衰减镜能引起光强的减弱和光程的变化，使进入两只眼睛的光产生光程差，从而感觉出物体的立体感。

图 4.32-1 "神秘的普氏摆"
实验仪器

［注意事项］

1. 尽量使摆球的摆动平面在两排金属杆的中间，避免与金属杆相碰。

2. 观察时双眼均要睁开。

4.33 互补色图像

［操作方法］

互补色图像如图 4.33-1 所示。观察者带上红、绿眼镜，通过眼镜观察互补色图像。

［原理提示］

人的大脑在综合处理两眼的图像信息时，一个很重要的因素是光线的入射方向，人眼可根据物点发射到人眼的光线判定该物点的方向及远近。为了观察到有立体感的图像，观察者需要做到：左眼只看到左画面，右眼只看到右画面。

红、绿眼镜利用红、绿镜片的滤光作用，让红色镜片滤去绿色光，绿色镜片滤去红色光，使左、右眼能看到各自的影像，形成立体图像。

图 4.33-1 互补色图像

4.34　台式皂膜

［操作方法］

　　"台式皂膜"实验仪器如图 4.34-1 所示。

　　1. 选择一个圆环状铁丝框，在肥皂液中蘸一下，再斜一点拉起来，就在圆环上得到一个皂膜。使圆环上下振动，可得到一个悬链曲面，这是因为皂膜在振动。

　　2. 将圆环对着灯光，观察干涉条纹，并注意彩色条纹宽度的变化。

　　3. 换一种形状的铁丝框重复上述步骤。

图 4.34-1　"台式皂膜"实验仪器

［原理提示］

　　液体的表面就像张紧的弹性薄膜，有收缩的趋势。如果在液体表面画一条直线，直线两侧的液面之间存在相互作用的拉力，拉力的方向与所画的直线垂直，液体表面出现的这种力称为表面张力。表面张力的大小用表面张力系数 α 来表示，液面上长为 L 的直线两侧的拉力 f 可表示为

$$f=\alpha L$$

　　由于表面张力的作用形成皂膜，不同形状的铁丝框能拉出不同形状的皂膜，这体现了能量最低原理，即皂膜的面积最小，能量最低。

　　皂膜在白光照射下呈现彩色的干涉条纹。当肥皂液慢慢向下流时，皂膜变得上薄下厚，形成劈尖干涉，可以看到彩色的条纹逐渐由窄变宽。

4.35　偏振光干涉

[操作方法]

"偏振光干涉"实验仪器如图 4.35-1 所示。

1. 轻轻地从仪器左侧抽出两种图案，可以看到它们都由无色、透明的材料制成，再原样放回。

2. 打开光源，可以立即观察到视场中各种图案发生偏振光干涉的彩色条纹。

3. 旋转面板上的旋钮，改变两块偏振片的偏振方向夹角，观察干涉条纹的色彩变化。

4. 把透明 U 形尺放进窗口，这时观察不到异常。用力握住 U 形尺的开口处，可以看到尺上出现彩色条纹，且疏密不均。改变握力，条纹的色彩和疏密分布发生变化。

图 4.35-1　"偏振光干涉"实验仪器

[原理提示]

白光光源发出的光透过第一块偏振片后变成线偏振光。波片将入射的线偏振光分解为振动方向相互垂直的两束线偏振光，这两束光射出波片时，有一定的相位延迟。这两束光同时通过最外层的偏振片后振动方向相同，成为相干光，从而发生偏振光干涉。

仪器内的材料分为以下两种。

1. 用不同层数的薄膜叠成的蝴蝶、飞机、花朵等图案（厚度不均匀，中心厚，四周薄）。这种薄膜内部的残余应力分布均匀，双折射产生的光程差由厚度决定，各种波长的光干涉后的强度均随厚度而变，故干涉后呈现与层数分布对应的色彩图案。

2. 光弹性材料制成的三角板和曲线板（厚度相等）。这种材料内部存在非均匀分布的残余应力，双折射产生的光程差主要与残余应力的非均匀分布有关，各种波长的光干涉后的强度随应力分布而改变，干涉后呈现与应力分布对应的不规则彩色条纹，条纹密集的地方是残余应力比较集中的地方。

U 形尺的干涉条纹与三角板和曲线板相似，区别在于这里的应力不是残余应力，而是实时动态应力，所以条纹的色彩和疏密是随外力变化的。利用偏振光的干涉可以观察透明元件是否受到应力以及应力的分布情况。

4.36　旋 光 色 散

［操作方法］

"旋光色散"实验仪器如图 4.36-1 所示。

1. 启动仪器尾端的光源，缓慢地转动前端偏振片，观察色彩变化（可观察到玻璃管下半部透过来的光按红、橙、黄、绿、青、蓝、紫依次变化，管上部没有糖溶液的地方仅有明暗变化）。

2. 在光源和装有糖溶液的玻璃管之间加上滤色片，旋转偏振片，记录视场最暗时（从玻璃管上方看）偏振片的角度，再次旋转偏振片记录视场最暗时（从玻璃管下方看）偏振片的角度。

3. 换上另一种颜色的滤色片，重复步骤 2。

4. 保留实验数据，计算糖溶液浓度并分析旋光效应与波长的关系。

5. 实验结束后，关闭电源。

图 4.36-1　"旋光色散"实验仪器

［原理提示］

当偏振光通过某些物质（例如石英、氯酸钠等晶体或糖溶液、松节油等）时，光矢量的振动面以传播方向为轴发生转动，这一现象称为旋光现象。对于液体旋光物质，振动面转过的角度即旋光度 $\varphi = \alpha \rho d$，其中比例系数 α 是溶液的旋光率，是与入射光波长有关的常数；ρ 是溶液的浓度；d 是偏振光在溶液中经过的距离。

旋光度大致与入射偏振光波长的平方成反比，这种旋光度随波长变化的现象称为旋光色散。

4.37　光　栅　视　镜

［操作方法］

1. 打开光源开关，把光栅镜对准透光缝，透过光栅镜观察三种光源的多级光谱。
2. 仔细观察氦灯和汞灯分立谱线的特点，观察白炽灯的连续谱线。
3. 观察完毕后，关闭电源。

［原理提示］

由光栅方程 $d\sin\theta=k\lambda$ 可知，如果复色光入射光栅，则由于各成分光的 λ 不同，除中央零级条纹外，同级的不同波长（颜色）的明条纹将按波长顺序排列成彩色光谱（红光在外），这就是光栅的分光作用。

如果入射的复色光中只包含若干个波长成分，则光栅光谱由若干条不同颜色的细亮谱线组成分立谱。

本实验使用的是介质膜光栅，故光谱呈"米"字形。

［注意事项］

1. 不要频繁开关光源，因为灯管的寿命与开灯的次数有关。
2. 氦灯管和汞灯管的寿命与使用的时间长短有关，应尽量减少使用时间。

4.38　透射光栅变换画

［操作方法］

透射光栅变换画如图 4.38-1 所示。实验时观察者对着画面看，移动双眼的位置，体会变换效果。

［原理提示］

变换光路图如图 4.38-2 所示，将两幅画按 A、B 顺序依次排列在同一平面（感光胶片或相纸）上，它们发出的光沿不同方向射出，在不同方向上可以清晰地看到其中的一幅。

此实验的关键是在画面上覆盖分光光栅。在覆盖分光光栅之前，能同时看到两幅画，但两幅画互相干扰，模糊不清。覆盖分光光栅后，调整好光栅的方位，就消除了莫尔条纹，这时从某一角度只能看到一幅画，而从另一角度只能看到另一幅画，这就是所谓的变换画。

图 4.38-1　透射光栅变换画

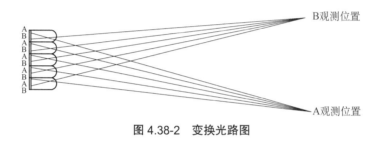

图 4.38-2　变换光路图

［讨论与思考］

1. 能否研制出三变、四变甚至更多变的画面？
2. 为什么从不同距离观察变换画时效果不一样？

4.39　透射光栅立体画

［操作方法］

对着图像看，移动观察位置，体会立体效果。

［原理提示］

本实验中的像是两个照相机照得的像的重叠。为使两个像分别映入人的左、右眼，像上覆着一层由柱镜条状透明带组成的膜，两个像经膜上的柱镜分别向左、右偏射，使看照片的人左眼看到左像，右眼看到右像，经人脑合成为立体图像。

通俗地讲，若干个大小一样、光学性能一致的透镜在一个平面上按垂直方向顺序排列，就形成了光栅条,若干光栅条按水平方向依次排列,就形成了光栅板,通常称为光栅。立体图像就是利用光栅材料的特性,将不同视角下同一拍摄对象的若干幅图像或同一视角下若干幅不同图像按一定顺序错位排列在一幅图像上,通过光栅的隔离、透射或反射,将不同角度的图像细节映射到人的双眼中,形成立体或变换效果。

从光学表现特征来讲,光栅分为两类,一类是狭缝光栅,通过透射光将图像的立体效果显示在人的眼中;另一类是柱镜光栅,通过反射光将图像的立体效果显示在人的眼中。

4.40 磁 力 转 盘

[操作方法]

"磁力转盘"实验仪器如图 4.40-1 所示。实验时转动任意一个转盘,观察其他两个转盘的转动情况。

图 4.40-1 "磁力转盘"实验仪器

[原理提示]

每个转盘的圆周上都分布着钕铁硼磁铁,同性磁极之间的斥力使转盘转动起来。钕铁硼磁铁是一种人造的永久磁铁，被广泛地应用于电子产品中，例如硬盘、手机、耳机等。

4.41 激 光 琴

［操作方法］

"激光琴"实验仪器如图 4.41-1 所示。实验时按下按钮，用手在音阶管下方拨动，就像拨动琴弦一样，可以进行乐曲演奏。

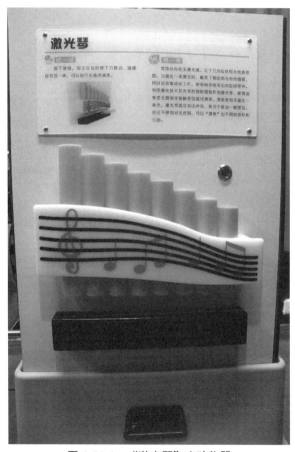

图 4.41-1 "激光琴"实验仪器

［原理提示］

琴身处有很多激光器，下方对应处有光电传感器。遮住一束激光就触发了相应的光电传感器，同时语音集成块工作，使音响系统发出对应的琴声。

演奏者用手遮住一束激光时，激光琴会发出声音，相当于拨动一根琴弦。通过不停地对光进行控制，可以"演奏"出不同的音阶和乐曲。

4.42　手 摇 发 电

［操作方法］

"手摇发电"实验仪器如图 4.42-1 所示。实验时转动转盘，旋转的磁铁靠近固定线圈转动，LED 灯会变亮。

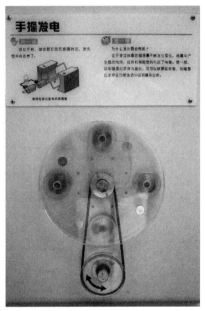

［原理提示］

1831 年，英国物理学家法拉第发现了电磁感应现象，即"磁生电"的条件，产生的电流叫感应电流。放在变化的磁通量中的导体闭合成一回路，则该电动势会驱使电子流动，形成感应电流。

通俗地讲，当闭合回路中的一部分导体在磁场中作切割磁感线运动时，闭合回路中的磁通量一定会发生变化，因此产生感应电动势，从而产生了电流，这种电流称为感应电流。

图 4.42-1　"手摇发电"实验仪器

在本实验中，穿过线圈的磁通量不断变化，线圈中产生感应电流，这样机械能就转换成了电能。

手摇发电的原理其实就是电磁感应原理，即线圈在旋转的磁场中产生感应电动势。平常的手摇发电机中的基本构造组件就是定子和转子，定子一般是永磁体，转子是线圈。

在外力的带动下，线圈在磁场中作切割磁感线运动产生感应电动势，如果内部线圈与外部电路构成一个闭合回路，这个回路中就会产生电流。

4.43　无 形 的 力

［操作方法］

"无形的力"实验仪器如图 4.43-1 所示。实验时按下按钮，会观察到铝环先"跳"起来，然后悬浮在空中。

［原理提示］

交流电在大线圈周围产生一个交变磁场，使铝环和线圈中产生了感应电流，所以指示灯会亮。根据楞次定律，感应电流的方向总是阻碍磁通量的变化，因此感应电流在磁场中受到安培力的作用使铝环"跳"了起来。铝环能悬浮在空中是因为其受到的安培力和重力达到了动态平衡。

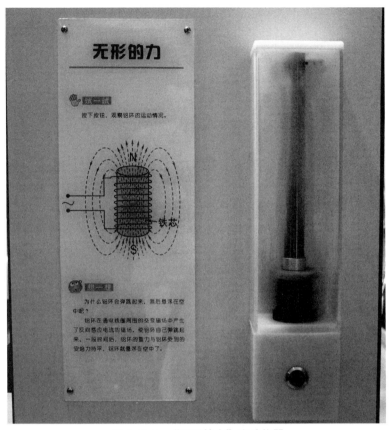

图 4.43-1　"无形的力"实验仪器

4.44　空 中 成 像

［操作方法］

　　"空中成像"实验仪器如图 4.44-1 所示。实验时先按下按钮，观察 LED 板旋转后的图像变化。

［原理提示］

　　本实验利用了视觉暂留现象。物体消失后，影像会在人的视网膜上保留 1/24～1/16s。在电动机高速旋转的情况下，电路控制 LED 灯按程序发光形成扫描图像，虽然不是整幅图像同时发光，但是由于视觉暂留现象，发光点会在视网膜上保留一段时间，使人感觉看到了完整的图像。

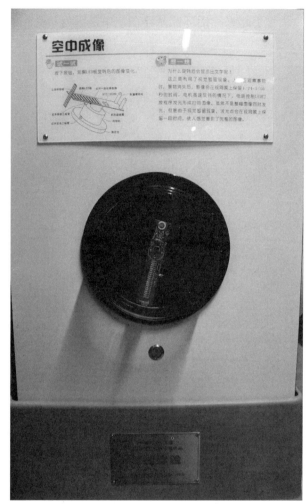

图 4.44-1 "空中成像"实验仪器

4.45 穿 墙 而 过

［操作方法］

"穿墙而过"实验仪器如图 4.45-1 所示。实验时左右倾斜圆筒，观看小球的"穿墙"运动。

［原理提示］

光波是横波，自然光的横波在与传播方向垂直的平面上可向任一方向振动。圆筒内贴有不同偏振方向的偏振片，两端水平偏振，中间垂直偏振。水平偏振光无法穿过垂直偏振片，看上去就是一道"墙"。转动圆筒，就会看见"穿墙而过"的神奇现象。

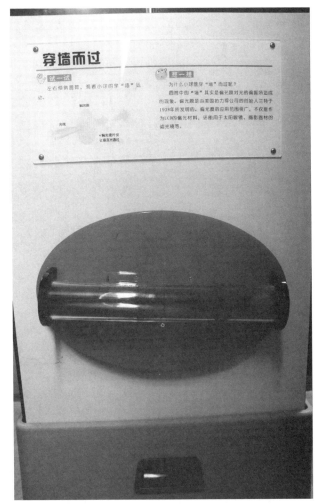

图 4.45-1　"穿墙而过"实验仪器

4.46　窥 视 无 穷

〔操作方法〕

　　"窥视无穷"实验仪器如图 4.46-1 所示。实验时按下按钮，观察窗口，会感觉窗口内深不见底。

〔原理提示〕

　　窗口是一面半透膜镜，背板是一面平面镜。按下按钮后，灯带发出的光线被平面镜反射回来，一部分反射光透过半透膜镜被看到，另一部分反射光被半透膜镜再次反射到平面镜上，经过多次反射后形成诸多物体的像，就像光的隧道一样。

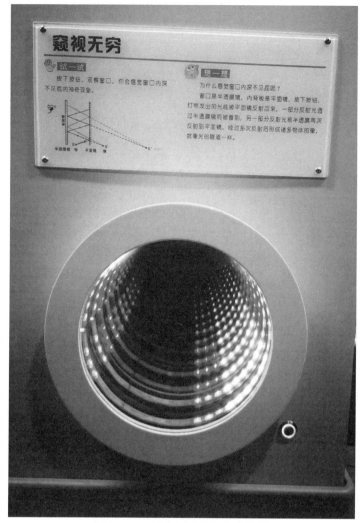

图 4.46-1　"窥视无穷"实验仪器

4.47　一　笔　画

[操作方法]

　　"一笔画"实验仪器如图 4.47-1 所示。实验时按下按钮，将手柄沿着"兔子"轨道从一端移动到另一端，用时越短，错误次数越少，实验效果越好。

[原理提示]

　　拿着手柄沿轨道移动时，如果套环碰到轨道，数码管显示的错误次数加一，并且驱动蜂鸣器报警。

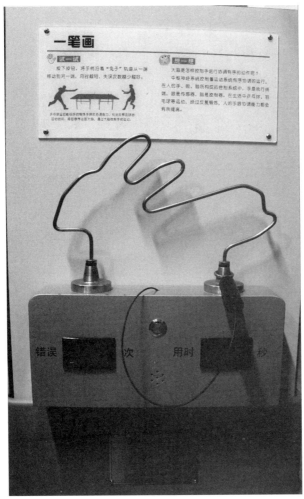

图 4.47-1　"一笔画"实验仪器

4.48　液　晶　玻　璃

[操作方法]

"液晶玻璃"实验仪器如图 4.48-1 所示。实验时按下按钮，观察液晶玻璃的变化。

[原理提示]

液晶玻璃是一种将液晶膜通过高温高压夹层封装而成的高科技光电玻璃产品。使用者可以通过通电与否来控制液晶分子的排列，从而控制玻璃的透明状态。中间层的液晶膜是调光玻璃的功能材料，液晶分子在通电状态下呈直线排列，这时液晶玻璃透光且透明。断电时，液晶分子呈散射状态，这时候液晶膜透光但不透明。

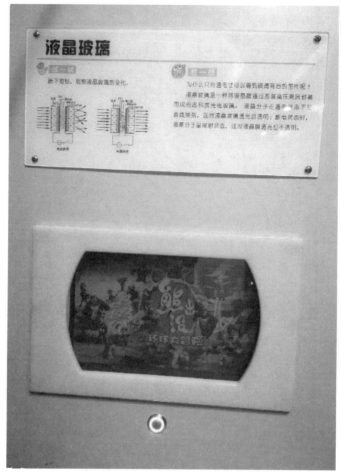

图 4.48-1 "液晶玻璃"实验仪器

4.49 会导电的布

［操作方法］

"会导电的布"实验仪器如图 4.49-1 所示。实验时将普通布和导电布同时缠绕在导电柱上，观察哪种布能点亮彩灯。

［原理提示］

导电布衬垫采用高导电性和防腐蚀性的材料，内包有高弹性的 PU 泡棉，经过精密加工而成，具有良好的电磁波屏蔽效果。

导电布材料的制作过程：先进行化学沉积，将金属镍转移到聚酯纤维上，在镍表面镀上高导电性的铜层，在铜层上再电镀防氧化、防腐蚀的镍金属，铜和镍结合提供了极佳的导电性和良好的电磁波屏蔽效果，屏蔽范围为 100kHz～3GHz。导电布材料可用于制造专业屏蔽工作服、屏蔽室专用屏蔽布、IT 行业屏蔽件专用布、防辐射窗帘等。

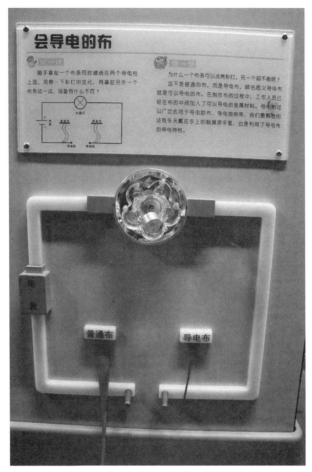

图 4.49-1　"会导电的布"实验仪器

4.50　意 念 弯 勺

[操作方法]

　　"意念弯勺"实验仪器如图 4.50-1 所示。实验时按下按钮，观察勺子发生的变化。

[原理提示]

　　勺子的弯曲部位用记忆合金制作而成，热风机工作时加热记忆合金，便可以改变勺子的形状，恢复常温后弯曲部分又恢复原状。这是一种双程记忆合金，超过临界温度就会发生形变，低于临界温度就会恢复原状。

图 4.50-1 "意念弯勺"实验仪器

4.51 太阳能发电

［操作方法］

"太阳能发电"实验仪器如图 4.51-1 所示。实验时按下按钮，模拟阳光的灯泡会发光，观察太阳能小风车的变化。

［原理提示］

在光的照射下，某些物质内部的电子会被光子激发而形成电流，即光电效应。利用半导体界面的光电效应可将光能直接转变为电能。

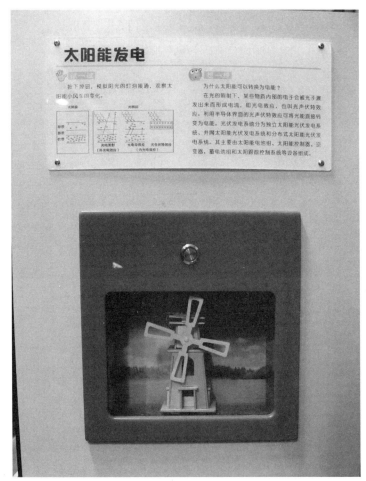

图 4.51-1　"太阳能发电"实验仪器

4.52　锥 体 上 滚

[操作方法]

　　"锥体上滚"实验仪器如图 4.52-1 所示。实验时将锥体放在轨道低端或其他位置，松开手后会发现锥体向轨道最高端运动。

[原理提示]

　　仔细观察会发现锥体上滚只是表面现象。实际上，在锥体上滚的过程中，它的重心是由高到低变化的。倾斜轨道两边呈八字排列，一端低一端高，低端轨道间的距离小，支点靠近锥体的中心，锥体重心高；而高端轨道间的距离大，支点靠近锥体外边缘，锥体重心低。当把锥体放在轨道低端时，它会在重力作用下沿着轨道向上滚动，这就是锥体上滚的奥秘所在。

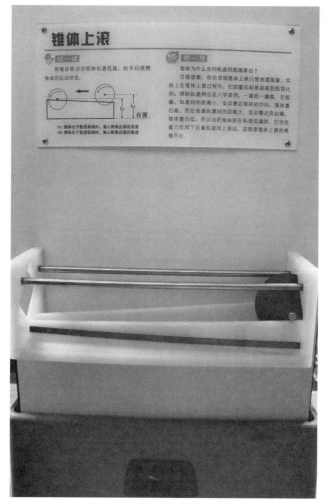

图 4.52-1　"锥体上滚"实验仪器

4.53　看谁滚得快

[操作方法]

"看谁滚得快"实验仪器如图 4.53-1 所示。实验时将两个滚轮放在轨道顶端，用释放装置卡紧，向上拉动释放装置，释放滚轮，使滚轮同时由上而下滚动，观察哪个滚轮先到达终点。

[原理提示]

两个滚轮的质量和大小相同，但滚轮的配重位置不同，所以其质量分布不一样。根据转动惯量原理，当质量相同时，物体的质量分布越靠近旋转轴，转动惯量越小，越容易绕轴旋转，速度也就更快。

芭蕾舞演员在旋转时通过张开和收拢手臂来调整转速就是运用了转动惯量原理。

图 4.53-1 "看谁滚得快"实验仪器

4.54 听话的小球

[操作方法]

"听话的小球"实验仪器如图 4.54-1 所示。实验时按下按钮，观察小球的运动情况。

[原理提示]

根据伯努利定理，流体流速越大，压强越小；流速越小，压强越大。风机送出竖直向上的气流，有机玻璃管下水平管口处的空气流速较大，压强较小；上水平管口处的空气流速较小，压强较大。因此，有机玻璃管内部会产生由上水平管口到下水平管口方向的气流，与外部气流连成一股环形气流。

当小球被气流托起到上水平管口附近时，会在环形气流的作用下很"听话"地在有机玻璃管内循环往复。飞机起飞、足球场上的"香蕉球"等都是伯努利定理的应用。

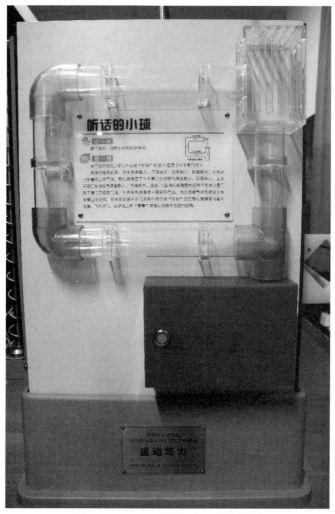

图 4.54-1 "听话的小球"实验仪器

4.55 小球的足迹

［操作方法］

"小球的足迹"实验仪器如图 4.55-1 所示。实验时转动手轮，通过螺旋结构使小球从低点提升到轨道高点，小球在重力势能的作用下下降。经过平衡杆后，小球分次进入不同的轨道，完成不同的运动。

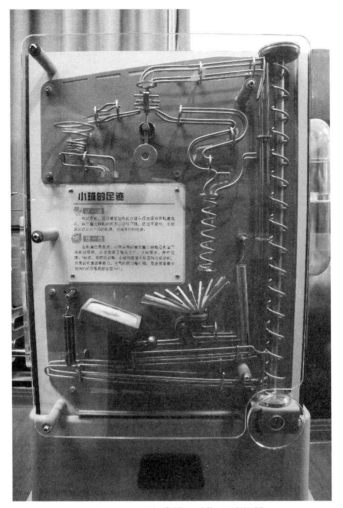

图 4.55-1　"小球的足迹"实验仪器

[原理提示]

在轨道的最高点，小球的重力势能最大。沿轨道下滚的过程中，小球经历了锥体下行、自由落体、弹性碰撞、S 曲线运动、螺旋运动等。小球的势能不停地转化成动能，并受到轨道摩擦力、空气阻力等作用，直至其能量全部转化成热能耗散在空气中。

4.56　曲柄滑块机构

[操作方法]

"曲柄滑块机构"实验仪器如图 4.56-1 所示。实验时转动手轮，带动主轮旋转，观察曲柄与滑块的运动，分析其结构特点。

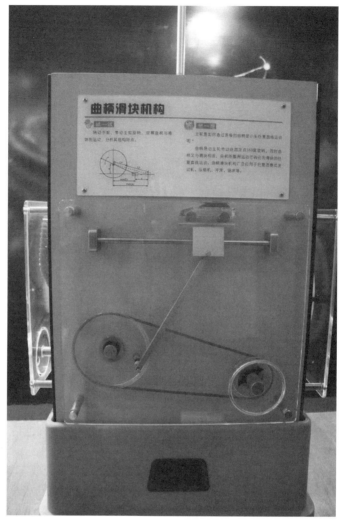

图 4.56-1 "曲柄滑块机构"实验仪器

[原理提示]

曲柄由主轮带动，绕固定点作 360°旋转。滑块与曲柄相连，曲柄的整周运动可转化为滑块的往复直线运动。曲柄滑块机构广泛应用于往复活塞式发动机、压缩机、冲床、锯床等。

4.57　常用减速机构

[操作方法]

"常用减速机构"实验仪器如图 4.57-1 所示。实验时转动手轮，观察行星齿轮是如何减速的。

图 4.57-1　"常用减速机构"实验仪器

[原理提示]

行星齿轮是齿轮结构的一种，有一个或多个外部齿轮围绕一个中心齿轮旋转（太阳轮），就像行星绕太阳公转一样。

4.58　槽　轮　机　构

[操作方法]

"槽轮机构"实验仪器如图 4.58-1 所示。实验时转动手轮，观察槽轮是怎样运动的。

[原理提示]

　　槽轮机构是由槽轮和圆柱销组成的单向间歇运动机构，又称为马耳他机构，常用来将主动件连续转动转换成从动件的间歇性单向周期转动。槽轮机构是工业中广泛应用的步进机构之一，其优点是结构简单、易加工、工作可靠、转角准确、机械效率高，但存在动程不可调节、转角不能太小、有冲击等缺点，多用来实现不需要经常调节转位角度的转位运动。

图 4.58-1　"槽轮机构"实验仪器

4.59　异　形　齿　轮

[操作方法]

　　"异形齿轮"实验仪器如图 4.59-1 所示。实验时转动手轮，观察各种异形齿轮的运动状态。

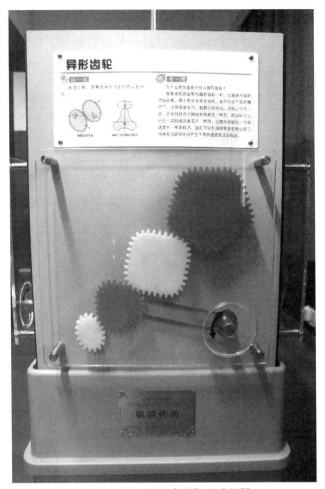

图 4.59-1　"异形齿轮"实验仪器

［原理提示］

异形齿轮的齿形和圆形齿轮一样，也是渐开线齿形。两个形状各异的齿轮在中心点不变的情况下，齿牙完全啮合，能够自由转动。齿轮上任何一点在相同的时间内转动的角度是一样的，而齿轮边上所有点的线速度是不一样的。因此，可以利用异形齿轮带动其他物体在一定时间内产生不同的速度和运动轨迹。

4.60　最　速　降　线

［操作方法］

"最速降线"实验仪器如图 4.60-1 所示。实验时把两个完全相同的小球从轨道底端拨动到顶端，转动操作杆，打开放球装置，使小球自由落下，观察哪个小球先到达左端终点。

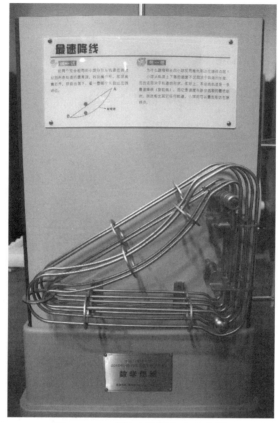

图 4.60-1　"最速降线"实验仪器

[原理提示]

　　质点由一个位置运动到另一位置的轨迹长度叫作质点在这一运动过程中通过的路程。在直线运动中，路程是直线轨迹的长度；在曲线运动中，路程是曲线轨迹的长度。

　　速度是描述质点运动快慢和方向的物理量，等于位移和发生此位移所用时间的比值。物体在某一时刻（或某一位置）的速度叫作瞬时速度，有时简称为速度。物体通过的位移和所用时间的比值叫作平均速度。

　　小球从轨道顶端下落的速度不仅取决于轨道的长度，还取决于轨道的形状。

　　实际上，曲线轨道是一条最速降线，是速度与路径的最优组合。相比于其他任何轨道，小球在曲线轨道上最先到达终点。

4.61　双曲狭缝

[操作方法]

　　"双曲狭缝"实验仪器如图 4.61-1 所示。实验时轻轻转动直杆，看看会发生什么现象。

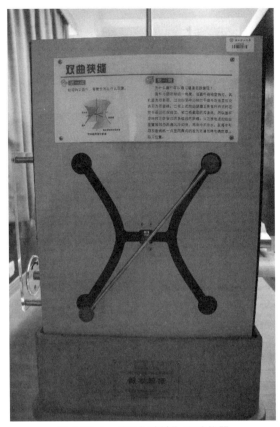

图 4.61-1　"双曲狭缝"实验仪器

[原理提示]

直杆与固定轴成一角度，当直杆绕轴旋转时，其轨迹为双曲面，经过双曲面中心轴的平面与双曲面的交线即为双曲线。立板上的双曲狭缝正是双曲线，所以直杆旋转时正好穿过两条弯曲的狭缝。

4.62　方　轮　车

[操作方法]

"方轮车"实验仪器如图 4.62-1 所示。实验时将方轮车放置在轨道上并给一初速度，方轮车便会在高低不平的轨道上滚动，就像圆轮在平面上滚动一样。

[原理提示]

本实验运用到了悬链线和逆向思维的有关知识。

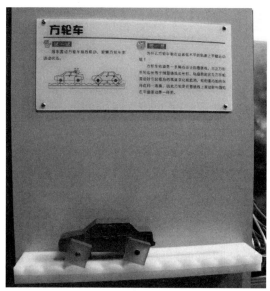

图 4.62-1　"方轮车"实验仪器

悬链线是一种曲线，因其形状与两端固定的绳子在均匀引力作用下下垂相似而得名。适当选择坐标系后，悬链线的方程是一个双曲余弦函数。

逆向思维是指从常规思路的反方向去寻找分析、解答问题的思维方法，逆向思维的实质是"思维倒转"。

本实验的基本思想是让路面来适应方形轮。在行驶过程中，轮子中心与地面之间的距离保持不变，方轮车的高度就保持不变，从而达到平稳行驶的效果。

当正方形边长等于倒悬链线的全长时，轨道的起伏与方形轮引起的重心高度变化抵消，方形轮的中心始终保持在同一高度。因此，方形轮滚动起来和圆轮沿平面滚动一样。

轨道由表面形状为倒悬链线的啮合块组成，啮合块的拱形弯曲程度由倒悬链线决定，水平尺寸取决于方形轮的尺寸。当方形轮在合适的倒悬链线啮合块轨道上进行无滑动滚动时，和圆轮沿平面滚动一样，没有起伏。

4.63　滚　出　直　线

［操作方法］

"滚出直线"实验仪器如图 4.63-1 所示。实验时慢慢转动手轮，观察小齿轮与小齿轮上圆棒的运动轨迹。

［原理提示］

当小圆（动圆）在大圆（定圆）内沿圆周作无滑动滚动时，小圆圆周上任意点的轨迹为内摆线。当小圆的直径正好等于大圆的半径时，小圆圆周上任意点的轨迹均为直线。

图 4.63-1　"滚出直线"实验仪器

4.64　红外热像仪

[操作方法]

　　红外热像仪如图 4.64-1 所示。实验时启动 FLIR Tools 软件，打开红外热像仪，并使用 USB 线缆将红外热像仪连接到计算机上。

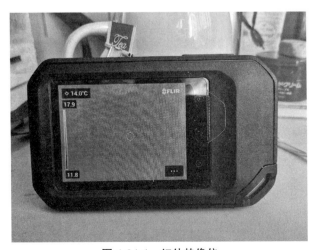

图 4.64-1　红外热像仪

〔原理提示〕

1. 电磁波谱

电磁波谱可任意划分成许多波长范围，这些波长范围称为波段，由产生和探测辐射的方法加以区分。电磁波谱的不同波段之间没有本质区别，它们遵循相同的法则，唯一的区别是波长不同。

红外热像仪使用红外光谱波段，在短波长一端，其界限为深红色的视觉边界；在长波长一端，它与毫米范围的微波无线电波长融为一体。

红外波段通常可进一步划分为四个更小的波段，它们的界限也可任意选定。这四个波段是近红外波段、中红外波段、远红外波段和超红外波段。虽然波长单位以 μm（微米）表示，但仍可使用其他计量单位来测量此光谱范围内的波长，例如纳米（nm）和 Ångström（Å）等。

2. 黑体辐射

黑体是可以吸收所有外来辐射的物体。黑体的原理可用一个一侧开有小孔的不透光暗箱说明，进入小孔的辐射经多次反射被分散和吸收，只有极小部分可能逸出。小孔处获得的黑度几乎等于黑体，并且对所有波长均近似于完全黑体。

如果黑体辐射的温度提高到 525℃（977℉）以上，辐射源开始可见，人眼看起来不再是黑色，这是辐射体的初始赤热温度。随着温度进一步提高，辐射体会变为橙色或黄色。实际上，所谓的物体色温指的是黑体呈现相同外观时必须加热到的温度。

习题-演示实验

| 第 5 章 |

大型仪器实验

5.1　原子力显微镜

原子力显微镜（Atomic Force Microscope，AFM）是于 1986 年由扫描隧道显微镜（Scanning Tunneling Microscope，STM）的发明者之一 Gerd Binnig 博士在美国斯坦福大学研制成功的。AFM 是一种可用来研究包括绝缘体在内的固体材料表面结构的分析仪器，它通过检测待测样品表面与一个微型力敏感元件之间极微弱的原子间相互作用力来研究物质的表面结构及性质。2021 年 6 月 16 日，美国威尔康奈尔医学院的 Simon Scheuring 教授带领团队在《Nature》期刊上发表论文，报道了他们开发的一种新型定位原子力显微术（Localization Atomic Force Microscopy，LAFM）。该研究通过优化算法，将原子力显微镜的分辨率带到一个全新的高度。

［实验目的］

1. 了解原子力显微镜的结构、成像原理及使用方法。
2. 掌握原子力显微镜的数据处理和分析方法。

［实验仪器］

布鲁克 Dimension Icon 原子力显微镜，如图 5.1-1 所示。

图 5.1-1　布鲁克 Dimension Icon 原子力显微镜

[实验原理]

AFM 的基本工作原理是将一个对微弱力极敏感的微悬臂的一端固定，另一端有一微小的探针，针尖与样品表面轻轻接触。针尖尖端原子与样品表面原子间存在极微弱的排斥力，在扫描时使这种力保持恒定，带有针尖的微悬臂在垂直于样品表面的方向作起伏运动。利用光学检测法或隧道电流检测法，可测得微悬臂相对于扫描各点的位置变化，从而获得样品表面形貌的信息，如图 5.1-2 所示。AFM 的原理类似于"盲人摸象"，手触摸物体是通过触觉进行的，而针尖"触摸"物体表面通过力来进行，通过检测针尖和表面之间的作用力来实现表面成像。

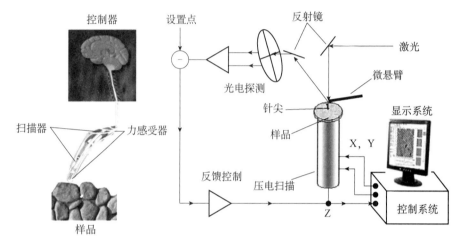

图 5.1-2　原子力显微镜的工作原理

原子力显微镜的工作模式是以针尖与样品之间作用力的形式来分类的，主要有以下 3 种工作模式，如图 5.1-3 所示。

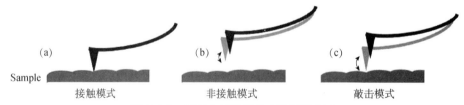

图 5.1-3　原子力显微镜的 3 种工作模式

（1）接触模式

接触模式是 AFM 最直接的成像模式。正如名字所描述的那样，在扫描成像过程中，探针针尖始终与样品表面紧密接触，相互作用力是排斥力。扫描时，微悬臂施加在针尖上的力有可能破坏样品的表面结构，因此力的大小为 $10^{-10}\sim10^{-6}$N。如果样品表面不能承受这样的力，则不宜选用接触模式对样品表面进行成像。

（2）非接触模式

非接触模式探测样品表面时，微悬臂在样品表面上方 5～10nm 的距离处振荡。这时，样品与针尖之间的相互作用由范德华力控制，样品不会被破坏，针尖也不会被污染。但在室温大气环境下实现这种模式十分困难，因为样品表面不可避免地会积聚薄薄的一层水，它会在样品与针尖之间搭起一个毛细桥，将针尖与表面吸在一起，从而增加针尖对表面的压力。

（3）敲击模式

敲击模式介于接触模式和非接触模式之间，是一个杂化的概念。微悬臂在样品表面上方以其共振频率振荡，针尖周期性地短暂敲击样品表面，这意味着针尖接触样品时产生的侧向力明显减小。当检测柔嫩的样品时，敲击模式是最好的选择之一。一旦 AFM 开始对样品进行成像扫描，装置就将有关数据输入系统（例如表面粗糙度、平均高度、峰顶之间的最大距离等），用于进行表面分析。同时，AFM 还可以完成力的测量工作，通过测量微悬臂的弯曲程度来确定针尖与样品之间的作用力。

3 种模式的优点和缺点如下。

（1）接触模式

① 优点是扫描速度快，是唯一能够达到原子分辨率的模式。

② 缺点是横向力影响图像质量。在空气中，样品表面吸附液层的毛细作用使针尖与样品之间的黏着力很大。横向力与黏着力的合力导致图像空间的分辨率降低，而且针尖刮擦样品会损坏软质样品（例如生物样品、聚合体等）。

（2）非接触模式

① 优点是没有力作用于样品表面。

② 缺点是由于针尖与样品分离，横向分辨率低，扫描速度低于接触模式和敲击模式。通常仅用于非常怕水的样品，吸附液层必须很薄，如果太厚，针尖会陷入液层，引起反馈不稳，刮擦样品。

（3）敲击模式

① 优点是很好地消除了横向力的影响，降低了吸附液层引起的力；图像分辨率高；适用于观测软、易碎或胶黏性样品，不会损伤其表面。

② 缺点是比接触模式的扫描速度慢。

［实验内容］

1. 样品制备

（1）粉末样品的制备

常用胶纸法制备粉末样品，先把双面胶纸粘贴在样品座上，然后把粉末撒到胶纸上，吹去粘贴在胶纸上的多余粉末即可。

（2）块状样品的制备

玻璃、陶瓷及晶体等固体样品需要抛光。

（3）液体样品的制备

液体样品的浓度不能太高，否则粒子团聚会损伤针尖（如果是纳米颗粒，则纳米颗粒在溶剂中越稀越好，然后将其涂于云母片或硅片上并自然晾干）。

2. 操作步骤

（1）开机

打开计算机主机和显示器→打开 Nanoscope 控制器→打开 Dimension Stage 控制器。

（2）安装探针

选择合适的探针和夹具→安装探针→将探针夹到仪器上。

（3）调节激光

将激光打在微悬臂前端→调整检测器位置。

（4）启动软件

① 双击桌面上的 Nanoscope 软件图标。

② 进入实验选择界面，选择实验方案、实验环境、操作模式。

③ 单击界面右下方的"Load Experiment"图标，进入实验设置界面。

（5）在视野中找到探针

在视野中预先找到探针的位置非常重要，否则可能会发生撞针的情况。

（6）进样

样品制备→聚焦样品。

（7）扫描图像

① 接触模式

● 选择实验模式为"Contact Mode"。

● 选择实验环境为"Air"，进入实验界面。

● 调整激光，并将探针靠近样品表面以看清样品。

● 单击"Check Parameters"图标，进入实验参数设置界面。

● 设定扫描参数："Scan Size"设定为小于 1μm，"X Offset"和"Y Offset"设为 0，"Scan Angle"设为 0。

● 单击"Engage"进针。

● 进针结束后开始扫描。将"Scan Size"设置成要扫描的范围。

● 观察 Height Sensor 图中 Trace 和 Retrace 两条扫描线的重合情况。

● 优化积分增益（Integral Gain）和比例增益（Proportional Gain）。一般的调节方法为：增大 Integral Gain，使 Trace 和 Retrace 曲线开始震荡，然后减小 Integral Gain 直到震荡消失，并用相同的方法调节 Proportional Gain，通过调节增益来使两条扫描线基本重合并且没有震荡。

● 优化阈值（Setpoint）。在接触模式中，调节"Deflection Setpoint"直到 Trace 和 Retrace 两条扫描线基本一致。

● 调节扫描范围和扫描速率。随着扫描范围增大，扫描速率必须相应降低。高扫描速率会减少漂移现象，但一般只用于扫描小范围的较平的表面。

● 如果样品表面很平，可以适当减小"Z Range"的数值，以提高分辨率。

② 非接触模式

● 选择实验模式为"Non-Contact Mode"。

● 选择实验环境为"Air"，进入实验界面。

● 调整激光，并将探针靠近样品表面以看清样品。

● 单击"Check Parameters"图标，进入实验参数设置界面。

● 设定扫描参数："Scan Size"设定为小于 1μm，"X Offset"和"Y Offset"设为 0，"Scan Angle"设为 0，"ScanAsyst Auto Control"设为"ON"。

- 单击"Engage"进针。
- 进针结束后开始扫描，将"Scan Size"设置成要扫描的范围。

③ 敲击模式

- 选择实验模式为"Tapping Mode"。
- 选择实验环境为"Air"，进入实验界面。
- 调整激光，并将探针靠近样品表面以看清样品。
- 单击"Check Parameters"图标，进入实验参数设置界面。
- 设定扫描参数："Scan Size"设定为小于 1μm，"X Offset"和"Y Offset"设为 0。
- 将"Scan Angle"设为 0，单击"Auto Tune"可以得到探针的共振峰。
- 单击"Engage"进针。
- 进针结束后开始扫描，将"Scan Size"设置成要扫描的范围。
- 观察 Height Sensor 图中 Trace 和 Retrace 两条扫描线的重合情况。
- 优化阈值（Setpoint），调节"Amplitude Setpoint"直到 Trace 和 Retrace 两条扫描线基本一致。
- 优化积分增益（Integral Gain）和比例增益（Proportional Gain）。
- 调节扫描范围和扫描速率。
- 如果样品很平，可以适当减小"Z Range"的数值，以提高分辨率。

（8）存图

通过设置文件名及存图路径对扫描图像进行存储。

（9）退针

单击"Withdraw"退针。

（10）关机

关闭 Nanoscope 软件→关闭 Nanoscope 控制器→关闭 Dimension Stage 控制器→关闭计算机主机和显示器。

［注意事项］

1. 样品的预处理。在显微镜下观察样品表面是否干净、平整，如果有污染或不平整，需要重新制样。虽然针尖能测试的有效高度为 6μm，水平宽度为 100μm，但水平和高度接近极限时测得的图像效果很差，且针尖很容易被破坏和磨损。

2. 进针。在进针前，务必找到样品表面，调好焦距。先将扫描范围设置为 0，针尖接触样品表面后，再扩大扫描范围。

3. 扫描。为了得到清晰的图像，必须调好 Trace 和 Retrace 两条扫描曲线。多次使用探针或样品表面比较粗糙导致扫描范围太小时，Trace 和 Retrace 曲线难以重合，这时可以增大扫描范围或将样品烘干后再扫描。扫描时应保持安静，因为环境噪音也会影响实验。如果环境太吵，可以降低图像分辨率或降低扫描频率。

4. 设置积分增益和比例增益。反馈系统的两个增益值主要用来设定探针的反馈能力。适当提高增益值可以提高系统的响应性，但是这两个增益值不宜过高，否则会使图像失真。

［思考题］

1. 如果表面粗糙度或形貌与自己的预期不符，应该如何操作？
2. 为什么 AFM 测试样品的颗粒度或表面粗糙度不能过大？

5.2 热重分析

人类对热现象的发现、利用与研究经历了漫长的过程。在热分析技术的发展史上，一般认为最早发现和应用的是热重法。1780 年，英国人 Higgins 在研究石灰黏结剂和生石灰的过程中，第一次用天平测量了试样受热后的重量变化。1786 年，英国人 Wedgwood 在研究黏土时，观察到黏土被加热成暗红色（500～600℃）时出现明显失重，测出了第一条热重曲线。1915 年，日本物理学家本光多太郎在《论热天平》论文中提出了"热天平"一词，他把化学天平一端的称盘用电炉围起来制成了第一台热天平，并用它研究了硫酸锰和硫酸钙的热变化过程，这就是最初的热重法。

［实验目的］

1. 了解热重分析仪的结构及使用方法。
2. 绘制材料的热重曲线，解释曲线变化的原因。

［实验仪器］

电子天平、TG209 热重分析仪、计算机。

［实验原理］

热重分析是指在程序控温的条件下测量待测样品的质量与温度的关系。许多物质在加热过程中会伴随质量的变化，这种变化有助于研究晶体性质的变化，例如熔化、蒸发、升华、吸附等物理现象，也有助于研究物质的脱水、解离、氧化、还原等化学现象。

热重分析仪的基本结构如图 5.2-1 所示，主要由热天平、炉体加热系统、程序控温系统、气氛控制系统、称重变换器、称重放大器、模/数转换器、数据实时采集和记录系统等组成，通过计算机和相关软件进行数据处理和分析。样品质量 m 经称重变换器变成与质量成正比的直流电压 U，经过称重放大器放大 k 倍后，传输到模/数转换器和计算机。计算机不仅采集了质量转变为电压的信号，同时也采集了电压对时间的一次导数信号以及温度信号，并对这三个信号进行数据处理，曲线及其处理结果由显示器显示。

热天平是进行热重分析的基本仪器，如图 5.2-2 所示。

热重分析法通常分为静态法和动态法，静态法又分为等压质量变化测定和等温质量变化测定。等压质量变化测定是指在恒定分压下测定失重量与温度的函数关系，以失重量为纵坐

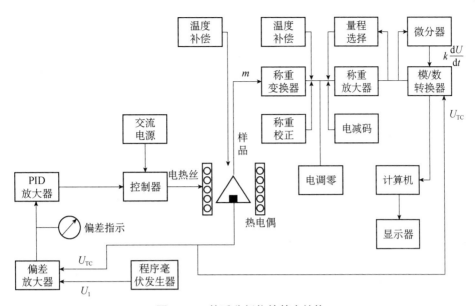

图 5.2-1　热重分析仪的基本结构

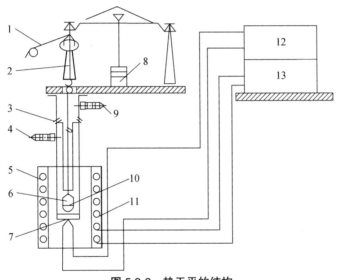

图 5.2-2　热天平的结构

1—机械减码；2—吊挂系统；3—密封管；4—出气口；5—加热丝；6—试样盘；7—热电偶；8—光学读数；
9—进气口；10—试样；11—管式电阻炉；12—温度读数表头；13—温控加热单元

标，以温度为横坐标，绘制等压质量变化曲线图。等温质量变化测定是指在恒温条件下测定
失重量与时间的函数关系，以失重量为纵坐标，以时间为横坐标，绘制等温质量变化曲线
图。动态法是指在程序升温的情况下，测定失重量与时间的函数关系。

［实验内容］

1. 开启 TG209 热重分析仪和计算机的电源后，先预热 2h。
2. 打开软件，准备测量。

3. 确认吹气情况，调节压力和流量。

4. 进行样品制备，使之便于放入坩埚中。

5. 新建"测量"文件，弹出"测量设定"对话框。在"测量类型"中选择"修正+样品"模式，再切换到"基本信息"对话框中输入基本信息，在"温度控制"对话框中基于基线的温度程序进行适度调整。

6. 依次单击"初始化工作条件"→"诊断"→"炉体温度"→"查看信号"。当炉体温度与样品温度相近且稳定时，单击"开始"按钮进行测量。

7. 实验完成后按下按钮升起炉盖，取出样品，再重新合上炉盖。

8. 单击"工具"菜单下的"运行分析程序"选项，将曲线调入分析软件中进行分析。

［注意事项］

1. 如果测试温度达到 600℃以上，需要更换陶瓷坩埚，因为陶瓷坩埚更耐高温，可以保证样品不会受到容器的影响，从而保证测试数据的准确性。

2. 如果利用热重分析仪对强酸/强碱样品进行分析，需要将样品按规定比例稀释。

3. 如果待测样品为液体，应注意液位不能超过坩埚的一半；如果是固体粉末样品，则不能超过三分之一。需要注意的是，在测试前要确保样品不与坩埚发生反应。

4. 当测试温度较高时，应先在与热重分析仪配套使用的坩埚上做空白实验，调整空白实验曲线为基线，然后再将样品放入坩埚中。在测试过程中，还应注意热重分析仪操作面板上的室内温度，以免出现较大波动。同时，测试环境中不应有明显的气流和噪音。

5. 如果长时间未使用热重分析仪，在实验前应对其进行校准。如果使用的坩埚是陶瓷坩埚，则不能带着陶瓷坩埚校准。

6. 实验完毕后，待仪器降温完毕，将测试的样品取出，关闭电源，将仪器复位。

［思考题］

1. 热重分析的优点有哪些？

2. 影响热重测试结果的因素有哪些？

3. 实验过程中有增重现象或者失重后又增重是怎么回事？

4. 应如何选择热重气氛？

5.3   傅里叶红外光谱仪

傅里叶红外光谱仪的全名为傅里叶变换红外光谱仪（Fourier Transform Infrared Spectrometer, FTIR Spectrometer），主要由红外光源、光阑、干涉仪、样品室、检测器、红外反射镜、激光器、控制电路板和电源等组成。傅里叶红外光谱仪可以对样品进行定性和定量分析，广泛应用于医药、化工、地质、石油、煤炭、环保、海关、宝石鉴定、刑侦鉴定等领域。

［实验目的］

1. 掌握红外光谱分析法的基本原理。
2. 了解傅里叶红外光谱仪的结构和操作方法。
3. 掌握红外光谱定性分析的方法。

［实验仪器］

傅里叶红外光谱仪及其附件、玛瑙研钵、筛网（2μm）、压片模具组合、样品粉末、未知样品粉末、无水乙醇。

［实验原理］

红外吸收光谱分析主要依据分子内部原子间的相对振动和分子转动等信息进行物质结构或含量的测定。傅里叶红外光谱仪利用不同物质具有不同结构的原理，扫描出相应的特征红外吸收光谱，反映分子中各基团的振动特征。由于振动能级和转动能级不同，能级间的差值不同，物质对红外光的吸收波长也不同。物质对红外光的吸收能力符合朗伯比尔定律，故可用于定量分析。

1. 红外吸收的条件

（1）某红外光刚好能满足物质振动能级跃迁所需要的能量。

（2）红外光与物质之间有耦合作用，即分子的振动必须是能引起偶极矩变化的红外活性振动。

2. 影响红外吸收频率发生位移的因素

（1）内部因素

① 电子效应。诱导效应、共轭效应、中介效应等都是化学键的电子分布不均匀引起的。

② 氢键效应。氢键对红外光谱的主要作用是使峰变宽，使基团频率发生位移。

③ 振动耦合效应。两个化学键或基团的振动频率相近、位置直接相连或接近时，它们之间的相互作用使原来的谱带分裂成两个峰，一个峰的频率比原来的谱带高，另一个峰的频率低于原来的谱带，这称为振动耦合。

（2）外部因素

物态（样品的状态、粒度等）、溶剂（溶剂和溶质的相互作用不同，光谱吸收带的频率也不同）、样品的制样方法等都会引起红外光谱吸收频率的改变。

3. 傅里叶红外光谱仪的工作原理

光源发出的光被分束器（类似于半透半反镜）分为两束，一束经透射到达动镜，另一束经反射到达定镜，两束光再分别经定镜和动镜反射回分束器。动镜以一恒定速度作直线运动，因此经分束器分束后的两束光形成了光程差，产生干涉。干涉光在分束器会合后通过样品池，含有样品信息的干涉光到达检测器，然后通过傅里叶变换对信号进行处理，最终得到红外吸收光谱图，如图 5.3-1 所示。

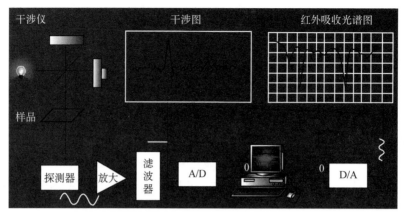

图 5.3-1　傅里叶红外光谱仪的工作原理

4. 傅里叶红外光谱仪的优点

（1）大大提高了谱图的信噪比。傅里叶红外光谱仪所用的光学元件少，无狭缝和光栅分光器，因此到达检测器的辐射强度大，信噪比高。

（2）傅里叶红外光谱仪在扫描过程中可以同时测定所有频率信息（一般只要 1s 左右即可），可用于测定不稳定物质的红外光谱。而色散型红外光谱仪在任何一瞬间只能观测一个很窄的频率范围，一次完整扫描通常需要 8～30s。

（3）波长精度高（±0.01cm^{-1}），重现性好。

（4）分辨率高。

[实验内容]

1. 傅里叶红外光谱仪的操作步骤

（1）打开电源开关。

（2）打开 IRSolution 工作站软件。

（3）单击"测定"按钮，使屏幕切换到测定界面，初始化仪器。

（4）制备溴化钾样品空白片和样品压片。

（5）将压制好的溴化钾空白片放入光谱仪样品仓内的样品架上。

（6）单击"背景"按钮，输入光谱名称，确认采集参比背景谱图。

（7）背景谱图采集完毕后，将待测样品压片放入光谱仪样品仓内，关上仓盖。

图 5.3-2　傅里叶红外光谱仪

（8）对谱图进行分析和处理，在"文件"菜单中选择"打印"，打印报告。

（9）退出系统。

2. 实验步骤

（1）扫描背景谱图

① 背景样品的制备。称取 0.5g 烘干的溴化钾粉末，倒入玛瑙研钵中研磨 10min 并过

筛。过筛后的药品质量应为 0.05～0.08g，放到压片磨具中压片，之后装入样品池。

② 扫描背景谱图并保存。

（2）扫描样品谱图

① 制备待测样品。称取 0.005g 烘干的待测样品并倒入研钵中，加入 0.5g 溴化钾粉末并混合均匀，研磨 10min 并过筛，之后压片。

② 扫描样品谱图并保存。

（3）将待测样品的扫描谱图与标准谱图进行比较，确定未知组分。

（4）在实验报告上记录待测样品扫描谱图的最大吸收波长及其强度，画出吸收峰，确定待测样品的成分。

（5）测量结束后，用无水乙醇将研钵、压片等器具清洗干净。

［注意事项］

1. 必须严格按照仪器操作规程进行操作。
2. 软件不会自动保存数据，必须单击"Save"按钮进行保存，否则会丢失数据。
3. 处理谱图时，平滑参数不要太高，否则会影响谱图的分辨率。

［思考题］

1. 样品中不含水，为什么会出现水峰？
2. 选择吸收带的原则有哪些？

5.4 共焦拉曼光谱仪

拉曼散射效应是由印度物理学家拉曼于 1928 年发现的，并以其名字命名。一束单色光（单波长）投射到材料上，绝大多数光在不改变颜色的前提下发生散射（瑞利散射），一小部分光发生颜色轻微变化的散射（拉曼散射），这是因为光与材料的振动发生了能量交换。

［实验目的］

1. 了解共焦拉曼光谱仪的结构及使用方法。
2. 学习使用共焦拉曼光谱仪对样品进行定性和定量检测的方法。

［实验仪器］

RENISHAW inVia 显微共焦拉曼光谱仪。

［实验原理］

当电磁波遇到分子或穿过晶格时，会产生散射。当光线遇到分子时，绝大部分光子（多于99.999%）会发生弹性散射（瑞利散射），这种散射具有与入射光相同的波长。然而，少部分光子（少于0.001%）会发生能量（频率）偏离的非弹性散射（拉曼散射），这种偏离是样品成分的特征表现，如图5.4-1所示。

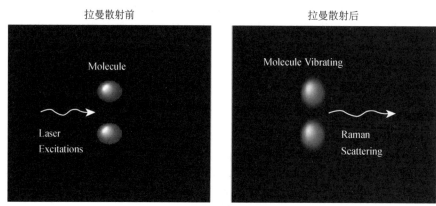

图 5.4-1　拉曼散射示意图

拉曼散射和瑞利散射的跃迁过程如图 5.4-2 所示。入射光的电场使分子的电子云发生畸变，进而发生电子跃迁，跃迁到一个较高能量的"虚态"，而不是一个真实的量子力学能态。拉曼散射引起与入射光子能量不同的散射光子的释放，能量差等于振动跃迁能量ΔE。

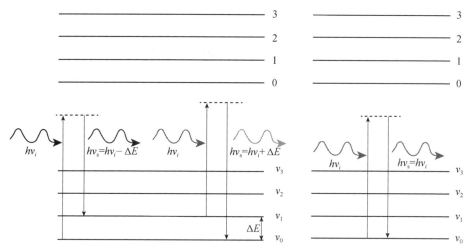

图 5.4-2　拉曼散射（左）和瑞利散射（右）的跃迁过程

拉曼光谱仪一般由光源、外光路、色散系统、信息处理系统、显示系统组成，如图5.4-3所示。使用拉曼光谱仪时首先要具有激发波长，一般使用的激发波长都是固定的，例如785nm、532nm、1064nm 等；其次要有接收器，由于拉曼散射的信号无方向性，所以要使用积分球、准直透镜等采样附件。由于拉曼光谱具有分辨率较高等特点，故广泛应用于有机物、无机物以及生物样品的应用分析。

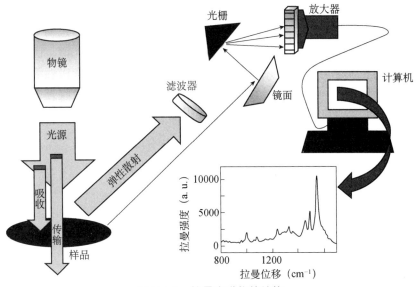

图 5.4-3　拉曼光谱仪的结构

[实验内容]

共焦拉曼光谱仪如图 5.4-4 所示。

1. 打开计算机主机和 Wire 软件系统，开启激光器，预热 15min。
2. 将样品放置在载物台上，旋转载物台旋钮，将样品移到观察位置，进行光路调试。
3. 选择合适的激光功率进行拉曼测试。
4. 保存实验数据后，及时关闭激光器，然后依次关闭软件、主机、计算机和电源总开关。

图 5.4-4　共焦拉曼光谱仪

5.5　紫外可见吸收光谱

紫外可见吸收光谱法是利用某些物质的分子吸收 10～800nm 光谱区的辐射来进行测定的方法，这种分子吸收光谱来源于价电子和分子轨道上的电子在电子能级间的跃迁，广泛用于有机物和无机物的定性和定量测定。该方法具有灵敏度高、准确度好、选择性广、操作简便、分析速度快等特点。

物质的紫外可见吸收光谱是分子中生色团及助色团的特征，而不是整个分子的特征。如果物质组成的改变不影响生色团和助色团，就不会显著地影响吸收光谱，例如甲苯和乙苯具有相同的紫外吸收光谱。另外，外界因素也会影响吸收光谱，例如在极性溶剂中某些化合物吸收光谱的精细结构会消失，成为一个宽带。所以，根据紫外可见吸收光谱不能完全确定物质的分子结构，还必须与红外吸收光谱、核磁共振波谱、质谱以及其他化学、物理方法共同配合才能得出可靠的结论。

[实验目的]

1. 了解紫外可见吸收光谱的基本原理。
2. 熟悉紫外可见吸收光谱仪的组成和操作规程。
3. 掌握吸收率、反射率和透射率的测量方法。
4. 了解紫外可见吸收光谱的基本分析方法。

[实验仪器]

紫外可见吸收光谱仪（SHIMADZU UV-2600），主要部件有光源、单色器、吸收池、检测器等。

[实验原理]

紫外可见吸收光谱的基本原理是在光的照射下待测样品内部发生电子跃迁，电子跃迁的类型有以下几种。

（1）$\sigma \to \sigma^*$跃迁：处于成键轨道上的 σ 电子吸收光子后跃迁到 σ^*反键轨道上。

（2）$n \to \sigma^*$跃迁：分子中处于非键轨道上的 n 电子吸收能量后向 σ^*反键轨道跃迁。

（3）$\pi \to \pi^*$跃迁：不饱和键中的 π 电子吸收能量后跃迁到 π^*反键轨道上。

（4）$n \to \pi^*$跃迁：分子中处于非键轨道上的 n 电子吸收能量后向 π^*反键轨道跃迁。

电子跃迁类型不同，跃迁需要的能量也不同，上述四种跃迁类型吸收的光波波长依次为150nm、200nm、200nm、300nm，吸收能量的大小次序为 $\sigma \to \sigma^* > n \to \sigma^* \geqslant \pi \to \pi^* > n \to \pi^*$。

特殊的结构会有特殊的电子跃迁，对应不同的能量（波长），反映为紫外可见吸收光谱图上的一定位置有一定强度的吸收峰，根据吸收峰的位置和强度就可以推测出待测样品的结构信息。

光源发出的光通过光孔调制成光束，然后进入单色器。单色器由色散棱镜或衍射光栅组成，光束从单色器的色散元件发出后成为不同波长的单色光，通过光栅的转动将不同波长的单色光经狭缝送入样品池，然后进入检测器（检测器通常为光电管或光电倍增管），最后由电子放大电路放大，从微安表或数字电压表上读取吸光度，得到光谱图。

紫外可见光区一般用波长（nm）表示，其研究对象大多在 200～380nm 的近紫外光区和380～780nm 的可见光区。

［实验内容］

1. 实验准备

（1）开机

使用前先确认仪器和计算机的工作电源已连接好以及仪器样品室内无遮挡光路的物品。确认后先开启计算机，然后开启仪器电源（将仪器右下侧的"Power"键开关按到"1"侧），等待仪器自检（自检时不开盖），大约 5min 后，听到"嘟嘟"声表示自检完毕。

（2）连接软件

双击 UVProbe 图标，打开 UVProbe 软件，如图 5.5-1 所示。

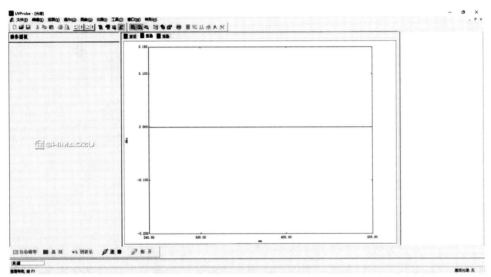

图 5.5-1　UVProbe 软件的打开界面

单击仪器状态栏中的"连接"，出现光谱测试初始化界面，如图 5.5-2 所示。

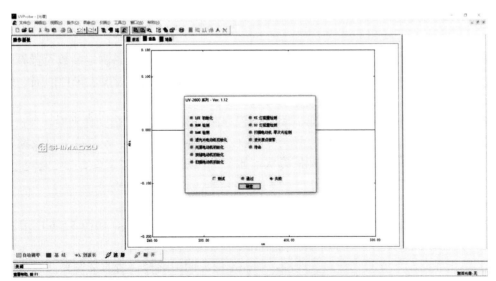

图 5.5-2　光谱测试初始化界面

初始化需要 5min 左右，仪器会自动进行一系列的检查和重置，之后单击"确定"按钮，出现光谱测试模式界面，如图 5.5-3 所示。

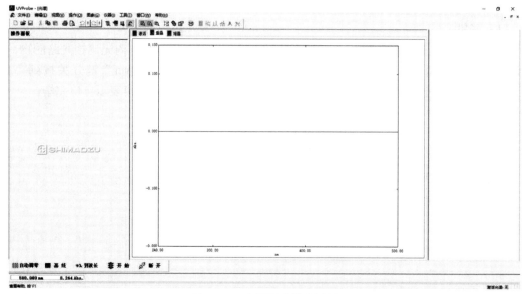

图 5.5-3　光谱测试模式界面

2. 选择测定方式

首先选择测定方式，主菜单上的按钮及其对应的功能如下。

（1）报告生成器：用于制作多种格式的报告。

（2）动力学测定方式：测定固定波长光度值的变化过程，也可计算酶的活性值等。

（3）光度测定（定量）方式：测定一点或多点波长的光度值，还具备使用多种工作曲线（多点工作曲线、单点工作曲线、K 系数法等）的定量功能。

（4）光谱测定（定性）方式：扫描指定范围内的波长，记录各采样间隔的吸收值。

3. 光谱测定步骤

（1）设定参数

进入光谱测定界面，单击工具栏上的"M"按钮，即可出现光谱测定参数设置界面，如图 5.5-4 所示。在光谱测定参数设置界面中可选择波长范围、扫描速度、采样间隔、扫描方式等条件。一般仅修改波长范围，其他参数选择默认。

按"课题组—姓名—日期"的形式将文件保存在 D 盘对应的年份文件夹中。单击图 5.5-4 中的"仪器参数"标签，选择测定种类（吸收值、透射率、能量、反射率）以及通带（狭缝）等条件。根据需求选择相应的测定方式，如图 5.5-5 所示。

（2）光谱测定

① 在样品室内及检测光路中同时放入装有空白溶液的比色皿。

② 单击基线校正参数设置界面左下方的基线选项进行基线校正，如图 5.5-6 所示。

③ 将检测光路中的空白溶液换成待测样品。

④ 单击界面左下方的"开始"选项，在弹出的界面中选择合适的文件夹并对该实验数据命名，最后单击"确定"按钮，仪器开始对样品进行光谱扫描。

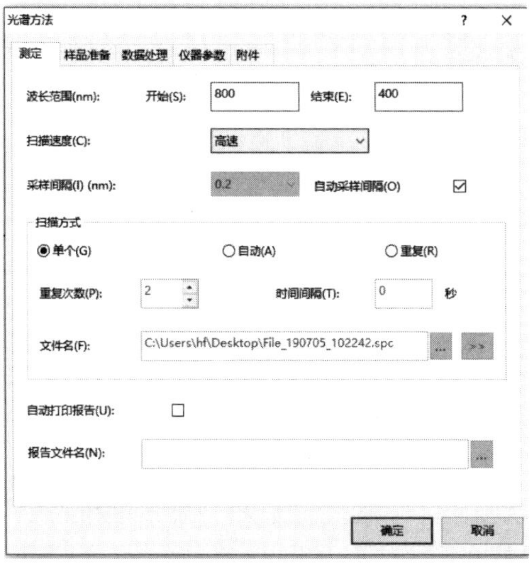

图 5.5-4　光谱测定参数设置界面

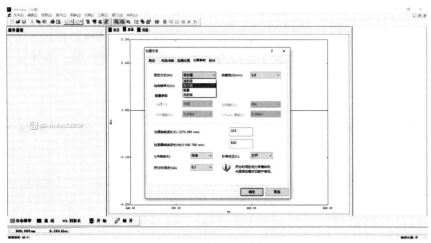

图 5.5-5　测定方式选择界面

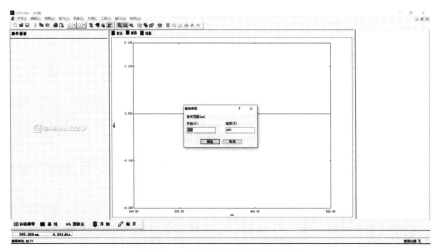

图 5.5-6　基线校正参数设置界面

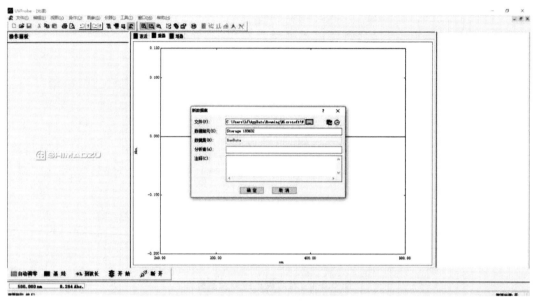

图 5.5-7 "开始"选项界面

⑤ 测试完毕后，首先在工具栏中找到并单击"数据打印"选项。鼠标右键单击任务栏中的目标数据，选择"激活"。在数据打印栏的空白处单击鼠标右键，选择适合的激活选项，如图 5.5-8 和图 5.5-9 所示。

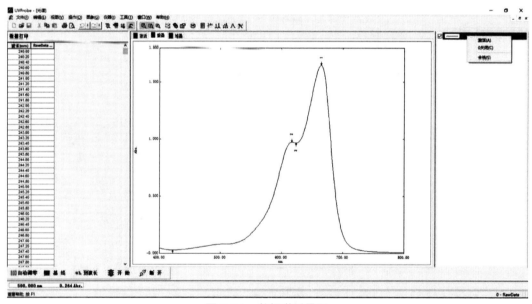

图 5.5-8 数据激活界面

⑥ 根据需求保存文件（直接保存的文件只能在 UVProbe 中打开，也可以选择另存为数据打印表的文本文件），如图 5.5-10 所示。

（3）关机

① 单击仪器状态栏中的"断开"按钮，将仪器与软件之间的连接断开。

② 关闭软件、主机电源和计算机。

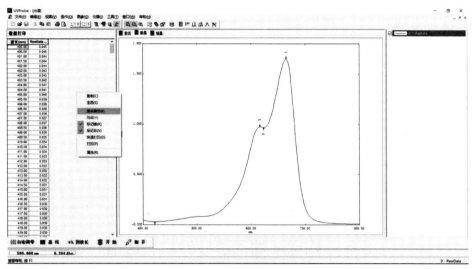

图 5.5-9　选择适合的激活选项

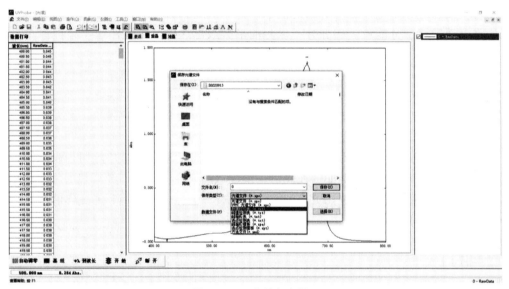

图 5.5-10　文件保存界面

③ 及时取出样品室内的样品，保持样品室清洁（可用酒精擦拭样品室的四个窗口）。

④ 填写实验记录。

[注意事项]

1. 开机前将样品室内的干燥剂取出，仪器自检过程中禁止打开样品室。

2. 比色皿内的溶液以皿高的 2/3～4/5 为宜，不可过满以防液体溢出腐蚀仪器。如果有溶液溢出或其他原因使样品台弄脏，要及时清理干净。测定时应保持比色皿清洁，用擦镜纸擦干内壁上的液滴，切勿用手触碰透光面。

3. 测定紫外可见光的波长时，要选用石英比色皿。

4. 实验结束后，要将比色皿中的溶液倒尽，用蒸馏水或有机溶剂冲洗比色皿，并用干净、柔软的纱布将水迹擦去，防止表面光洁度被破坏，影响比色皿的透光率。

5. 比色皿的配套性问题。最好使用配套的比色皿，特别是石英比色皿，否则将使测试结果失去意义。如果不配套，最好使用透射比之差小于 0.5% 的配套比色皿。

[思考题]

1. 在有机化合物分子中，电子跃迁产生的吸收带有哪几种类型？各有什么特点？
2. 在无机化合物分子中，电子跃迁产生的吸收带有哪几种类型？
3. 什么是选择性吸收？它与物质的分子结构有什么关系？

5.6　稳态–瞬态荧光寿命光谱

在吸收紫外线和可见电磁辐射的过程中，分子跃迁至激发态，大多数分子通过与其他分子的碰撞散发这部分能量，部分分子以光的形式放出这部分能量，这个过程称作光致发光。

分子发光包括荧光激发、化学发光、生物发光和散射光谱等，基于化合物荧光测量的分析方法称为分子荧光光谱法。被测的荧光物质在激发光的照射下发出荧光，经过单色器变成单色荧光后照射在光电倍增管上，光电流经过放大器放大后输出至记录仪。激发和发射采用双单色器系统，可分别测定激发光谱和荧光光谱。

荧光光谱分析法除了可以用作定性检测和定量测定的手段，还被广泛用于表征体系的物理、化学性质及其变化情况。例如，在生命科学领域的研究中，人们经常利用荧光检测的手段，通过某种荧光特定参数（例如荧光的波长、强度、偏振、寿命等）的变化情况表征生物大分子在性质上的变化。

[实验目的]

1. 了解荧光光谱的基本原理。
2. 熟悉稳态–瞬态荧光寿命光谱仪的基本原理和操作规程。
3. 掌握荧光激发、发射光谱、荧光寿命、TRES 和 DAS 光谱检测的原理。
4. 了解光谱的基本分析方法。

[实验仪器]

稳态–瞬态荧光寿命光谱仪的主要部件及其功能如下。
1. 光源。提供不同波长的激发光。
2. 单色器。激发单色器将光源发出的复色光变成单色光；发射单色器将发出的荧光与杂散光分离，防止杂散光对荧光测定产生干扰。
3. 狭缝。控制光通量。

4. 检测器。光电倍增管，用于测定荧光光谱。

5. 样品池。四面透明的正方形石英池，长、宽都为 1cm。

[实验原理]

1. 荧光的产生

物质吸收光能后产生的光辐射称为荧光。分子中的电子运动包括轨道运动和自旋运动，分子中的电子自旋状态可以用多重态 $2S+1$ 描述，S 为总自旋量子数。若分子中没有未配对的电子（即 $S=0$），则 $2S+1=1$，称为单重态；若分子中有两个自旋方向平行的未配对电子（即 $S=1$），则 $2S+1=3$，称为三重态。

大多数分子在室温下处在电子基态的最低振动能级，当物质分子吸收了特征频率一致的光子后，由原来的能级跃迁至第一电子激发态或第二电子激发态中不同的振动能级；随后，大多数分子迅速降落至第一电子激发态的最低振动能级，在这一过程中它们和周围的同类分子或其他分子撞击消耗了能量，因而不发射光，如图 5.6-1 所示。

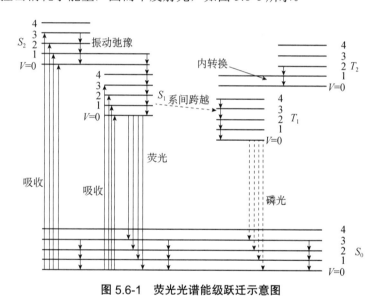

图 5.6-1　荧光光谱能级跃迁示意图

处在第一激发单重态的电子跃迁回基态各振动能级时会产生荧光。这一过程中除了荧光还有磷光，以及延迟荧光等，本实验主要讨论荧光。荧光和磷光的根本区别是：荧光是由激发单重态最低振动能级至基态各振动能级之间的跃迁产生的，而磷光是由激发三重态最低振动能级至基态各振动能级之间的跃迁产生的。

产生荧光的第一个必要条件是物质的分子必须具有能吸收激发光的结构，通常是共轭双键结构；第二个必要条件是分子必须具有一定程度的荧光效率（荧光效率是荧光物质吸光后发射的荧光量子数与吸收的激发光量子数的比值）。

2. 荧光光谱

荧光光谱包括激发谱和发射谱。激发谱是荧光物质在不同波长的激发光作用下测得的某一波长的荧光强度变化情况，也就是不同波长的激发光的相对效率。发射谱是某一固定波长的激发光作用下荧光强度在不同波长处的分布情况，也就是荧光中不同波长的光成分的相对强度。

激发谱和吸收谱极为相似，但吸收谱只说明材料的吸收情况。因此将激发谱与吸收谱进行比较，可以判断出哪种吸收对发光有用。由于激发态和基态有相似的振动能级分布，而且从基态的最低振动能级跃迁到第一电子激发态各振动能级的概率与从第一电子激发态的最低振动能级跃迁到基态各振动能级的概率相近，因此吸收谱与发射谱呈镜像对称关系。

荧光光谱能提供激发谱、发射谱、峰位、峰强度、量子产率、荧光寿命、荧光偏振度等信息。

3. 荧光寿命和荧光量子产率

荧光物质有两个重要的发光参数：荧光寿命和荧光量子产率。

荧光寿命（τ）是指当激发停止后，分子的荧光强度降到激发时最大强度的 $1/e$ 所需的时间，它表示粒子在激发态存在的平均时间，通常称为激发态的荧光寿命。与稳态荧光提供一个平均信号不同，荧光寿命提供的是激发态分子的信息。

荧光寿命与物质所处微环境的极性、黏度等有关，可以通过荧光寿命分析直接了解体系发生的变化。荧光现象多发生在纳秒级时间内，这正好是分子运动的时间尺度，因此利用荧光技术可以"看"到许多复杂的分子间作用过程，例如超分子体系中分子间的簇集、固/液界面上吸附态高分子的重排、蛋白质高级结构的变化等。荧光寿命分析在光伏、法医分析、生物分子、纳米结构、量子点、光敏作用、镧系元素、光动力治疗等领域中均有应用。

荧光寿命的测定方法有时间相关单光子计数技术、相调法、闪频法等。其中，时间相关单光子计数技术具有灵敏度高、测定结果准确、系统误差小等优点，是目前最流行的荧光寿命测定方法。

荧光量子产率（φ_f）是荧光物质的另一个基本参数，它表示物质发生荧光的能力，数值为 0～1。荧光量子产率是荧光辐射与其他辐射和非辐射跃迁竞争的结果，其计算公式为

$$\varphi_f = \frac{\text{发射的光量子数}}{\text{吸收的光量子数}} = \frac{\text{荧光强度}(I_f)}{\text{吸收的光强}(I_a)} = \frac{k_f}{k_f + \sum k_i}$$

式中，k_f 为荧光发射过程的速率常数，$\sum k_i$ 为其他有关过程的速率常数总和。一般来说，k_f 主要取决于化学结构，而 $\sum k_i$ 主要取决于化学环境，同时也与化学结构有关。

4. 分子结构与荧光

并不是所有分子都能产生荧光，分子产生荧光必须具有合适的结构和一定的荧光量子产率。荧光与分子结构的关系如下。

（1）电子跃迁类型。大多数荧光化合物都是由 $\pi \to \pi^*$ 或 $n \to \pi^*$ 跃迁激发的，然后经过振动弛豫或其他非辐射跃迁，再发生 $\pi^* \to \pi$ 或 $\pi^* \to n$ 跃迁而产生荧光，其中 $\pi^* \to \pi$ 跃迁的荧光效率最高。

（2）共轭效应。含有 $\pi^* \to \pi$ 跃迁能级的芳香族化合物的荧光最常见且最强，具有较大共轭体系或脂环羰基结构的脂肪族化合物也可能产生荧光。

（3）取代基效应。苯环上的吸电子基团常常会妨碍荧光的产生，而给电子基团会使荧光增强。

（4）平面刚性结构。具有平面刚性结构的有机分子大多具有强烈的荧光，因为该结构可

以降低分子振动，减少与溶剂的相互作用。

5. 荧光分析

荧光分析是指基于物质的光致发光现象进行定性和定量分析，广泛地作为一种表征技术来研究体系的物理、化学性质及其变化情况，例如生物大分子性质的研究等。

荧光光谱适用于固体粉末、晶体、薄膜、液体等样品的分析。荧光分析的优点有灵敏度高、选择性强、试样量少、方法简单、提供较多的物理参数等；但是也存在应用范围不够广泛、对环境敏感（干扰因素多）等缺点。

（1）定性分析

不同结构的荧光化合物有不同的激发谱和发射谱，因此可以将荧光物质的激发谱和发射谱的形状、峰位与标准溶液的光谱图进行比较，从而达到定性分析的目的。

（2）定量分析

在低浓度时，溶液的荧光强度与荧光物质的浓度成正比，即 $F=Kc$。其中，F 为荧光强度，c 为荧光物质的浓度，K 为比例系数，这就是荧光光谱定量分析的依据。

上述关系不适用于荧光物质浓度过高的溶液。荧光物质浓度过高时，荧光强度反而会降低。

（3）影响荧光强度的外部因素

① 溶剂的影响：一般溶剂效应、极性、氢键、配位键等。

② 温度的影响：荧光强度对温度变化敏感。

③ 溶液 pH 值：对于酸碱化合物，溶液 pH 值的影响较大。

［实验内容］

1. 操作步骤

（1）启动计算机主机，打开 Operation 软件，等待界面右下角的器件检测图标由黄色转变为绿色，然后创建一个新文件夹（直接创建，以时间命名）。

（2）单击"工具"，依次选择"Excitation/Detection"→"Signal Path"→"Select"，选择 LDH-375，勾选"Enable Laser"选项，将频率设置为 20MHz，强度选择 8.0 并保存。打开 PDL820 仪器的激光钥匙开关，在 EXC Attenuator 界面中单击"Open"，打开光谱仪盖子，小心放入样品，合上盖子。

（3）在 Steady-State Measurement 界面中单击"Start Optimization"按钮，开始运行程序。

（4）程序运行结束后及时保存数据。

2. 寻找激发波长

（1）首先在发射光谱设置界面中输入一个激发波长数值，例如 300nm，设置发射光谱范围。起始值通常大于激发波长但小于激发波长的 2 倍，得到一个发射光谱和一个或几个发射波长的峰值。

（2）重新在激发光谱设置界面中输入步骤（1）中得到的发射波长，设置激发光谱范围。起始值通常大于发射波长的一半但小于发射波长，得到激发波长的峰值。

（3）按照步骤（2），将几个发射波长都进行输入，得到几个激发波长。

（4）重复步骤（1），输入步骤（2）（3）中得到的激发波长，观察发射光谱的峰形，确定发射光谱。

［注意事项］

1. 注意开机顺序。如果先打开软件，后启动主机，程序会抓取不到主机信号。
2. 注意关机顺序。
3. 为延长仪器使用寿命，扫描速度、负高压、狭缝一般不宜选在高挡。
4. 关机后必须等待 30min（使氙灯温度降低）方可重新开机。

［思考题］

1. 阐述分子荧光的产生原理。
2. 荧光谱与磷光谱有什么异同点？
3. 为什么分子荧光、磷光分析法的灵敏度一般比分子吸收光谱分析法高？
4. 激发谱和发射谱有什么不同之处？
5. 荧光谱在分析物质特性时有什么用处？

5.7 3D 激光扫描共聚焦显微镜

［实验目的］

1. 了解 3D 激光扫描共聚焦显微镜的结构及使用方法。
2. 掌握材料的球面曲率、表面形貌和表面粗糙度的检测方法。

［实验仪器］

3D 激光扫描共聚焦显微镜及附件、镊子、载玻片、不同放大倍数的物镜。

［实验原理］

激光扫描共聚焦显微镜成像技术是采用共轭焦点的技术，它采用激光作为光源，并使光源、被测样品、探测器处在彼此对应的共轭位置上。激光扫描共聚焦显微镜的光路图如图 5.7-1 所示，光源发出的激光射入光源针孔，光源针孔射出的光线经分光镜反射后再由物镜聚焦到样品的某一点，在该点激发出来的荧光又透过显微物镜，聚焦到 PMT 探测器前的检测针孔，最后由光电倍增管收集，并将收集的信号输入计算机中进行处理、成像以及存储，这样就得到了成像。

如果激光光束做二维扫描，就可以得到平面的光学断层成像。样品在垂直方向缓慢移动可以使不同深度的样品层进入焦平面，从而得到不同深度样品层的像。在成像过程中，只有来自样品焦平面上的光线能在探测器的检测针孔前正确聚焦，从而穿过检测针孔成像，而其他处于样品焦平面以外的光线到达检测针孔时处于离焦状态，直接被检测针孔滤除，所以非共焦面的背景均呈黑色，反差增强，成像清晰。

激光扫描共聚焦显微镜可以横向打破衍射极限所决定的分辨率极限，因为成像的仅有一个物点，只要照明点和探测点足够小就可能获得突破瑞利衍射极限的高分辨率，其实质是通过牺牲视场来提高分辨率。

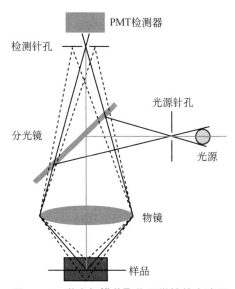

图 5.7-1　激光扫描共聚焦显微镜的光路图

3D 激光扫描共聚焦显微镜根据共聚焦原理检测样品的高度信息，它通常采用点光源，将观测视场内的区域分成多个像素点，然后通过 X-Y 扫描光学系统进行扫描，激光接收元件检测来自每个像素点的反射光。在 Z 轴方向上驱动物镜，重复扫描过程，在每个点的 Z 轴位置上获得反射光强度。系统假设 Z 轴焦点位置位于反射光强度最大的地方，然后记录高度信息和反射光强度，捕捉全聚焦光强度图像和高度信息。

3D 激光扫描共聚焦显微镜的结构如图 5.7-2 所示。激光源发射的光束穿过 X-Y 扫描光学系统和覆盖在样品表面的光栅。激光接收元件检测共聚焦光学系统聚焦位置的反射光强度信息，在 Z 轴方向上累积聚焦位置信息，得到一副全聚焦图像；同时记录物镜的聚焦位置，以便测量样品表面的 3D 形状。

［实验内容］

1. 依次打开控制模块背后的主电源开关和前面板上的"Power"开关，预热 60min 以上，打开计算机主机的电源。

2. 启动 VK 观察软件，旋转对焦旋钮（粗/细），将载物台下降到最低位置，在工具栏中选择"观察"选项卡，单击"初始化"按钮，初始化镜头位置。

3. 将样品放置在旋转载物台上，旋转载物台旋钮，将样品移动到观察位置。

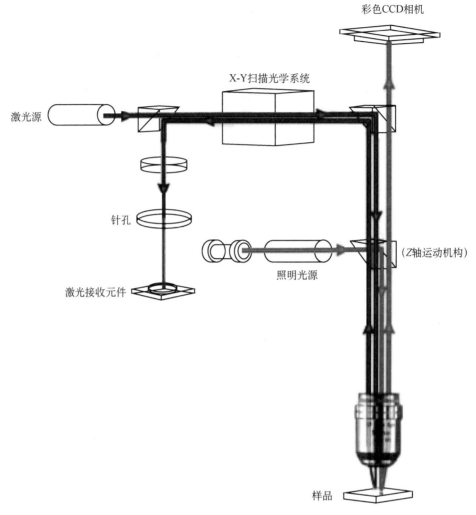

图 5.7-2　3D 激光扫描共聚焦显微镜的结构

4. 通过旋转对焦旋钮调节焦点，使用孔径快门（左侧推拉杆）调节照明强度。

5. 使用 VK 观察软件和 VK 分析软件分析样品。

6. 使用完毕后依次关闭软件、主机、控制器模块、电源总开关。

［注意事项］

1. 开启"Power"开关后要等待 60min 以上再开始测量，测量过程中请勿切断电源。

2. 镜头不可与样品接触，否则会毁坏其一。

3. 换样品时不需要初始化镜头位置，只需要重复实验内容中的步骤 3～5。

4. 实验时要严格按照使用规程操作，不得任意改变操作程序。在开关的启动以及扫描过程中要做到快速、有序，保护好激光仪器。

5. 扫描后的图像存储在计算机内，由于计算机的硬盘容量有限，应及时将图像存储到用户的光盘上。为了防止病毒入侵，禁用 U 盘及移动硬盘等。

[思考题]

1. 3D 激光扫描共聚焦显微镜与普通光学显微镜有哪些区别？
2. 3D 激光扫描共聚焦显微镜主要有哪些应用？
3. 通过本实验，你对共聚焦显微镜有何认识？

5.8　X 射线衍射

视频-X 射线衍射实验—实验原理、测量

1895 年，德国科学家伦琴在研究阴极射线管时发现了 X 光，这是人类揭开微观世界序幕的"三大发现"之一。X 光也叫 X 射线，是一种波长很短的电磁辐射，其波长为 0.01～10nm。

布拉格关系是晶体学中最基本的定律，广泛应用于光谱仪、衍射仪中。X 射线入射晶体时，散射波的叠加产生衍射现象，布拉格关系可使这一复杂的衍射问题简化为直观的布拉格反射模型。

PPT-X 射线衍射实验—实验原理、测量

[实验目的]

1. 了解 X 射线的产生原理及晶体的基本知识。
2. 掌握 X 射线衍射理论。
3. 测量 NaCl、LiF 单晶的晶面间距及晶格常数。

[实验原理]

1. 布拉格方程

光波经过狭缝时会产生衍射现象。为此，狭缝的大小必须与光波的波长是同数量级或更小。X 射线的波长为 0.01～10nm，要造出相应大小的狭缝来观察 X 射线的衍射相当困难。冯·劳厄首先建议用晶体这个天然的光栅来研究 X 射线的衍射，因为晶格尺寸正好与 X 射线的波长是同数量级。NaCl 晶体中氯离子与钠离子的排列结构如图 5.8-1 所示，下面讨论 X 射线打在这种晶格上产生的结果。

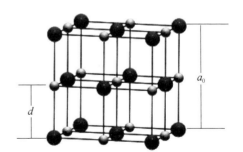

图 5.8-1　NaCl 晶体中氯离子与钠离子的排列结构

晶体的布拉格衍射如图 5.8-2 所示。由图 5.8-2(a)可知，当入射 X 射线与晶面相交 θ 角时，假定晶面就是镜面（即布拉格面，入射角与出射角相等），两条射线的光程差是 $2d\sin\theta$。当它为波长的整数倍时（假定入射光只有一种波长），即

$$2d\sin\theta = n\lambda \quad (n = 1, 2, 3, \cdots) \tag{5.8-1}$$

在 θ 方向射出的 X 射线得到衍射加强。式（5.8-1）就是 X 射线在晶体中的衍射公式，称为布

拉格方程。在上述假定条件下，d 是两相邻布拉格面之间的距离；λ 是入射 X 射线的波长；θ 是入射角（入射 X 射线与布拉格面之间的夹角）和反射角；n 是一个整数，为衍射级次。

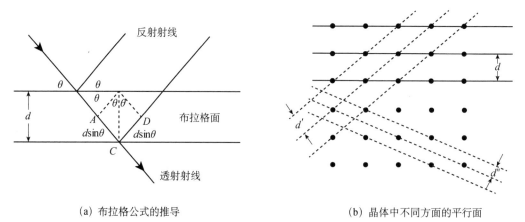

（a）布拉格公式的推导   （b）晶体中不同方面的平行面

图 5.8-2　晶体的布拉格衍射

根据布拉格方程可利用已知晶体（d 已知）求 X 射线的波长，也可以利用已知 X 射线（λ 已知）测量晶体的晶面间距。

图 5.8-2(a)表示的是一组晶面，事实上，晶格中的原子可以构成很多组方向不同的平行面，而它们的晶面间距是不同的。从图 5.8-2(b)中可以清楚地看出，在不同的平行面上，原子密度不同，故测得的反射强度有差异。

关于布拉格方程有以下几点说明。

（1）$\sin\theta \leqslant 1$，因此只有 $2d \geqslant \lambda$ 时才可能发生衍射。换言之，在 $d < \lambda/2$ 的晶面族上不可能产生衍射。

（2）对于 n 级衍射，布拉格方程可写成 $2(d/n)\sin\theta = \lambda$，即第 n 级衍射可以看成是某一晶面族的一级衍射，该晶面族与原来的(hkl)晶面平行而晶面间距为 d/n。由晶面指数的规定可知，这些晶面是(nh,nk,nl)。利用这种表示方法，可将布拉格方程简化为

$$2d\sin\theta = \lambda \tag{5.8-2}$$

根据晶体学知识可知，并不能观察到所有晶面族的衍射。对于一个晶胞内有两个或两个以上原子的复杂晶胞来说，有些晶面不产生衍射，这种由于晶胞结构而使衍射不出现的现象称为结构消光。三种立方点阵的消光规律如表 5.8-1 所示。

表 5.8-1　三种立方点阵的消光规律

点阵类型	出现衍射的条件	衍射消失的条件
简单立方	全部	无
体心立方	$h+k+l$ 为偶数	$h+k+l$ 为奇数
面心立方	h、k、l 全为奇数或全为偶数	h、k、l 奇偶混杂

2. 晶体中 X 射线衍射的光路图

本实验使用的 554-81 型组合式 X 射线衍射仪主要由 X 射线管、定位测角器、传感器、计数管、计算机组成。

X 射线衍射的光路图如图 5.8-3 所示。X 射线管发出的射线经准直孔变成一束平行的单

色 X 射线。晶体的角位置 θ 由定位测角器测量，通过传感器使计数管和晶体（靶）以 2:1 的角耦合关系旋转。X 射线入射到晶体中后，反射光射向计数管，由此记录反射光子的计数率 N，并将数据传输给计算机，即可得到晶体衍射的 θ—N 关系。

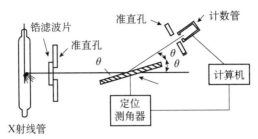

图 5.8-3　X 射线衍射的光路图

〔实验仪器〕

554-81 型组合式 X 射线衍射仪如图 5.8-4 所示。

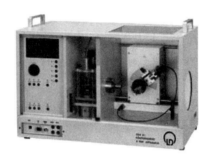

图 5.8-4　554-81 型组合式 X 射线衍射仪

本实验使用的 NaCl 单晶和 LiF 单晶是面心立方结构，表面平行于（100）面。

〔实验内容〕

1. 将待测晶体放置在靶台上。

2. 打开主电源开关（左侧面）。

3. 按下 "U" 按钮，用 "ADJUST" 旋钮设置 $U = 35\text{kV}$；按下 "I" 按钮，用 "ADJUST" 旋钮设置 $I = 1.00\text{mA}$。

4. 按下 "Δt" 按钮，用 "ADJUST" 旋钮设置 $\Delta t = 3 \sim 10\text{s}$；按下 "$\Delta\beta$" 按钮，用 "ADJUST" 旋钮设置 $\Delta\beta = 0.1°$；按下 "COUPLED" 按钮和 "β LIMITS" 按钮，用 "ADJUST" 旋钮设置所需值。

5. 启动 "X-Ray Apparatus" 软件。

6. 按下 "COUPLED" 按钮及 "SCAN ON/OFF" 按钮，开始扫描。

7. 按下 "ZERO" 按钮，使靶和传感器臂回到 "0" 位置。

8. 获取实验数据，步骤如下。

（1）单击鼠标右键，在弹出的菜单中选择 "Copy Table"。

（2）新建 Word 文档，将数据粘贴至文档中。

（3）回到"X-Ray Apparatus"窗口（同时按下"Tab"+"Alt"键），单击鼠标右键，在弹出的菜单中选择"Copy Diagram"。

（4）回到 Word 文档（同时按下"Tab"+"Alt"键），将实验曲线粘贴至文档中。

（5）保存文档。

9. 关闭主电源开关，打开铅玻璃滑门，将样品放回原处。

［注意事项］

1. X 射线对人体有害，实验分析用的 X 射线与医疗诊断用的 X 射线不同，其危害更大，操作时严禁用 X 射线直接照射人体任何部位，严禁打开铅玻璃滑门。

2. 离开实验室前要洗手。

［数据处理］

1. 将实验数据及曲线打印出来。

2. 已知晶体的晶格常数（$a_0 = 564.02 \text{pm}$），测定 X 射线的波长，将数据记录在表 5.8-2 中。

表 5.8-2　角位置和波长数据记录表

n	$\theta(K_\alpha)$ （°）	$\theta(K_\beta)$ （°）	$\lambda(K_\alpha)$ （pm）	$\lambda(K_\beta)$ （pm）
1				
2				
3				

3. 已知 X 射线的波长，测定晶体的晶格常数，将数据记录在表 5.8-3 中。

表 5.8-3　角位置和晶格常数数据记录表

θ （°）	$\sin\theta$	线系	n	$n\lambda$ （pm）

$\lambda(K_\alpha)$ 的经验值为 71.07pm，$\lambda(K_\beta)$ 的经验值为 63.08pm。

［思考题］

1. X 射线在晶体上产生衍射的条件是什么？

2. 满足布拉格方程就一定能观察到晶面族的衍射吗？对于 NaCl 晶体，出现衍射的晶面指数应满足什么条件？

3. 为了提高测量准确度，在计算 d 时，应选用 θ 大的衍射线还是 θ 小的衍射线？

4. 对于一定波长的 X 射线，是否晶面间距为任何值的晶面都可产生衍射？

5.9　扫描隧道显微镜

视频-扫描隧道
显微镜—实验
原理、测量

1981 年，IBM 公司苏黎世实验室的 Gerd Binnig 和 Heinrich Rohrer 发明了世界上第一台扫描隧道显微镜（Scanning Tunneling Microscope，STM）。通过 STM，人类有史以来第一次在实空间中观察到了原子的晶格结构图像，为此，其发明者获得了 1986 年诺贝尔物理学奖。

［实验目的］

1. 学习扫描隧道显微镜的原理和结构。
2. 学习利用扫描隧道显微镜观察样品表面形貌的方法。

PPT-扫描隧道
显微镜—实验
原理、测量

［实验原理］

1. 基本原理

当一根十分尖锐的针尖纵向逼近施加了一定偏压的样品表面至几纳米甚至更小的距离 S 时，针尖尖端的原子与样品表面的原子之间会产生隧道电流 I_t。由量子力学的隧道效应理论可知，I_t 与 S 之间存在负指数关系。探测隧道电流 I_t 的大小，即可检测出 S 的大小。针尖横向扫描样品时，即可根据隧道电流的变化获得样品表面的三维形貌，如图 5.9-1 所示。

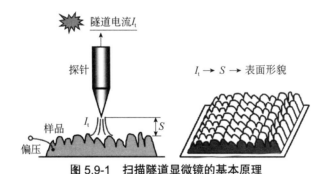

图 5.9-1　扫描隧道显微镜的基本原理

2. 扫描隧道显微镜的结构

扫描隧道显微镜由探头系统（主体）、前置放大器、偏压电源、控制机箱、高压电源、计算机及控制接口等组成，如图 5.9-2 所示。

前置放大器将从探针引出的隧道电流转换成电压信号（放大倍数为 10^8 V/A），偏压电源通过屏蔽引线向样品施加偏压。控制机箱包括反馈控制电路、扫描控制电路、多路高压放大电路、数字显示电路、低压电源等。高压电源输出 350V 的直流电压，提供给多路高压放大电路，并驱动压电陶瓷的扫描与反馈运动。计算机及控制接口包括多路高速 D/A 转换通道、

USB 光学显微成像接口、STM 扫描与成像软件等。

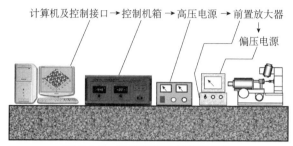

图 5.9-2　扫描隧道显微镜的结构

探头系统由探针、样品及样品台、扫描与反馈控制器、USB 显微镜、粗调旋钮、细调旋钮、底座等组成，如图 5.9-3 所示。

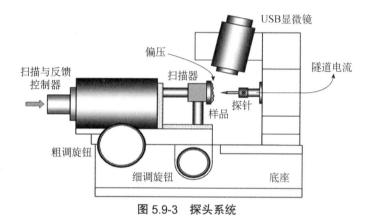

图 5.9-3　探头系统

[实验仪器]

STM-IIa 型扫描隧道显微镜如图 5.9-4 所示。

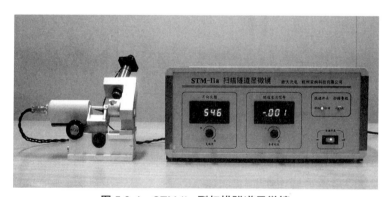

图 5.9-4　STM-IIa 型扫描隧道显微镜

技术指标如下。

1. 最大扫描范围：4000nm×4000nm。

2. 扫描分辨率：横向为 0.1nm，纵向为 0.01nm。

3. 样品大小：最大为 30mm×30mm×10mm。

4. 图像采样像素点：同时提供 200×200 点/幅、400×400 点/幅、256×256 点/幅、512×512 点/幅的扫描像素点，图像的灰度等级为 256。

5. 扫描速率：可任意调节，最大扫描速率为 1 幅图像/秒。

6. 图像格式：通用 BMP 格式，可转换成任何图像格式进行存储、打印。

7. 配备光学显微镜与数码视频监控系统，最大视场直径为 1500μm，最高光学分辨率为 0.5μm。

[实验内容]

1. 控制机箱及仪器的连接与准备

控制机箱面板如图 5.9-5 所示，各部分的名称及功能如下。

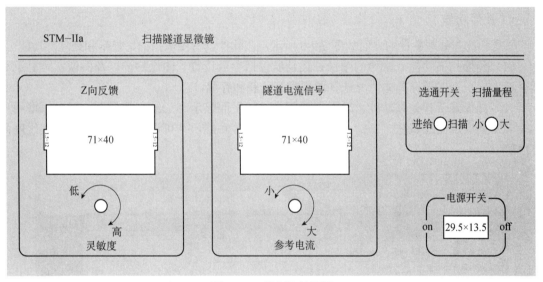

图 5.9-5　控制机箱面板

（1）电源开关。"on"表示开启，"off"表示关闭。

（2）选通开关。"进给"对应样品进给及恒流模式，"扫描"对应扫描及等高模式。出厂设置为"扫描"。

（3）扫描量程。"大"对应的最大扫描范围为 4000nm×4000nm，此时要采用大范围的扫描软件；"小"对应的最大扫描范围为 40nm×40nm，此时要采用小范围的扫描软件。出厂设置为"大"。

（4）隧道电流信号。表头的数字表示当前的隧道电流大小，单位为 nA。"参考电流"旋钮用于调节参考电流及隧道电流的大小（范围为 0.5～1.5nA）。"参考电流"旋钮的出厂设置为顺时针旋转到底，对应的参考电流为 1.5nA。

（5）Z 向反馈。表头的数字表示压电陶瓷上的负反馈电压大小，单位为 V。"灵敏度"旋钮用于调节反馈灵敏度，顺时针调节时反馈灵敏度增大，逆时针调节时反馈灵敏度减小。"灵敏度"旋钮的出厂设置为顺时针旋转 1～2 圈。

2. 探针和样品的安装

（1）探针的安装。探针的安装方法与同类仪器完全相同，实验时进行简单的现场培训即可。

（2）样品的安装。将样品背面粘到样品台上，然后将其整体安装到 STM 上。

3. 操作步骤

（1）依次开启计算机→控制机箱→高压电源→前置放大器→偏压电源。

（2）用粗调旋钮将样品逼近探针，直至样品与探针的间距约为 1mm。

（3）用细调旋钮将样品缓慢逼近探针，直至样品与探针非常逼近。

（4）缓慢细调并观察控制机箱的读数，直至隧道电流为 1.50nA 左右，负反馈电压为 $-250 \sim -150$V。

（5）读数基本稳定后，打开扫描软件，开始扫描。

（6）依次关闭偏压电源→前置放大器→高压电源→控制机箱→计算机。

4. 软件功能

图像扫描与处理软件的界面如图 5.9-6 所示，该软件具备图像扫描、显示和处理等功能。

（1）图像扫描功能。软件的图像扫描功能包括参数设置、图像扫描以及图像实时显示和捕获等，用户可以根据具体情况选择图像进行捕获和存储。

（2）图像显示和处理功能。软件能对图像进行平面显示和三维立体显示，可以根据用户的实际需要实现图像裁剪、平滑、旋转、加注标尺等功能，并可调整图像的色调、对比度和亮度等。

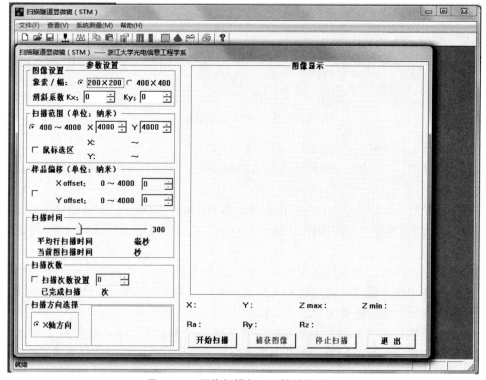

图 5.9-6 图像扫描与处理软件的界面

（3）图像消倾斜。在恒流模式下，扫描获得的 STM 图像可能会因为样品装配倾斜等因素而亮暗不均匀，此时可以用消斜系数 K_x 和 K_y 调整。当图像左边暗、右边亮时，增加 K_x 的值，直到图像左侧与右侧的总体亮度比较均匀。当图像上方暗、下方亮时，增加 K_y 的值，直到图像上方与下方的总体亮度比较均匀。

［注意事项］

1. 仪器的电源插座必须选用有接地端的三芯插头和插座。
2. 安装或更换样品与探针时，必须关闭高压电源。
3. 高压电源的输出端不能连续运行 2h 以上，不扫描时请关闭高压电源。
4. 更换样品或探针时，在粗调阶段尽量使样品和探针的间距大一些，以便于操作；螺丝刀不要用力顶样品台上的固定螺钉，稍稍拧紧螺钉即可。
5. 在扫描过程中，不能触碰 STM 探头，也不能进、退样品。
6. 前置放大器盒内有两节 9V 电池，请适时更换。
7. 偏压电源盒内有一节 9V 电池，请适时更换。

| 第 6 章 |

计算机仿真实验

视频-计算机仿真实验

PPT-计算机仿真实验

计算机仿真实验是指利用软件设计仿真仪器并建立仿真实验室，使学生在仿真环境中模仿真实的实验过程。仿真实验利用计算机技术把实验设备、教学内容、实验要求、教师指导、实验仪器等融为一体，开创了物理实验教学的新模式，使实验教学的内涵在时间和空间上得到延伸。

6.1 仿真实验软件简介

中国科学技术大学研制的"大学物理仿真实验"是一个具有代表性和创新性的仿真实验软件，该软件具有以下几个主要特点。

1. 强调了对实验环境的仿真，使学生能通过仿真软件对实验的整体环境和所用仪器的整体结构建立起直观的认识。仪器的关键部位可拆卸，可进行调整并实时观察仪器的各种指标和内部结构，增强了熟悉仪器功能和使用方法的训练。

2. 实现了模块化，学生可对提供的仪器进行选择和组合，用不同的方法完成同一实验，培养学生的实验设计与思考能力。

3. 解剖了实验教学过程，使学生在理解、思考的基础上进行实验，克服了实际实验过程中出现的盲目操作和"走过场"现象的缺点，提高了物理实验教学的效率和质量。

4. 对实验的相关理论进行了演示和讲解，介绍了实验的历史背景、意义、现代应用等，连接理论教学与实验教学，培养学生理论与实践相结合的思维。

6.1.1 启动平台

在 Windows 系统的文件管理器（或"开始"菜单）中双击"大学物理仿真实验"图标，启动实验系统。进入系统后，会出现仿真实验主界面，如图 6.1-1 所示。

在实验主窗口中单击鼠标右键即可显示主菜单，主菜单一般包括"实验简介""实验原理""实验仪器""实验内容""实验指导""思考题""补充材料""开始实验""退出实验"等选项，如图 6.1-2 所示。

图 6.1-1 仿真实验主界面

图 6.1-2 实验主窗口（以傅里叶光学实验为例）

选择"开始实验"后会进入实验场景，如图 6.1-3 所示。

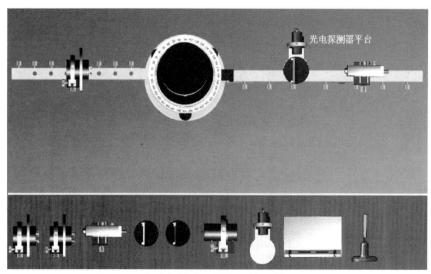

图6.1-3 实验场景（以偏振光的研究实验为例）

6.1.2 基本操作

实验场景一般包括实验台、实验仪器和菜单等。用鼠标在场景内移动时，如果光标指向某件仪器，会显示相应的提示信息（仪器名称以及操作方法）。有些仪器的位置可以调节，可以按住鼠标左键进行拖动。

1. 开始实验

有些仿真实验在启动后就处于"开始实验"状态，有些则需要在主菜单中进行选择。

2. 控制仪器调节窗口

仪器调节一般要在仪器调节窗口内进行。双击主窗口中的仪器或从主菜单中选择，即可进入仪器调节窗口；拖动仪器调节窗口顶端的细条即可移动窗口；双击仪器调节窗口顶端的细条即可关闭窗口。

3. 选择操作对象

当光标指向操作对象时，系统会给出下列提示中的至少一种，此时可以用鼠标进行仿真操作。

（1）光标提示。光标由箭头变为其他形状（例如手形）。

（2）光标跟随提示。光标旁边出现一个黄色的提示框，提示对象名称或操作方法。

（3）状态条提示。状态条一般位于屏幕下方，提示对象名称或操作方法。

（4）颜色提示。对象的颜色变为高亮度（或发光），显得突出而醒目。

4. 进行仿真操作

（1）移动对象

如果选中的对象可以移动，就用鼠标拖动选中的对象。

（2）按钮、开关、旋钮的操作

① 按钮。选定按钮并单击即可，如图 6.1-4 所示。

② 开关。对于两挡开关，在选定的开关上单击鼠标左键可以切换状态，如图 6.1-5 所示；对于多挡开关，在选定的开关上单击左键或右键可以切换状态，如图 6.1-6 所示。

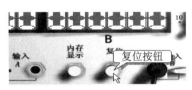

图 6.1-4　按钮

图 6.1-5　两挡开关

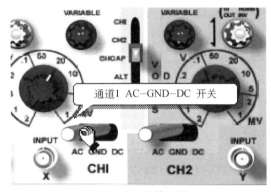

图 6.1-6　多挡开关

③ 旋钮。选定旋钮，单击鼠标左键，旋钮逆时针旋转；单击鼠标右键，旋钮顺时针旋转，如图 6.1-7 所示。按住鼠标左键不放，旋钮逆时针快速旋转；按住鼠标右键不放，旋钮顺时针快速旋转。

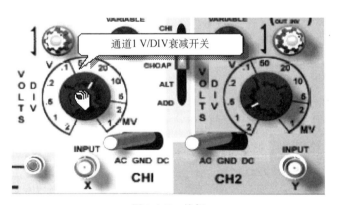

图 6.1-7　旋钮

（3）连接电路

① 连接两个接线柱。选定一个接线柱，按住鼠标左键进行拖动，一根直导线即从接线柱引出。将导线末端拖动至另一个接线柱上，放开鼠标左键，就完成了两个接线柱的连接，如图 6.1-8 所示。

② 删除两个接线柱的连线。重复连接操作即可删除连线（如果面板上有"拆线"按

钮，则应先选择此按钮）。

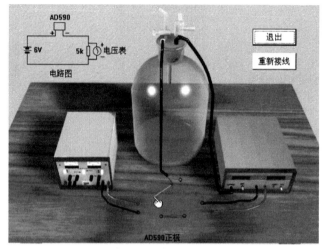

图6.1-8　连接两个接线柱

6.1.3　仿真实验项目

　　"大学物理仿真实验"软件目前有以下 54 个项目。

1. 绪论
2. 测量误差与数据处理
3. 热力学基本物理量及常用仪器介绍
4. 利用单摆测重力加速度
5. 霍尔效应
6. 居里温度的测定
7. 空气比热容比测定
8. 交变场测介电常数
9. 电子荷质比的测定
10. 杨氏模量的测定
11. 不良导体导热系数的测定
12. 迈克尔逊干涉仪
13. 动态磁滞回线测量
14. 热膨胀系数的测定
15. 整流电路
16. 双臂电桥测低电阻
17. 超声波测声速
18. 气垫上的直线运动
19. 碰撞和动量守恒
20. 光学设计实验
21. 设计万用表
22. 温度计的设计
23. R-C 电路
24. 电子自旋共振
25. 分光计
26. 弗兰克-赫兹实验
27. 法布里-珀罗标准具实验
28. γ 能谱实验
29. 光电效应法测普朗克常数
30. G-M 计数管和核衰变的统计规律
31. 检流计
32. 塞曼效应实验
33. 薄透镜成像规律研究
34. 低真空实验
35. 螺线管磁场的测量与研究
36. 核磁共振
37. 偏振光的研究
38. 氢氘光谱测量及阿贝比长仪
39. 平面光栅摄谱仪及氢氘光谱拍摄
40. 热敏电阻的温度特性
41. 示波器实验
42. 弱电流放大实验

43. 动态法测杨氏模量

44. 傅里叶光学

45. 高温超导材料特性测试和低温温度计

46. 单透镜实验

47. 卡文迪许扭秤法测量万有引力常数

48. 拉曼光谱实验

49. 牛顿环测量曲率半径

50. 扫描隧道显微镜

51. 透射电子显微镜

52. 强迫振动

53. 测量刚体的转动惯量

54. 凯特摆测重力加速度

6.2　电子荷质比的测定

在主界面中单击"电子荷质比的测定"图标，即可进入本实验。当光标指向仪器图标时，箭头处显示相应的仪器信息。单击鼠标右键，会弹出右键快捷菜单，如图6.2-1所示。

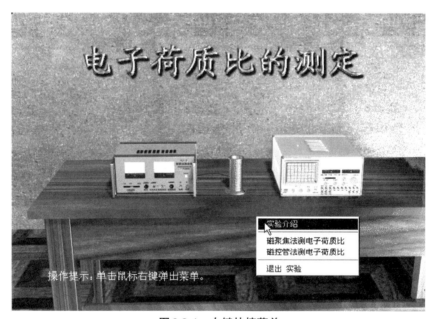

图6.2-1　右键快捷菜单

6.2.1　磁聚焦法测电子荷质比

1. 单击主菜单中的"磁聚焦法测电子荷质比"选项，进入该实验。四处游动光标，当指向仪器图标时，会显示相应的提示信息，如图 6.2-2 所示。

2. 在实验界面中单击鼠标右键，弹出快捷菜单，菜单下有"实验目的""实验仪器""预习要点""实验原理""实验步骤"等选项，如图 6.2-3 所示。

3. 实验内容分为以下两部分。

（1）接线。将光标移到接线板上，双击接线板，弹出接线画面后开始接线，如图 6.2-4 所示。

（2）实验操作。按步骤和提示进行实验操作。

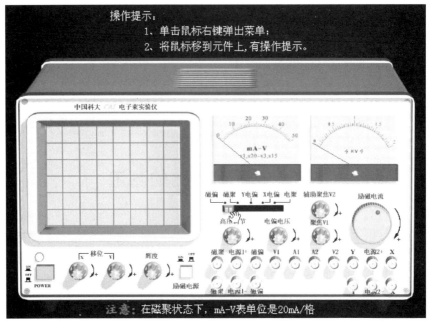

图 6.2-2 "磁聚焦法测电子荷质比"实验界面

图 6.2-3 快捷菜单

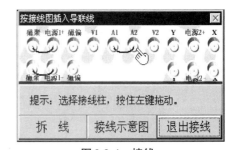

图 6.2-4 接线

4. 填写实验报告。在实验界面中单击鼠标右键，在弹出的菜单中选择"实验报告"，进入实验报告处理系统，按提示填写。

5. 退出实验。在实验界面中单击鼠标右键，在弹出的菜单中选择"退出实验"即可。

6.2.2　磁控管法测电子荷质比

磁控管法的许多操作与磁聚焦法一样，请参见 6.2.1 小节的说明。做实验前请认真阅读实验原理、实验步骤等，实验界面如图 6.2-5 所示。

1. 接线。将光标移到螺线管上，双击鼠标左键进入接线画面。

2. 将光标移到"HZ-2 荷质比测定仪"上，双击图标，出现图 6.2-6 所示的仪表操作画面。快捷菜单中有"实验步骤提示""返回"等选项。

3. 仪表读数。在实验过程中，最好在放大画面下进行读数。

4. 各旋钮、开关的操作与磁聚焦法相同。

5. "工作选择"功能的操作方法为：左键左移，右键右移，如图 6.2-7 所示。

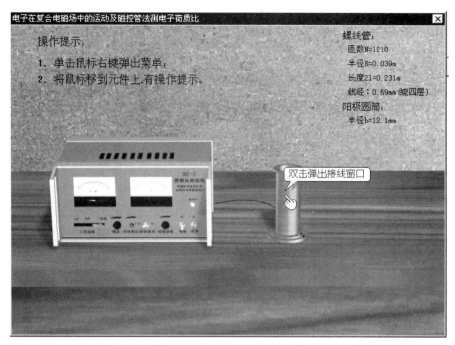

图 6.2-5　"磁控管法测电子荷质比"实验界面

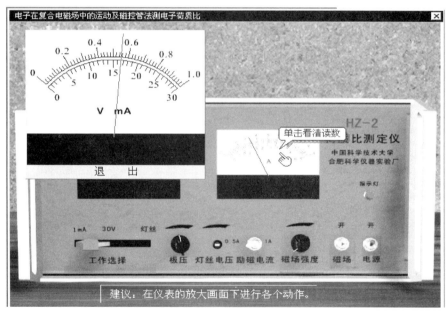

图 6.2-6　仪表操作画面

图 6.2-7　工作选择

6.3　塞曼效应实验

在系统主界面中单击"塞曼效应实验"，即可进入仿真实验，如图 6.3-1 所示。

图6.3-1　塞曼效应实验

在主实验台上单击鼠标右键，在弹出的快捷菜单中选择实验项目，就会进入相应的实验，如图 6.3-2 所示。

图6.3-2　快捷菜单

6.3.1　垂直磁场方向观察塞曼分裂

在快捷菜单的"实验内容"里选择"垂直磁场方向观察塞曼分裂"，进入实验装置界面，如图 6.3-3 所示。光标在台面上移动时，信息台中会出现提示。在台面上单击鼠标右键，会出现实验项目的选项菜单。

1. 选择"实验步骤"，会出现图 6.3-4 所示的界面。

2. 选择"实验光路图"，会出现图 6.3-5 所示的实验光路图。

3. 按照实验光路图调整仪器位置，步骤如下。

（1）单击仪器，则相应的仪器进入可拖动状态；移动鼠标，仪器会随之移动；再次单击鼠标左键，仪器进入放置状态。

（2）确定仪器的相对位置后，单击"电源"按钮，开启水银辉光放电管电源。这时，台面上会出现一条水平的光线。

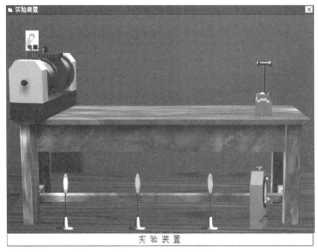

图 6.3-3　实验装置

图 6.3-4　实验步骤

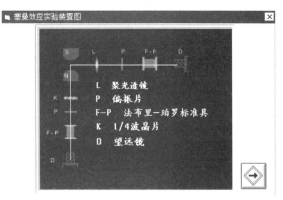

图 6.3-5　实验光路图

（3）出现光线后，开始调节各仪器，使其共轴。单击鼠标左键，相应仪器的高度会下降；单击鼠标右键，相应仪器的高度会上升。注意：不需要调节标准具的高度。

（4）当各仪器共轴后，开始调节标准具。双击标准具，会出现标准具调节控制台，如图 6.3-6 所示。

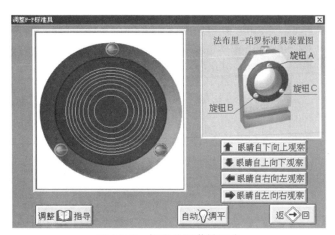

图 6.3-6　标准具调节控制台

① 单击不同方向的观察按钮，标准具中的分裂环会出现吞吐现象。

② 单击"调整指导"按钮，会出现调整指导文本和思考题。完成思考题后，会出现提示信息。

③ 调节旋钮 A、B、C，直到分裂环不出现吞吐现象。

④ 实验中的标准具很难调整，会影响后面的实验进程，所以在控制台中设计了"自动调平"按钮。单击"自动调平"按钮，则标准具自动达到调平状态。

4. 调节完仪器和标准具后，可选择实验项目开始观测。

（1）选择"鉴别两种偏振成分"选项，进入控制台，如图 6.3-7 所示。

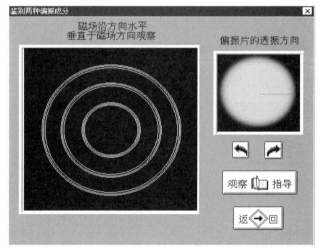

图6.3-7 "鉴别两种偏振成分"控制台

① 单击"观察指导"按钮，会出现一个说明界面，单击"返回"按钮可以退出。

② 偏振片视窗上的红线表示偏振片的透振方向，单击"偏振片的透振方向"下方的两个箭头，偏振片的透振方向会旋转，望远镜视窗中的分裂线也会随透振方向的改变而改变。

（2）选择"观察裂距的变化"选项，进入控制台，如图 6.3-8 所示。光标在控制台上移动时，信息台中会出现相应的提示信息。

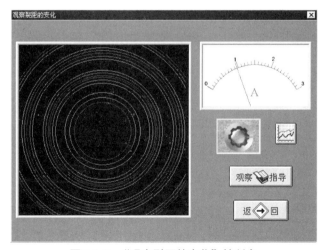

图6.3-8 "观察裂距的变化"控制台

① 单击"观察指导"按钮，会出现说明界面。

② 将光标移动到电流调节旋钮上，单击鼠标左键，旋钮顺时针旋转，安培表的指示电流增大，望远镜视窗中的塞曼裂距发生变化；单击鼠标右键，旋钮逆时针旋转，安培表的指示电流减小，望远镜视窗中的塞曼裂距发生变化。按照实验指导中的要求，记录相应的电流数据。

③ 单击"电流—磁场强度坐标图"，会出现坐标图。单击横纵滚动条，坐标图移动，根据记录的电流值，查出相应的磁场强度值。

6.3.2 平行磁场方向观察塞曼分裂

在快捷菜单的"实验内容"里选择"平行磁场方向观察塞曼分裂"选项，进入实验界面，如图6.3-9所示。光标在实验台上移动时，信息台中会出现相应的提示信息。

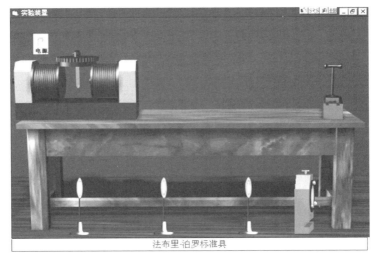

图6.3-9 "平行磁场方向观察塞曼分裂"实验界面

选择"鉴别圆偏振光"，进入控制台，如图6.3-10所示。光标在控制台上移动时，信息台中会出现相应的提示信息。

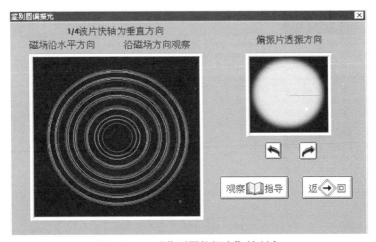

图6.3-10 "鉴别圆偏振光"控制台

1. 单击"观察指导"按钮，会出现说明界面，如图
6.3-11 所示。阅读后，单击"返回"按钮即可返回控制台。

2. 偏振片视窗上的红线表示偏振片的透振方向，单
击"偏振片透振方向"下方的两个箭头，偏振片的透振方
向会旋转，望远镜视窗中的分裂环会产生相应的变化。

3. 实验完毕后，单击控制台上的"返回"按钮退出
实验。

图 6.3-11　"观察指导"说明界面

6.4　虚拟仿真实验中心

大学物理仿真实验是为了满足实验教学的需要，在现代教学理论的指导下，以建构主义学习理论、情境认知理论、认知科学等为基础，结合物理学科的特点，利用虚拟现实技术构建逼真的虚拟实验环境，使学生可以与虚拟对象进行交互；支持基于建构主义学习理论的探索学习、协同学习，使学生能获得真实的体验。

浙江理工大学物理实验中心设计了相关的虚拟仿真实验，例如近代物理仿真实验、传感器虚拟仿真实验、Pasco 组合光学虚拟仿真实验等，这些内容主要是为了满足相关专业在实验教学方面的实际需求，后期会逐步充实并完善虚拟仿真实验的内容。

虚拟仿真实验中心基于浙江理工大学理学院物理学系的物理实验中心网站来计划和创建，致力于给物理实验教学搭建一个虚拟仿真实验平台。此外，虚拟仿真实验中心还提供了一些仿真实验资源，如图 6.4-1 所示。实验资源涉及 14 个仿真实验，包括油滴法测电子电荷、扫描隧道显微镜（STM）、偏振光的研究、牛顿环测量曲率半径、迈克耳逊干涉仪等，该栏目将不同的实验分成不同的文章进行上传，每篇文章包含详细的进入方法说明、实验介绍、实验目的、实验原理、实验步骤、实验内容、模拟仪器视图等，并附带相关的预习题和思考题。

图 6.4-1　仿真实验资源

6.4.1　Pasco 组合光学虚拟仿真实验

本实验借助 Pasco 光学实验仪器，采用 Unity3D、3D Studio Max 和 Visual Studio 等平台设计三维模型，建立虚拟仿真实验，并将实验链接搭载到物理实验中心的网站上。学生可利用网站进行单缝衍射、双缝干涉等基础光学实验的学习。

通过仿真可以将不可触及的资源开发成有形的网络数字资源，使学生提高自主学习能力。实验以学生为中心，由学生主导，能增强学生的学习兴致。实验利用提问、调整参数、观看输出变化等方法提高学生的想象力，挖掘学生的创新潜力，启发学生积极探索、处理问题的实践能力。

视频引导的内容是实验授课视频，如图 6.4-2 所示。视频为 MP4 格式，且经过测试。在网页上浏览时，视频可以在小窗口中播放，也可以全屏播放，视频清晰而流畅。

图 6.4-2　视频引导

实验主界面以图文形式展示实验的交互性操作步骤，包含实验目的、实验原理、实验内容、实验背景、仪器介绍、注意事项等，如图 6.4-3 所示。

图 6.4-3　实验主界面

6.4.2　传感器虚拟仿真实验

本实验的实验界面如图 6.4-4 所示，在模拟实验的过程中，学生可以调节幅值/频率旋钮、测微头旋钮、温度/压力表按钮等来改变输出波形，或调节智能调节仪上的控件来改变设定值。实验的输出波形在示波器上显示为红线，单击"保存"后在示波器上复制出一条蓝色的波形。如果单击"清除"，可清除已保存的波形。

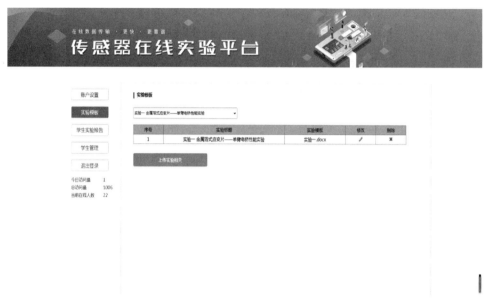

图6.4-4 传感器虚拟仿真实验的实验界面

传感器虚拟仿真实验有金属箔式应变片——单臂电桥性能实验、金属箔式应变片——半桥性能实验、金属箔式应变片——全桥性能实验、直流全桥的应用——电子秤实验、交流全桥的应用——振动测量实验、扩散硅压阻压力传感器差压测量实验、差动模块综合实验等34个实验，如图6.4-5所示。

图6.4-5 传感器虚拟仿真实验目录

下面以霍尔测速实验为例说明实验的操作步骤，实验仪器如图6.4-6所示。

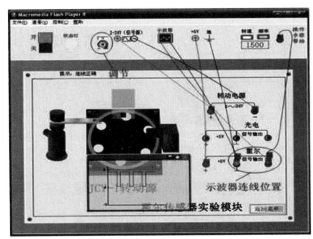

图6.4-6　霍尔测速实验的实验仪器

1. 将 5V 电源导线连接到霍尔端口上（将红、黑、蓝插针分别拉到相应的插孔处，连线正确后会提示"连线正确"，连线错误则会提示"连线错误，请重新连线"）。

2. 将示波器两端连接到霍尔信号输出端口上，并单击示波器图标，弹出示波器窗口。

3. 打开电源开关，指示灯呈黄色。

4. 将 2～24V 信号源导线连接到转动电源两端，示波器上输出一条红色基准线。

5. 调节 2～24V 信号源旋钮，转盘开始转动，转速和频率计分别显示转速和频率，波形输出为方波。信号源频率调得越高，转盘转得越快。

6. 如果对本次实验不满意，可单击电源开关的"关"，将所有控件、按钮恢复为初始状态，重新做实验。

7. 如果想结束实验，可单击右下角的"返回菜单"按钮返回主菜单界面，或直接关闭软件。

6.4.3　近代物理仿真实验

近代物理仿真实验通过设计虚拟仪器建立虚拟实验环境，使学生可以自行设计实验方案、实验参数、操作仪器等，模拟真实的实验过程，营造了自主学习的环境。在大面积开设开放性、设计性、研究性实验教学中发挥着重要的作用。

未做过实验的学生可以通过软件对实验的整体环境和所用仪器的原理、结构建立起直观的认识。仪器的关键部位可拆解，学生可以实时观察仪器的各种指标和内部结构的变化，增强功能和使用方法的训练。实验仪器实现了模块化，学生可对仪器进行选择和组合，用不同的方法完成实验目标，培养设计思考能力；并对不同实验方法的优劣和误差大小进行比较，提高判断能力和实验水平。

软件通过深入解剖教学过程，使学生必须在理解的基础上加以思考才能正确操作，大大提高了实验教学的质量；对实验相关的理论、背景、意义、应用等进行了介绍，使仿真实验成为连接理论教学与实验教学的桥梁，为开设设计性、研究性实验提供了良好的教学平台和教学环境。近代物理仿真实验包括光栅单色仪实验、拉曼光谱实验、声速的测量、椭偏仪测折射率和薄膜厚度、PN 结温度特性与伏安特性的研究、动态磁滞回线的测量、光强调制法测光速等 10 个实验，如图 6.4-7 所示。

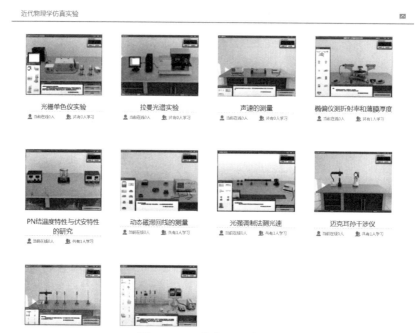

图6.4-7　近代物理仿真实验

　　单击对应实验的缩略图可以进入相关的实验，每个仿真实验都涵盖了实验简介、实验内容、实验仪器、实验指导、在线演示、实验指导书下载、开始实验等模块。

参 考 文 献

[1]张晓波，李小云，史建君，等. 大学物理实验通用教程[M]. 2 版. 北京：科学出版社，2015.

[2]余虹，秦颖，王艳辉，等. 大学物理实验[M]. 2 版. 北京：科学出版社，2015.

[3]赵丽华，戴朝卿，王悦悦. 大学物理实验生态化教学新体系的探索与实践[J]. 实验技术与管理，2013，30（5）：167-170.

[4]斯小琴，陈大伟. 基于超星泛雅平台的大学物理实验在线课程资源建设及教学实施[J]. 廊坊师范学院学报（自然科学版），2019，19（1）：122-124.

[5]吴肖，熊建文. 基于翻转课堂的大学物理实验教学模式及支撑平台的研究[J]. 物理实验，2015，35（10）：11-14.

[6]何丽. 大学物理课程网络辅助教学的研究与实现[D]. 上海：上海交通大学，2007.

[7]李强. 大学物理演示实验网络探究学习系统的设计[D]. 湖南：湖南大学，2006.

[8]张琳，程敏熙. 网络环境下的物理实验教学模式[J]. 物理实验，2006，26（9）：17-20.

[9]杨文锦，李淑青，冯中营. 基于移动平台的大学物理实验教学考核方式探索[J]. 高等教育，2019（2）：143-145.

[10]教育部高等学校物理学与天文学教学指导委员会物理课程教学指导分委员会. 2010. 理工科类大学物理实验课程教学基本要求[M]. 北京：高等教育出版社，2010

[11]李长真. 大学物理实验教程[M]. 北京：科学出版社，2009.

[12]刘积学，李爱侠，袁洪春，等. 大学物理演示实验[M]. 合肥：中国科学技术大学出版社，2010.

[13]卢荣德. 大学物理演示实验[M]. 合肥：中国科学技术大学出版社，2014.

[14]王宏波. 大学物理实验[M]. 北京：高等教育出版社，2014.

[15]王晓蒲. 大学物理仿真实验[M]. 北京：高等教育出版社，1999.

[16]杨述武. 普通物理实验[M]. 2 版. 北京：高等教育出版社，2007.

[17]周自刚，杨振萍. 新编大学物理实验[M]. 北京：科学出版社，2010.

[18]朱基珍. 大学物理实验（基础部分）[M]. 武汉：华中科技大学出版社，2010.